PCB

先进制造技术

U0805439

电子封装技术与应用

林定皓　著

乔书晓　吴远利　审

科学出版社

北　京

内 容 简 介

本书是“PCB先进制造技术”丛书之一。本书立足于电子产品制造与代工行业，以业者视角介绍电子封装技术与应用。

本书共20章，笔者结合多年积累的工作经验与技术资料，分别介绍了电子封装的类型、电气性能、散热性能，载板的布线、制作技术，封装工程、材料与工艺，CBGA封装、CCGA封装、PBGA封装、TBGA封装、晶片级封装、微机电系统、立体封装相关技术与应用，以及封装可靠性与检验。

本书可作为工科院校电子工程、电子信息等专业的教材，也可作为电子制造业、电子装备业的培训用书。

图书在版编目（CIP）数据

电子封装技术与应用/林定皓著.—北京：科学出版社，2019.11

（PCB先进制造技术）

ISBN 978-7-03-062463-5

Ⅰ.电… Ⅱ.林… Ⅲ.电子技术-封装工艺-基础知识 Ⅳ.TN05

中国版本图书馆CIP数据核字（2019）第217689号

责任编辑：孙力维 杨 凯 / 责任制作：魏 谨

责任印制：师艳茹 / 封面设计：张 凌

北京东方科龙图文有限公司 制作

http://www.okbook.com.cn

科 学 出 版 社 出版

北京东黄城根北街16号

邮政编码：100717

http://www.sciencep.com

北京九天鸿程印刷有限责任公司 印刷

科学出版社发行 各地新华书店经销

*

2019年11月第 一 版 开本：787×1092 1/16

2019年11月第一次印刷 印张：15

字数：356 000

定价：138.00元

（如有印装质量问题，我社负责调换）

推荐序

电子信息产业是当前全球创新带动性最强、渗透性最广的领域，而PCB是整个电子信息产业系统的基础。作为“电子产品之母”，PCB的核心支撑与互连作用对整机产品来说非常关键。PCB行业的发展在某种程度上直接反映一个国家或地区电子信息产业的发展程度与技术水准。

经过三次迁移，全球PCB产业的重心已转移至中国。目前，中国已成为全球最大的PCB制造基地和应用市场，同时也是全球最大的PCB出口和进口基地。国内PCB直接从业人数约60万，加上设备、材料等相关配套产业，总从业人数超过70万。

随着5G+ABC+IoT等新技术的蓬勃发展和深入应用，PCB产业也将迎来新一轮的发展机遇和更广阔的发展空间。预期未来PCB技术将继续向高密度、高精度、高集成度、小孔径、细导线、小间距、多层化、高速高频和高可靠性、低成本、轻量薄型等方向演进，这对PCB行业人才提出了更高的要求，人才的系统培训也显得愈发重要。基于PCB行业跨越机械、光学、微电子、电气工程、化学、材料、应用物理等多个学科的特性，业界全面系统介绍PCB技术的专业书籍不多，通俗易懂的入门书籍更是稀缺。

林定皓老师从事PCB行业30年以上，有着非常深厚的技术理论功底及丰富的实践经验。同时，林老师也深度涉足半导体等领域，在技术理解方面有着宽广的视野。这套丛书所涉及的主要内容从基础到进阶，不仅涵盖了PCB行业的基本概念解释和发展趋势分析，还针对PCB制造等多项技术进行了详细介绍和探索。林老师以循序渐进的方式带领读者一步步从认识到操作，力图对每一个主题进行深入细致的阐释，包括对最新问题的理解以及对未来潜在技术的研究。这套丛书图文并茂、通俗易懂，可为从业者及科研人员提供全面系统的参考，是不可多得的入门书籍和专业利器。

感谢林定皓老师分享的宝贵经验和技术知识，同时特别感谢大族激光为这套丛书出版所做的努力。期待该丛书协助从业者夯实理论基础，提升实践技能，也帮助更多非业界人士全面深入地了解PCB，吸引越来越多的人参与进来，助力PCB产业破浪前行。最后，祝愿中国PCB产业乘势而上，坚定向高质量发展方向迈进。

中国电子电路行业协会理事长

由镭

序

半导体封装是电子产业的重要一环，但以往却不被业者重视。自从个人计算机采用双面BGA封装载板后，封装技术越来越受重视。早期高端封装载板，几乎都由日本厂商及少数欧美厂商供应，其他业者只能从事入门级、低端产品的代工。近年来，亚洲逐渐成为全球产业重镇后，从我国的个人计算机、电子代工产业的世界地位来看，封装技术的重要性与日俱增。

电子封装技术相关的引进版书籍不少，但译者未必具备行业相关经验，对技术的陈述与实际应用有一定差距。为了充实内容，塞入太多理论公式、模型，也容易让读者感到困扰。笔者以为，专业技术图书编写应以技术数据和实际经验为基础，以易读、浅显、符合应用需求为原则。

笔者这些年编写了很多电路板技术相关图书，内容难免存在重叠与交叉。为了减少重复性内容，本书内容专注于电子封装技术本身。封装技术的范畴大到可以出一套百科全书，笔者无力涵盖全貌，只能以野人献曝之心，尽量将个人掌握与搜集的知识整理成书。

业界有许多技术专家，他们是推动电子产业发展的重要力量。笔者真心期盼有更多的专家能将自身经验与掌握的资料整理成书，百花齐放、百家争鸣，推动电子封装技术更好、更快地发展。本书内容庞杂，错漏难免，尚祈前辈和同行不吝批评指教。

景硕科技

林定皓

目　录

第 11 章 封装材料与工艺

第 12 章 CBGA 封装与 CCGA 封装

第 13 章 PBGA 封装与 TBGA 封装

第 14 章 晶片级封装

第 15 章 微机电系统

第 16 章 立体封装

第 17 章 封装的电气性能

第 18 章 封装可靠性

第1章

电子封装技术概述

20 世纪 50 年代初，电子器件以真空管为主，将其组装在金属机箱内形成电路被称为“安装”（Installation）。图 1.1 所示为使用大量真空管的传统计算机与现代个人计算机的对比。目前仅有少数高级音响仍然采用真空管。

图 1.1 传统计算机（左）与现代个人计算机（右）的对比

1948 年晶体管的出现，加上 20 世纪 50 年代中期电路板逐渐实用化，相应的商业应用逐渐推出。1958 年 IC（Integrated Circuit，集成电路）出现，以引脚封装上市（可以插入通孔组装），业界逐渐开始有半导体“封装”的概念。20 世纪 70 年代末期，随着无引脚封装器件的导入，表面贴装技术兴起，“封装”系统逐渐完整化。

目前，主板、适配卡等部件的安装，常以“组装”相称；而 IC 器件的制作，则常以“封装”相称。

封装、组装、安装，以现有产业分工状态没有绝对界限。从实际情况出发，封装是指组装电子电路，完成电气连接，形成实用化的电子组件。较严谨的封装定义是，采用薄膜、微连接技术，在载板支撑下完成半导体器件固定，形成电气连接，构成有效组件，使之达到预期电子功能的综合技术。

电子工业的快速发展改变了人类的日常生活，移动电话、网络设备、高画质电视、电子书、笔记本电脑、便携式电子产品、摄像机、视听产品、多媒体产品等产品的轻、薄、短、小、低功耗、多功能化、高可靠性要求正在不断提高，低功率、高速、高密度器件快速推出。微处理器工作频率的提升与存储芯片容量的提高，都考验着设计者与制造者的能力和决心。

如何对超高速、高发热、多端子、窄间距的大型集成电路器件进行高密度封装，同时维持高可靠性是很大的挑战。便携式产品的薄型化需求，也提高了减小封装厚度的必要性。IC 器件的形态越来越复杂多样，为了实现高密度、小型化、薄型化，多数高端封装都已经从过去的引脚插入型双列直插封装（DIP）转变成高引脚数表面贴装型封装。大家常听到的芯片级封装（CSP）、球栅阵列（BGA）封装等的不断变化，也说明了电子封装的复杂性。

表面贴装技术（SMT）是大势所趋，随着封装形态的演变，裸芯片、混合集成电路（Hybrid Integrated Circuits，HIC）、CSP、多芯片模块（Multi Chip Modules，MCM）、挠性板上芯片封装（Chip on Flex，CoF）、晶片规模集成（Wafer Scale Integration，WSI）等技术逐步出现。出于立体结构整合需要，3D 封装也不断推陈出新，系统级芯片（System in Package，SiP）、堆叠式封装（Package on Package，PoP）等技术也越来越重要。

封装技术发展至今，传统单纯的键合、焊接技术已不再使用，新的连接技术，如热压合、超声波热压焊、压接等方法在不同领域得到了应用，凸块、铜柱等微连接技术也陆续用于不同封装，立体封装方面还有硅通孔（Through Silicon Via，TSV）、微凸块等技术的导入。

1.1 电子系统封装层级

谈及大型电子设备，首先想到的是大规模计算不可或缺的超级计算机系统，再就是高速传输大量信息及图像的综合业务数字网（ISDN）。热门话题“云计算”，则是这类技术的延伸。大型电子设备也是由半导体器件封装、组装而成的，只是级别、复杂度高了许多。

业者会根据产品目标，尽量采用市场上可取得的标准品设计电子系统。但是为了构建具有特色的产品，也会加入特有功能，这就要采用特制器件与订制芯片。一般电子系统的封装分为四个层级，即芯片封装、模块组装、适配卡组装、母板组装。对于大型系统，也有人将封装层级延伸到子系统组装、端口连接、系统连接等。图 1.2 所示为典型的六级封装示意图。

第 1 级封装

第 1 级封装是指器件本身，可分为标准器件或定制化特殊器件。根据芯片形态，裸芯片完全没有经过加工，属于典型的第 1 级封装。考虑到功能测试、不良品问题，很难直接使用裸芯片。

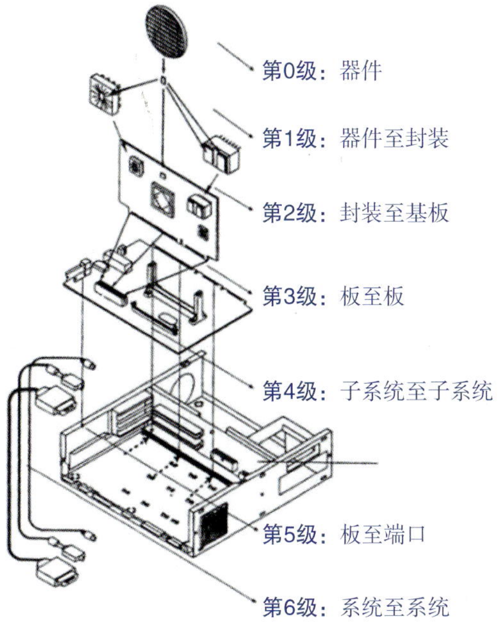

图 1.2 六级封装示意图（来源：John H. Lau，Ball Grid Array Technology）

第 2 级封装

第 2 级封装可分两大类，包括单芯片封装（Single Chip Package，SCP）和多芯片模块（Multi Chip Module，MCM）。市售的单芯片封装器件，多数已通过功能测试，且封装状态支持老化测试，出货时已淘汰早期不良品。单芯片封装出现质量问题的概率较低，也很少对外公开良率。

随着半导体的高速、高密度化，MCM 的重要性持续提升。传统 DIP 将单芯片搭载在载板上，器件间的线路长，容易出现干扰电容、电阻大等问题，使得系统性能大幅下降，并产生不同形态的电路延时。因此，大规模高速电子设备有必要采用 MCM 封装。

第 3 级封装

第 3 级封装是指将第 2 级封装的单芯片或 MCM 封装构建成具有端子的适配卡，利用连接器一同封装在电路板上。

第 4 级封装

第 4 级封装常被称为单元，是指将第 3 级封装的电路板作为连接器接入主板等大型电路板。

第 5 级封装

第 5 级封装是指利用第 4 级封装单元做堆叠，并在各单元间进行接线，构成子系统，再在子系统上做出衔接端口。

第 6 级封装

第6级封装是封装的最后一级，将几个子系统并列并进行接线，形成大规模电子系统。

图 1.3 所示的大型计算机系统，属于企业、政府应用等级的设备，与一般人常见的便携式电子产品非常不同。

图 1.3 大型计算机系统

以上介绍的只是封装概貌，实际中可以灵活应用，制造、保养、维护都可自成单元。对于大规模电子设备的构建，封装层级的规划极其重要，规划不当会直接影响系统运行。

封装层级规划必须为信号线及对应的电源、接地线路提供相应数量的端子，为了提升系统的可靠性，必须尽量减少接点。

高速电子系统的关键在于如何缩短半导体器件间的线路，半导体器件高密度封装及第2级的MCM很重要。线路越短，系统速度越快，器件封装密度越高，单位体积或面积的热流密度越高。当然，器件结温升高，会导致可靠性风险增大、器件寿命缩短等问题。鉴于此，如何使用冷却模块成了棘手问题。

超级计算机等大规模电子设备，可用液体冷却、相变冷却等高价散热法。但小系统如便携式电子系统、个人计算机、手机，则必须用低价、轻质的风冷法。封装的高速性与高发热的矛盾，与封装层级规划有密切关系，这是系统设计必须面对的问题。系统性能的发挥依赖互连，而不同系统层级的互连常会以“packaging”来陈述，对应的中文术语不止一个，本书采用“封装”。

1.2 系统技术与封装

个人计算机、数字光盘、移动电话等产品，涉及微电子、无线通信、光电、微机电等技术。产品功能越复杂，这些技术的整合度就越高。20世纪40 ~ 60年代，伴随着晶体管的发明到集成电路雏形的产生，真空管不再是电子技术发展的瓶颈。20世纪70年代，戈登·摩尔发表了摩尔定律：集成电路上的元件数，约每18个月便会增加一倍。虽然多年前半导体业已经宣称技术发展接近瓶颈，但制作工艺时至今日仍在不断突破，现已达到10nm水平。

晶体管主导了系统的智能行为，结合信号感知、软件操控、反馈系统，构成了微电子世界。以此为基础，结合光纤、无线通信等技术，就可构建出宽带、大流量的现代网络架构。因此，新一代便携、无线、宽带产品，都有“越小越好”的趋势，大量导入了微系统构建技术。

系统由各功能器件整合而成，而微系统封装（Micro System Package，MSP）是技术核心，它涉及三种关键技术：

◎ 微电子器件、光学器件、微机电器件、无线器件等的设计选用

◎ 系统整合工程规划与设计

◎ 系统封装与大量生产

微电子器件一般指的是集成电路（IC）等尺寸微小的基础器件，这是所有电子产品的基础。IC集晶体管、电阻、介质材料、电容等于一身，以获得特定功能。“系统”指的是经过器件整合，具有完整可用功能的电子产品。而“封装”是指利用互连、组装技术，将IC与其他器件构建成为各层级配件，之后连接到系统级电路板，制成电子产品。

电子产品中的微处理器，就是封装器件的范例。封装是连接各功能器件的手段，也是构建不同智能型系统功能的基础。集成电路封装是构成系统的子产品，多数只能提供系统的部分功能。某些功能较单一的系统，利用系统级芯片（SoC）构建完整系统功能，

单片收音机就是典型范例。

不过，多数复杂产品无法利用系统级芯片实现整体功能设计，而是要将封装好的 IC 与其他元器件再次组装到系统级电路板上，成为板上系统（System on Board，SoB）。由于高密度互连需要，小型载板构成的子系统有另一个名称——“功能模块”（Function Module），对应 SoC 与 SoB 分别形成另外两个常见名称——SoP（System on Package）或 SiP（System in Package），但中文都以“系统级封装”相称。

系统级封装产品具有多功能、多芯片的特点，与传统多芯片模块（MCM）及混合封装等的概念类似，不同的是，系统级封装偏向于以塑料载板制作。这些整合器件提供所有系统级功能，包括模拟、数字、光学、射频与微机电等，无论采用何种称谓，它们都被业者认为是未来系统技术的主流。系统各封装层级之间，有以下四个技术课题。

（1）高速信号传输：主要着眼于线路最短化、线距最小化。布线应考虑开关噪声，并计算信号上升 / 下降时间，将线距控制到最小。对于辐射、串扰噪声、接地噪声等，设计多层板时要留意各层级连接器、线路特性阻抗。未来的光通信，也必须考虑信号完整性。

（2）高效率散热：散热是封装的重点。从节能的角度看，减小功耗是目标。但在高速、高密度的趋势下，整体功耗还是会增大，因此，必须强化散热。随着热流密度的提升，高效率散热技术也在不断进步，其附加价值正在持续提升。

（3）高密度：芯片封装面对的是有 2000 个以上引脚的表面贴装结构，方形扁平封装（QFP）、针栅阵列（PGA）封装、盘栅阵列（LGA）封装、载带自动键合（TAB）封装、芯片级封装（CSP）、球栅阵列（BGA）封装等小型化、多引脚封装及新回流焊技术的开发尤其重要。为了满足系统高速化、多功能化的需要，第 2 级封装 MCM 的开发不可或缺。今后 MCM 的市场规模会持续增长，低成本技术的开发不可避免。

（4）各层级间的电路接口：子系统内与子系统间的布线和优化非常重要。线路和天线一样会产生干扰电磁波，即发生电磁兼容（EMC）或电磁干扰（EMI）问题。随着信号传输高速化，这类问题会更加严重。

为了解决这类问题，有人提出了光波导线路的构想，因为光波不存在 EMC 和 EMI 问题。但根据现状，将所有子系统相关线路接口光波导化，会带来沉重的负担。比较实际的办法是，在子系统内解决 EMC 问题，在子系统间尝试采用光波导接口。为了实现上述构想，应开发相应的光波导模块和转换器。

1.3 智能型电子系统的发展

大家熟知的 CPU 是计算机系统的中枢，它通过封装与周边的电源、芯片组、内存、输入 / 输出（I/O）接口进行交互。各类电子系统的电源、逻辑运算、数据交换、反馈等，都依赖于电子封装的连接与维持。每个电子系统产品都包含以下几个层级：

◎ 半导体器件，如各种 IC

◎ 封装形成的模块

◎ 模块构成的系统级组件

图 1.4 所示为个人计算机、数码相机、汽车的系统级电路板组件，包括处理器、内存、周边 IC 等。以封装器件为基础，结合必要的组装部件与构件，形成可以发挥完整功能的电子产品，就称为系统组件。

(a) 计算机主板 (b) 数码相机内部 (c) 汽车内部

图 1.4 系统组件

多年来，微电子与封装的产值占软硬件整体产值的两成以上，包括 IC 封装、电路板、连接器、电缆、光学器件、微机电器件、RF 封装、散热模块、其他构件等。系统与封装技术，结合软件、程序开发及应用，成为先进国家的主要经济动力。未来的数字内容产业，也要靠这些技术持续扩张与发展。

1.4 封装形态与封装效率

伴随半导体器件的高密度、大尺寸、多引脚、窄间距、高速、高发热等发展趋势，封装形态也变得越来越复杂。为了追求 100% 的封装效率，必须开发更先进的半导体器件、半导体封装，并持续提升立体封装能力。所谓立体封装，是指将半导体器件以立体架构置入 MCM 并形成堆叠结构，且不限制使用的技术类型。

电子封装可以简单地分为 IC 级封装与系统级封装两类。IC 级封装一般为第 1 级封装，主要功能包括电源分配、信号分配、散热、保护，如图 1.5 所示。对于这一级封装，IC 制造商可以进行“预烧”与电气性能测试，之后做认证、检验，并交由契约制造商做系统级电路板组装。

典型系统需要多种有源 / 无源元件，单片 IC 封装通常不足以形成完整系统。对于系统级封装，不论组件是何种形式，都要与电路板做完整连接，形成系统级电路板，也就是主板。主板不但承载所有元器件、构件，还将它们连接成完整系统。这种系统级电路板，就是封装体系中的第 2 级封装。

传统组装模式在做系统级连接前，已经将 IC 上的输出 / 输入（I/O）焊盘与导线架连接。导线架制成特定形状，方便下一级封装连接。第 2 级封装，主要是以焊料连接第 1 级导线架和第 2 层级焊盘，通常呈现“卡”或小电路板的形式，也有人称其为模块封装。

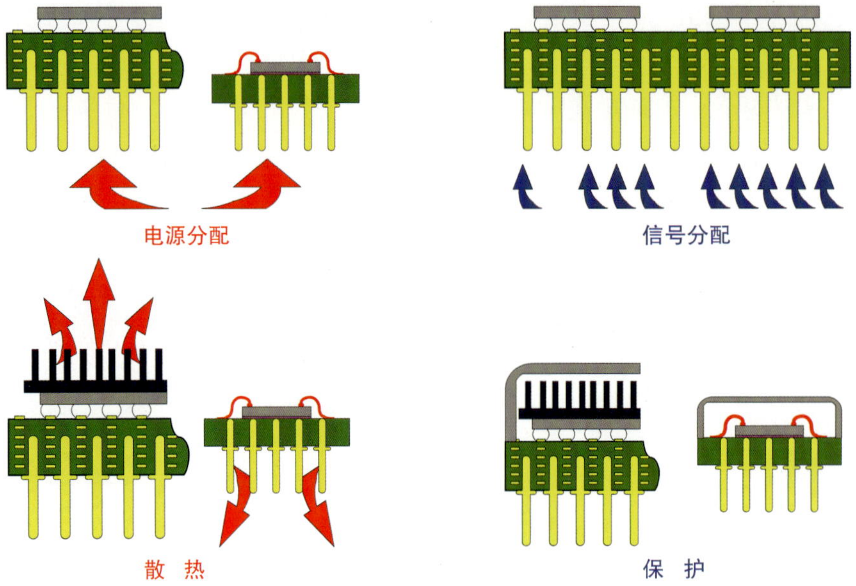

图 1.5 第 1 级电子封装的四大功能

有些产品如伺服器主机和超级计算机，需要用大量 IC 构建系统。此时，单一系统级电路板无法负担全部任务，需要多个或多组处理器，采用连接器、电缆等将数片电路板连接成主机或网络，这就是第 3 级封装。某些不采用导线架封装的 IC，会直接安装到第 2 级封装的电路板上，称为“1.5 级封装”、“板上芯片”（CoB）、“直接芯片安装”（DCA）。

第 1 级封装有许多形式，如带载封装（TCP）、塑料方形扁平封装（PQFP）、薄型 PQFP（TQFP）、正方形 QFP（SQFP）、长方形 QFP（RQFP）、极小外形封装（VSOP）、极小 QFP（VSQF）、小型集成电路（SOIC）封装、薄型 SOP（TSOP）、塑料有引脚芯片载体（PLCC）封装、J 形 SOIC（SOJ）封装、双列直插封装（DIP）、陶瓷 QFP（CQFP）、陶瓷针栅阵列（CPGA）封装、塑料针栅阵列（PGA，PPGA）封装、表面贴装型针栅阵列封装（SPGA）封装、塑料球栅阵列（PBGA）封装、载带自动键合 BGA（TBGA）封装。单芯片（或多芯片采用单芯片标准封装）载板正朝着细节距、高引脚数、大尺寸、薄型和面阵列方向发展。

以系统化的方式来理解封装技术的发展，对于研究这类技术会比较有帮助。运用封装技术生产 MCM 产品，对于一般民用电子系统及工业用设备是不可或缺的工程技术，对于航天工业的严谨、质轻、小型、高可靠性系统也是无可取代的。发展零缺陷的高密度、超高速部件，MCM 是最佳的封装方式。

MCM 封装已不是单纯的器件组合，而是被视为子系统，甚至是完整系统。它是半导体器件与系统间的桥梁，也就是器件组合与系统间的桥梁。MCM 封装技术的研究需要广泛的知识与技术，涉及材料、工艺、硬件、软件、系统、设计、生产自动化等，关键在于融汇各个相关领域的专业知识。以往电子封装被视为低端技术，这是基于对过去产业经验的判断。近年来，业者观点逐渐改变，电子封装也受到了学术机构的重视。

图 1.6 所示为封装工程的体系结构，有四个领域：基础封装理论、微接合工程、薄膜技术、配线工程。在这些领域中，针对原子、分子级的封装理论，高温超导封装理论，生物芯片等有机功能装置及其封装理论等，在未来都有进一步研究的必要性。

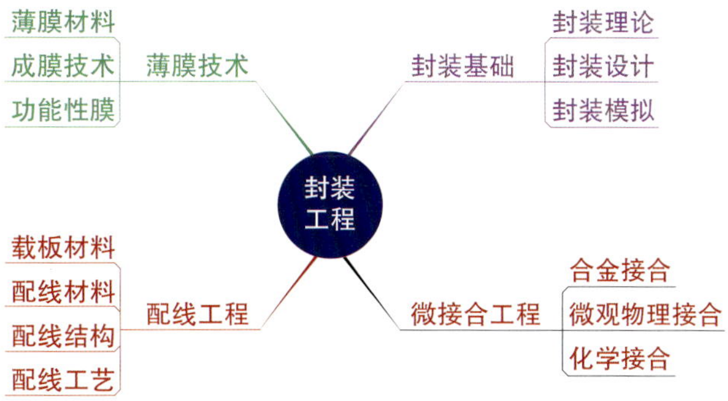

图 1.6 封装工程的体系结构

全世界每年制造的 IC 与电子器件达千亿个，都必须通过 IC 与系统级封装制作成有完整功能的产品。每个层级的封装都会影响最终成品的质量与稳定性，因为它与系统的电气性能、价格、大小与可靠性直接相关。移动电话的 IC 倾向于小而少，但其中包含大量无源元件、微波器件、开关器件等，封装水平会大大影响产品整体的稳定性、价格和用户接受度。固态器件的故障率通常仅有百万分之几，而其中 IC 封装与系统封装的贡献通常远大于器件本身。电子产品已经是工业进步的重要动力，汽车、通信、计算机、消费性电子、医疗、航天与军事等领域都可以看到电子封装的重要性。

1.5 电气、机械、材料的影响

多数封装无法独立工作，要依赖于各层级封装的配合，面临电气、机械、热、化学环境等的挑战。封装的电气特性包括信号传输、电源供应等方面，电阻、电容、电感等都会存在，会引起信号延迟、扭曲等问题。电阻引起的信号衰减、电压降，也会影响开关时间和电源分配。同一电路中的晶体管电源，会产生大量的开关噪声。

IC 间的电源分配存在诸多挑战，包括电压降、信号衰减等。电子系统芯片的功能越来越强大，单位时间内同时开关的晶体管数量急剧增多，引发的 ΔI 噪声问题越来越严重。此外，并行线路或相邻线路间交互影响，如线间串扰、信号扭曲反射、信号变化等也是问题。随着信号频率不断提高，电磁辐射的威胁也越来越大。

信号、电力传输需要合适的材料，选用导电性能较好的金属可以减少传输损失，选用高导热系数材料有利于系统散热，选用低电阻与高电容材料可降低 ΔI 噪声。高性能计算机所需的高速传输必须采用低介电常数材料。环境变化对封装特性的影响也应列入考虑。选择合适的材料，得到适当的阻容特性，是封装的重要课题。

耗电系统难免会生热，作业环境中也难免存在各种问题，封装工作时必须面对热机械应力、电气特性变异等问题。不仅制造过程中要注意湿热导致的接口机械应力问题，产品使用环境、运送、操作也有可能导致损坏。良好的散热设计可以有效改善这类问题。许多电子系统的封装故障，都与机械特性直接相关。特别是 IC 封装接口上的焊料与晶粒界面变化，对可靠性有直接影响。材料的膨胀系数不匹配或结构设计不当，都会导致系统故障。

1.6 小 结

20 世纪的后 50 年，数字化、电子化重新定义了时间与空间，将社会带入空前快速、便捷、合作又充满竞争的网络时代。网络超越了地理与时间的界限，改变了通信、工作、学习、教育、娱乐、医疗与健康、贸易与商业，这些都依赖于不断进步的电子科技。

数字化、电子化社会中，电子产品与人们的生产和生活息息相关，而它的可靠性依赖于良好的电子封装技术。无线、宽带、可穿戴、价格低，都是电子封装技术面临的挑战。

次微米 IC 已不是新鲜事物，晶片生产尺寸跨越 300mm 的呼声日渐强烈。更大集成度的芯片、更高频率的无线器件、更大容量的储存介质、更小机电系统的植入、致动器和传感器的整合，都将成为行业议题。图 1.7 所示为 450mm 晶棒与晶片。

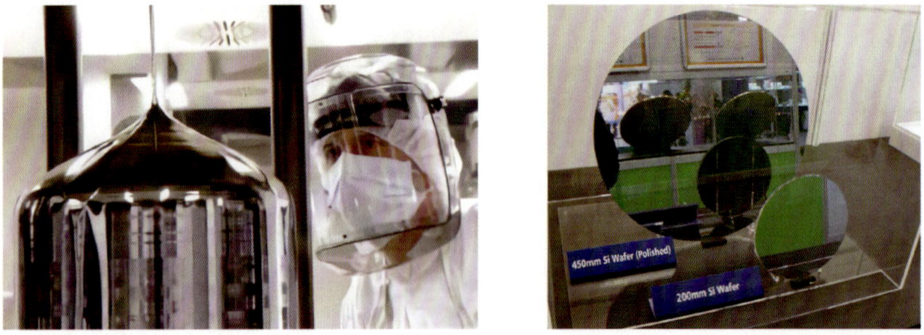

图 1.7 450mm 晶棒与晶片（来源：Prismark 2008 年度报告）

第 2 章

半导体器件概述

集成电路（IC）于 20 世纪 60 年代开始发展，随着晶体管尺寸的持续缩小，从小规模集成电路（SSI）、中等规模集成电路（MSI）、大规模集成电路（LSI），一路发展至超大规模集成电路（ULSI），以至于之后不知还能用什么名词称呼。真空管、晶体管与 IC 的对照如图 2.1 所示。

(a) 真空管　(b) 贝尔实验室的第一代晶体管　(c) 集合大量晶体管的集成电路

图 2.1　真空管、晶体管、IC（来源：www.reghardware.co.uk，www.wretch.cc，www.tomshardware.tw）

不论是单一晶体管，还是集成电路，都必须通过封装发挥功能，因此，微电子封装是系统整合的基础。封装能提供系统所需功能，但不会限制其性能的发挥。

面对高密度需求，封装技术已从最简单的金属壳封装进化到复杂的导线架、多层陶瓷 / 塑料载板、气密结构封装。随着半导体技术的进步，符合需求的系统封装设计将更加复杂，同时也将面临更大的挑战。

2.1　半导体材料的基本特性

一般材料按导电性能可分为三种：绝缘体、半导体与导体。绝缘体的价电子需要非常大的能量才能从其原子轨道上脱离，理想导体的价电子几乎不需要能量就可以移动。半导体有 4 个价电子，需要适当的外部能量才能移动到其他轨道上。

原子轨道代表原子能级，价电子被限制在其中，只有获得外部能量时才有机会脱离轨道（价带）而成为自由电子，进入导带。价带和导带间的能量差被称为能隙，也就是价电子跳到导带所需的能量。进入导带的电子可自由移动，不受限于材料的原子。图 2.2 所示为不同材料的能隙：绝缘体的能隙非常大，价电子通常难以跳到导带；半导体能隙相对较小，部分价电子会跳到导带而成为自由电子；导体的两带（导带和价带）重叠，会有许多自由电子跳到导带。

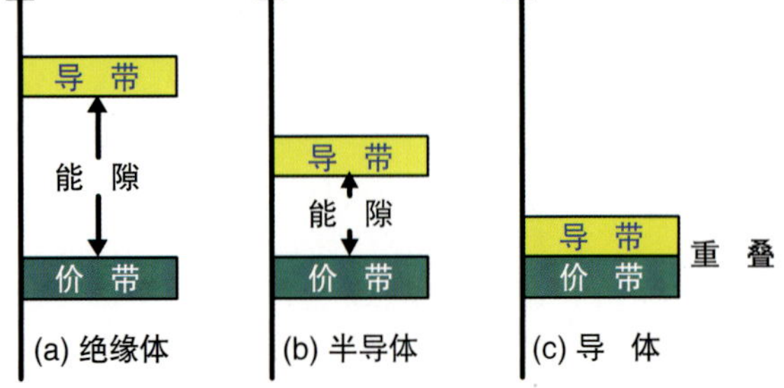

图 2.2　不同材料的能隙

良好导体一般是单一元素物质，如银、金、铝材料，其价电子很容易脱离轨道成为自由电子。电子朝同一方向移动就形成了电流。绝缘体在正常情况下不导电，大部分是化合物而非单一元素材料，只有极少数电子可以移动。半导体的导电性能介于导体和绝缘体之间。常见的单一元素半导体的材料是硅、锗，其特征是具有 4 个价电子。砷化镓的化合物半导体也比较常见。

低温下，没有杂质和缺陷的半导体中没有自由电子，就像绝缘体。当其被加热后，一些价电子获得足够能量而跳到导带，导电性增加。这种状态下，电子和空穴的数量相同。常见的半导体材料如硅（Si）和锗（Ge），其外围轨道有 4 个价电子。加入砷（As）或磷（P）这种具有 5 个价电子的材料后，其中一个价电子就成为自由电子而带有负电荷。这种加入杂质增加自由电子的方法被称为“掺杂”，这种掺杂半导体被称为 N 型半导体。掺入 2×10^{-4} 原子量的磷后，硅的电导率会从 $4\times10^{-4}/(\Omega\cdot m)$ 提升到 $2.24\times10^{5}/(\Omega\cdot m)$。

硅掺杂硼（B）、铟（In）等材料时，杂质缺少一个与硅生成共价键所需的价电子，形成带正电荷的“空穴”，这种掺杂半导体被称为 P 型半导体。掺杂微量元素可明显改善半导体的导电性。硅是目前用得最多的半导体材料，因为它可以轻易地从二氧化硅（SiO_2）中取得。硅原子核旁有 14 个电子环绕。根据“八隅体规则”，原子最外层轨道上有 8 个电子时，其化学性质会比较稳定。硅原子最外层有 4 个电子，若有另外 4 个电子可共享，就可达到稳定状态。硅很容易通过掺杂来提升导电性，制成 N 型或 P 型半导体，用于各种微电子器件。

硅是二极管、晶体管、集成电路等半导体器件的常用材料。虽然锗也有 4 个价电子，但出现在第 4 层，比硅多出一层，因此，脱离原子所需的能量较低。这种特性使得锗在高温下容易成为导体。硅原子与锗原子的结构如图 2.3 所示。

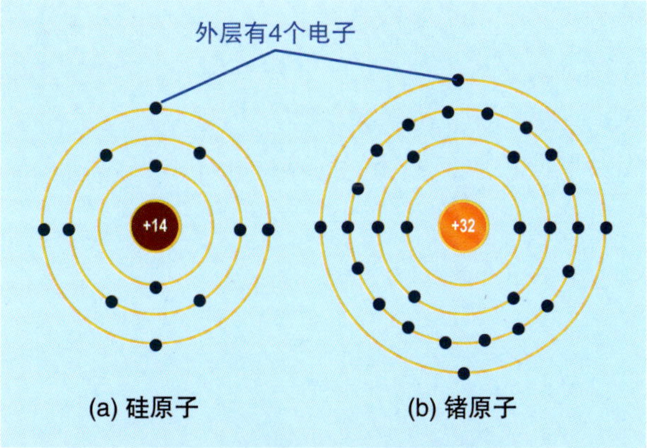

图 2.3　硅原子与锗原子的结构

两种或多种元素结合而形成的单结晶半导体被称为化合物半导体，普遍用于高速、光电应用。某些化合物半导体中电子的速度比锗或硅中的快许多，但制造费用也比硅高许多，因此，半导体材料仍以硅为主。砷化镓（GaAs）器件具有极优异的特性，在未来的高速应用中大有用武之地。锗化硅（SiGe）器件在高宽带通信中占据着重要地位，其工作频率比硅器件高很多，在无线应用方面占优势，是未来计算与通信的关键器件。

2.2 PN 结

将 P 型半导体和 N 型半导体制成 PN 结，可以通过施加在 PN 结上的电压来控制流经 PN 结的电流，如图 2.4 所示。

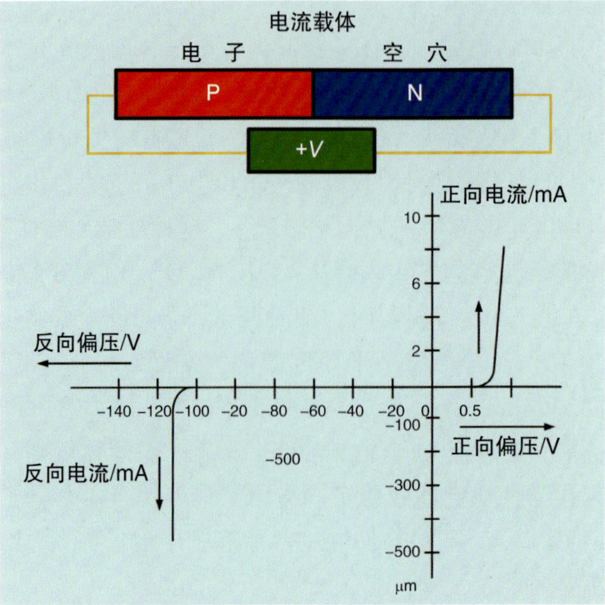

图 2.4 PN 结二极管的特性

P 端接高电位、N 端接低电位，PN 结便会正向导通，流过电流。不施加电压时，PN 结中没有电流流过；施加电压低于阈值时，PN 结中流过的电流很小；施加电压超过阈值时，电压的小变化都会引起电流的大变化。

反之，若对 PN 结施加反向电压，即 N 端接高电位，而 P 端接低电位，则 PN 结会因截止而阻止电流流动。因此，PN 结有整流作用，整流二极管便是 PN 结的典型应用。利用不同的 PN 结组合，可以制成不同功能的器件，如电流放大器（晶体管）。

2.3 集成电路

半导体材料构成了器件，各种器件连接在一起便构成了电路，将许多电路和元件集成到晶粒上便形成了集成电路（IC）。在集成电路出现以前，业者将许多分立元件（如晶体管、二极管、电容、电阻、电感等）装配在电路板上形成功能电路，之后再连接成完整的功能单元。典型的分立元件如图 2.5 所示。

典型 IC 晶粒的边长为 1 ~ 30mm。一片 IC 可以是单一器件，如功率放大器或功率晶体管，也可以是 PC、服务器、工作站的微处理器。理论上，单芯片没有集成功能上限，因此有了“系统级芯片”（SoC）的概念。虽然理想很美好，但实际上很难用单芯片提供所有电气、光学、机械等系统功能，目前为止，单芯片仍然只适用于较简单的小型系统。

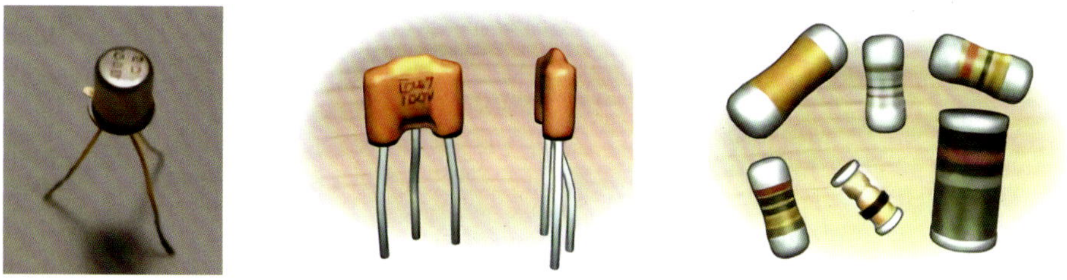

图 2.5 典型的分立元件

2.3.1 专用集成电路（ASIC）

随着代表性产品 ASIC 门阵列的问世，大规模集成电路（LSI）设计的复杂、烦琐问题得到解决。也就是说，在理论转换阶段，虽然无法实现 LSI 的高密度，但可以利用 ASIC 实现功能。现如今 ASIC 的密度得到提高，功能种类更多，无法由单一制造厂商提供。所谓的“知识产权”（IP）授权，是将 ASIC 单元库、宏功能电路单元、超大型功能所发展出的核心区块化后再利用的模式。其特征是，LSI 从设计到生产都不在内部完成，而是向拥有 IP 的厂商获取较高性能的核心区块来增加附加值。这样可以缩短开发时间，让单芯片具备更多样化的功能，同时降低成本。

集成电路可依据用途、特性、材料与组成、晶体管数量、工作原理、制造方法、器件形式等进行分类，如图 2.6 所示。在一片小基材上制作出二极管、晶体管等有源元件，以及电阻、电容、电感等无源元件，就可以将它们连接成功能电路。

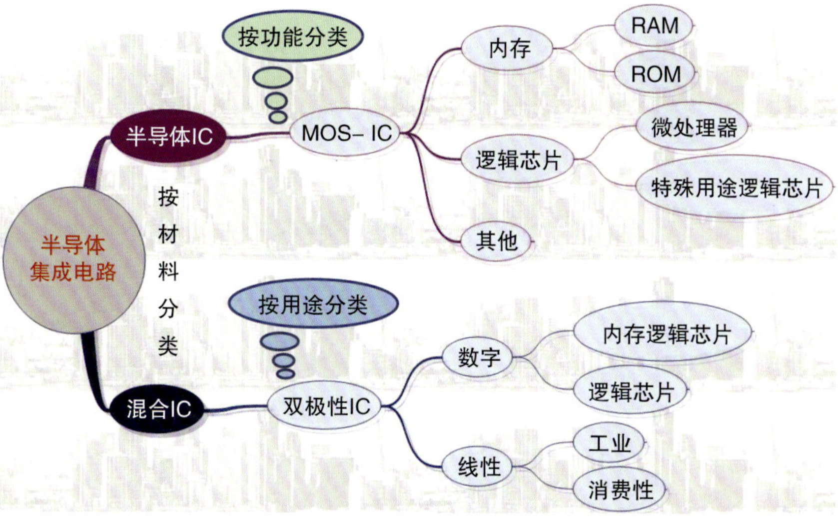

图 2.6 集成电路的简单分类

混合 IC（HIC）与其连接的二极管、电容、电阻等元件制作在一片塑料、陶瓷或绝缘铝载板上，之所以称其为“混合 IC”，是因为它使用了至少两种材料。半导体 IC 只用到了半导体基材。

2.3.2 集成电路的变革

第一个 IC 诞生于 20 世纪 60 年代，仅含有约 10 个器件。之后集成电路的集成度大约每 3 年就增加 4 倍，IC 逐渐从 LSI 进化到 VLSI，再发展到现在的单晶粒上含有 2000 万个以上器件的 ULSI。预计 IC 集成度在 10 年内会达到单晶粒上含有 10 亿个器件的等级。

IC 电源（工作）电压从早期的 5V 降至 2V 以下，主要变化如下：

（1）功耗（与工作电压的平方成正比）大幅降低。

（2）特征尺寸和栅极氧化层厚度减小。

（3）IC 材料的介质、金属化厚度等受到晶体管击穿强度的考验。

（4）工作频率下降。同时，电源电压低于 2V 的 IC，对静电放电（ESD）更敏锐，对噪声的宽容度也更小，其制造也面临着挑战。

IC 制造的自动化，大幅降低了缺陷率并提升了可靠性。过去这些年，IC 制造成本急剧下降，性能大幅提升。其中，微影、蚀刻技术是改进晶体管制作能力的核心技术，也是 IC 集成度得以提升的关键。目前的微影技术，已经具备 5nm 的制程能力。

2.3.3 材料与技术的改变

从第一个 IC 开始，铝（Al）线与二氧化硅（SiO_2）介质就是主要的结构材料。这些年，随着电路集成度与速度的不断提高，业内开始引入低介电常数的高频绝缘材料，采用导电性更好的铜线取代铝线。使用铜线与低介电系数材料的优点包括串扰较小、电迁移破坏较少、制程步骤较少、良率高、设备成本较低。图 2.7 所示为芯片的铜线路配置状况。

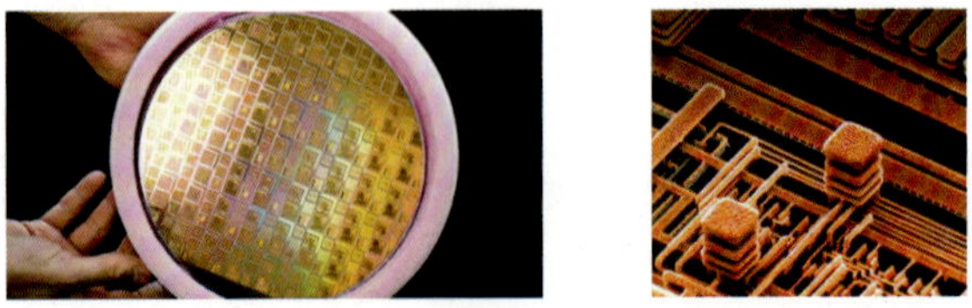

图 2.7 芯片的铜线路配置状况

虽然分立器件占半导体器件总产量的 75%，产值却不到 15%，其中二极管、晶体管、整流器等的年产量超过 10 亿。IC 主要有 4 种类型：CMOS 微处理器、CMOS 逻辑 IC、线性 / 模拟 IC、内存 IC。集成电路工作片被称为“晶片”，其直径因种类及生产技术而异，常见直径为 3 ~ 12in，一片晶片上可制作数百个甚至数千个 IC。制作完成后，对晶片进行全自动切割，将晶片切割成独立晶粒，这是 IC 制造的最后步骤。图 2.8 所示为晶片、晶片切割与晶粒的状态。

图 2.8 晶片、晶片切割与晶粒的状态

2.4 封装与散热

IC 封装的功能是通信、供电、散热与保护，每个晶粒都可依据预算、功能需求等做特定封装。DIP 是 20 世纪 60 年代开发的最早的 IC 封装，之后陆续出现了多种封装类型。现在，在便携式产品的促进下，封装变得更加多样化。

不同封装的差异可能体现在结构、材料、工艺、连接方式、尺寸、I/O 数量、散热、电气性能、可靠性、成本等方面。IC 器件依据封装形式可以简单分为通孔引脚型、表面贴装型两类：封装引脚可以直接插入电路板组装的元件被称为“通孔元件”，不插入电路板而是直接粘贴在电路板表面的元件被称为“表面贴装元件”。图 2.9 所示为典型的通孔元件，图 2.10 所示为典型的表面贴装元件。

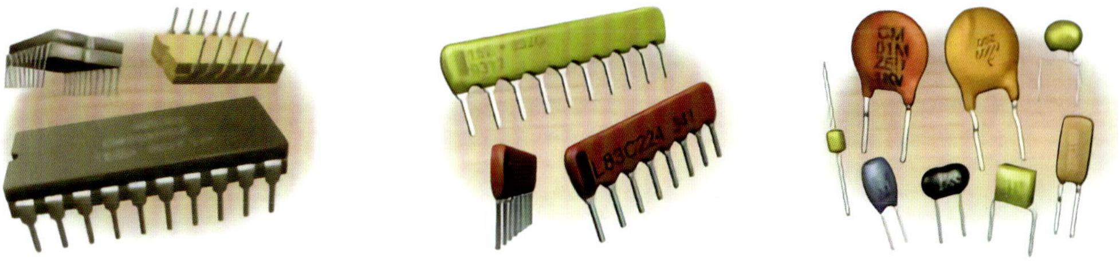

图 2.9 典型的通孔元件

图 2.10 典型的表面贴装元件

半导体器件的高速化与功耗（发热）有着密切关系，如低功耗 CMOS（互补金属氧化物半导体）器件，随着工作频率的提高，其功耗也会变大，发热量也会随之增大。

尽管低功耗、低电压是发展趋势，但随着产品的高密度化、高速化、高频化，半导体器件的功耗会根据摩尔定律每 3 年增长数倍。针对 CMOS 器件的功耗倍增，塑料封装一开始就无法与陶瓷封装相提并论。因此，不仅散热技术越来越重要，新型封装材料、结构的开发也迫在眉睫。

超高速芯片出现后，缩短延迟时间的最有效方法是缩短半导体器件之间的线路长度，也就是说，必须全力发展高密度封装。在大型和超大型计算机领域，高发热量的 MCM 可采用水冷、浸泡冷却或相变冷却等技术。对于个人计算机，基于成本和质量考虑，只能依赖风冷。

为了确保电子设备的系统可靠性，应尽量降低芯片结温（T_j）。为了提高散热效率，应极力缩小 MCM 多层板上半导体器件之间的温差，这是散热设计的重点。各种散热技术的能力对比如图 2.11 所示。其中，间接液冷是指让 IC 或封装接触散热部件，将芯片产生的热导入冷板并通过其表面流过的水将热量带走。这种技术主要用于高密度、高发热量封装，常见于超级计算机 MCM。浸泡液冷也是超级计算机采用的散热技术。至于相变冷却，是指通过气液相或低熔点合金的相变潜热来散热，该技术仍有待进一步开发。这些都不是大众常见的散热方式，目前民生、消费性产品仍以强制风冷和自然风冷为主要散热方式。

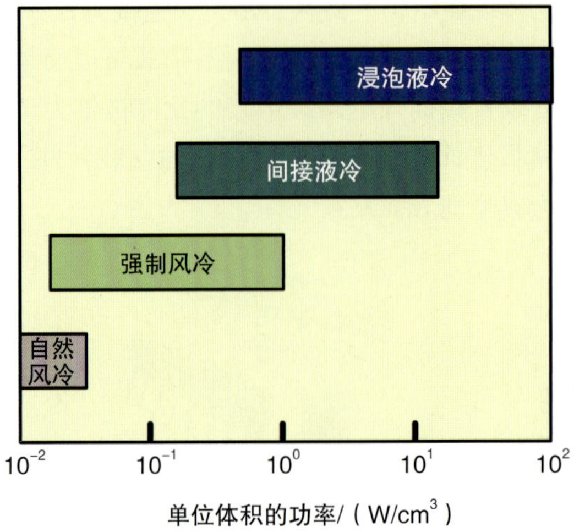

图 2.11 各种散热技术的能力对比

2.5 封装的类型

图 2.12 给出了半导体封装的类型及其历史变迁。20 世纪 50 年代是真空管时代。1948 年晶体管发明，10 年后，即 1960 年半导体封装才迈入晶体管年代。此后，几乎每隔 10 年就有一次大变化：1970 年迈进 IC 时代，1980 年迈进 LSI 时代，1990 年迈进 VLSI 时代，21 世纪迈进 ULSI 时代。

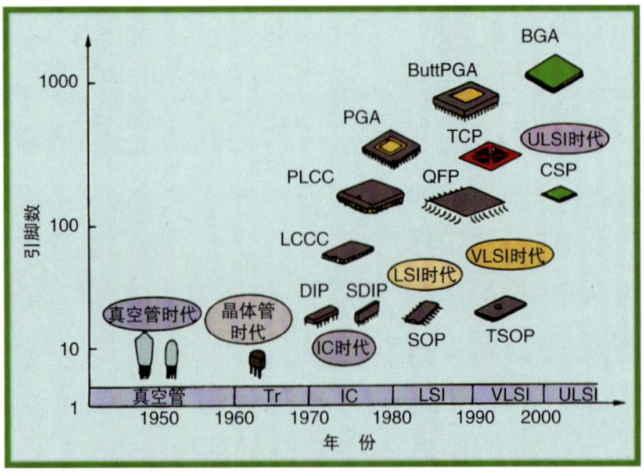

图 2.12 半导体封装的类型及其历史变迁

20 世纪 70 年代的 IC 封装以双列直插式封装（DIP）为代表，后来出现了为小型化而生的 SDIP（紧缩 DIP）。70 年代末，表面贴装技术（SMT）开始发展。80 年代是 LSI 时代，典型封装是 SMD 形式的小外形封装（SOP），主要类型有薄小外形封装（TSOP）、甚小外形封装（VSOP）及超小外形封装（USOP）、为存储芯片小型化而生的塑料有引脚芯片载体（PLCC）封装及 J 形引脚小外形封装（SOJ）、高可靠性的无引脚陶瓷芯片载体（LCCC）封装，以及具有几百个引脚的陶瓷或塑料针栅阵列（PGA）封装，非常多样化。

90 年代是 VLSI 时代，出现了更多引脚的方形扁平封装（QFP）及带载封装（TCP）等周边引脚封装，同时引脚节距也逐步缩小：1.27mm → 0.8mm → 0.65mm → 0.5mm → 0.3mm。不过，节距缩小到 0.25mm 时，引脚平整性要求及封装难度极高，周边引脚应用的界限就此产生。为了解决这种问题，表面贴装型针栅阵列封装的引脚节距从引脚插入型的 2.54mm 变成了 1.27mm。

21 世纪进入超高密度时代后，各公司利用超小型裸芯片与面阵列引脚，大量开发超多引脚的球栅阵列（BGA）封装、盘栅阵列（LGA）封装、芯片级封装（CSP）等超小型半导体封装。各公司持续开发的 BGA，依据材料、密度等特性，分别冠以“PBGA”“TBGA”“CBGA”“FBGA”等不同名称，有时还会加上特定的商品名称。

DIP 封装与 PGA 封装都是通孔引脚封装，其引脚分布在封装两侧。PGA 封装引脚以面阵列形式分布在封装底部，具有较高的输入 / 输出密度，目前多采用表面贴装结构。典型的 DIP 与 PGA 封装器件如图 2.13 所示。

图 2.13　典型的 DIP、PGA 封装器件

小外形（Small Outline，SO）封装的成本较低，是目前低引脚数内存常用的封装类型。方形扁平封装（QFP）则具有较高引脚数。另外，也存在有引脚的 LCC 与 PLCC 等封装，但用途有限。图 2.14 所示为典型的 SO、QFP 封装——鸥翼形引脚封装。

图 2.14　典型的 SO、QFP 封装

QFP 封装的引脚节距等于或小于 0.65mm，适用于细节距表面贴装。塑料方形扁平封装（PQFP）的导线架材料多为铜材，模塑材料则为塑料，尺寸从 5mm × 5mm 到 40mm × 40mm 不等，常见尺寸为 28mm × 28mm，常见引脚节距为 0.65mm（160 脚）、0.5mm

（208脚）和0.4mm（256脚）。也有更细节距的特殊规格，但多用于低成本与ASIC类应用。

PLCC封装也是较传统的封装类型，以图2.15所示的68脚J形引脚PLCC为例，节距为0.05in[①]（1.27mm）。其导线架材料通常为钢材，模塑材料为塑料，多用于低成本与ASIC类应用。

图2.15 PLCC封装（来源：www.national.com）

TSOP的引脚呈鸥翼形，高度非常小，硅芯片对封装体的比例非常大，即热膨胀系数非常小。多数TSOP的导线架材料为42合金，部分TSOP使用铜来强化焊点可靠性，多用于要求低成本的内存封装。

PLCC、PQFP、CQFP和TSOP封装均支持表面贴装技术（SMT），对于中速且引脚数不超过392（0.3mm节距，32mm×32mm封装尺寸）的应用，都是不错的低成本方案。不过，这些传统封装的引脚共面性、封装体断裂风险、I/O限制、细节距限制、电感、电容、电阻、长引脚、细节距良率等都不尽如人意，不适用于高引脚数、高性能的应用，因此，封装技术正逐渐朝着面阵列等封装技术发展。

20世纪80年代末期，植锡球封装开始发展，取代了传统引脚封装。锡球配置在封装底部，显著提高了表面贴装的I/O数，典型应用为BGA封装。面对更小、更薄、更轻的便携式产品的需要，CSP封装也逐渐普及。20世纪60年代的封装可能会比晶粒大近百倍，但CSP封装的尺寸不会超过晶粒的1.2倍。

美国半导体行业协会（SIA）每两年更新一次技术蓝图，预估大类产品未来10～15年内的技术需求。可以据此预测电子封装的发展。IC封装的三项重要参数如下：

◎ I/O数，影响IC封装节距与引脚数

◎ IC大小，影响IC封装互连的可靠性

◎ 功率，影响IC封装的散热需求

所谓封装节距，指的是相邻引脚的中心到中心的距离。随着I/O数的增长，封装节距越来越小，并从周边引脚转换成面阵列引脚，这也是BGA类阵列封装成为主流封装的原因。

有别于传统导线架封装，TCP封装是一种有载体膜的导线架封装。图2.16所示为超薄TCP封装的剖面图，硅芯片和封装的厚度分别是0.2mm和0.4mm；为了追求薄的效果而采用了TAB（载带自动键合）技术，芯片上方及侧面均以树脂胶封，下方则暴露出来。此封装有较小节距、薄体、PCB焊盘面积小的优点，且制造材料不会影响芯片性能。

① 1in=2.54cm。

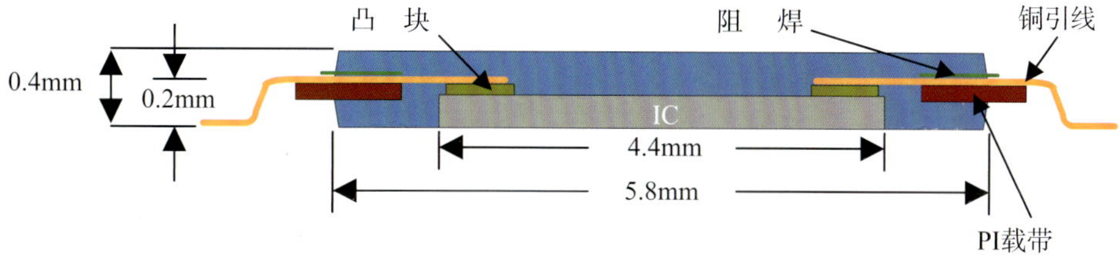

图 2.16 超薄 TCP 封装剖面图

TCP 封装所用载带多为 48mm 宽的聚酰亚胺（PI）薄膜。对于高引脚密度产品，载带制作完成后用框架包装，以便运输；引脚成形为鸥翼形，以增加其屈服性；高功率产品要在电路板上设计散热结构。图 2.17 所示为典型的高密度单片 TCP 封装及其安装在电路板上的状况。TCP 封装的引脚数可达 700，适用于中高性能的 ASIC、微处理器应用。由于其开发成本高，除非大量生产，否则难以平衡成本效益。另外，TCP 有类似于 QFP 的缺点，如周边引脚、长引脚处理不便，母板级制造良率低等。

(a) 框架包装 (b) 电路板正面 (c) 电路板反面

图 2.17 典型的高密度单片 TCP 封装及其安装在电路板上的状况

图 2.18 所示为 PGA 封装。PGA 曾主宰高密度封装多年，常用于高引脚数、高功率、高性能计算机，典型应用为 CPU，不过目前应用占比下降了很多。PGA 封装可在内层设置接地、电源层，因此具有优良的电气性能，而引脚分布在载板下方也可符合高 I/O 数需要。

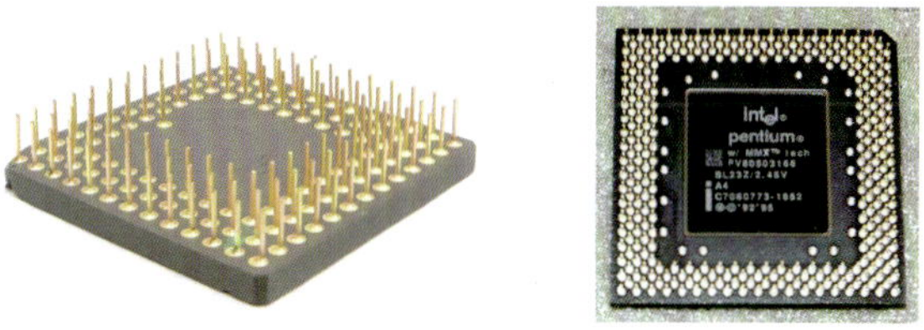

(a) CPGA (b) PPGA

图 2.18 PGA 封装

由于锡球远比 42 合金及铜引脚便宜，且容易粘贴在芯片载板下方，因此一些半导体大厂也曾以锡球替代引脚，将 CPGA 封装转换为 CBGA 封装（陶瓷球栅阵列封装），如图 2.19 所示。

图 2.19 CBGA 封装

若焊盘位置不做任何外垫高处理，只留下接近一般平面的结构，则可形成盘栅阵列（LGA）封装。采用这类封装技术的载板，其外引脚没有高度，几乎靠插座的弹性引脚进行接触导通。图 2.20 所示为典型的 LGA 封装及其插座。

CLGA　　PLGA　　LGA插座

图 2.20 LGA 封装及其插座（来源：www.silirium.ru，www.commons.wikimedia.org）

IBM 曾用陶瓷柱栅阵列（Ceramic Column Grid Array，CCGA）封装来应对更大功耗，较高的锡柱可增加弹性和减少热膨胀不匹配引起的剪切应变（shear strain）。这类封装主要使用陶瓷载板，还未见到塑料载板应用。图 2.21 所示为典型的 CCGA 封装。

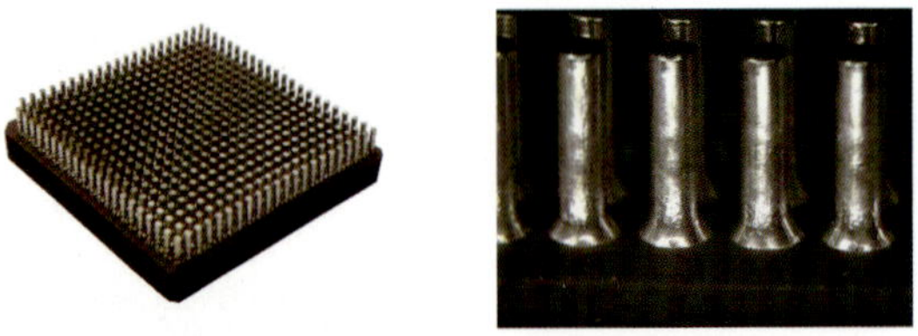

图 2.21 典型的 CCGA 封装

摩托罗拉与西铁城曾合作以 BT 开发灌胶封装，命名为“模压树脂焊盘阵列载体”（Over Molded Plastic Pad Array Carrier，OMPAC），并于 1989 年成功地将 PBGA 用于便携式产品。此后陆续有各种电子产品使用这类技术，将半导体产品封装成 PBGA。图 2.22 所示为典型的 PBGA 封装断面结构与实物。

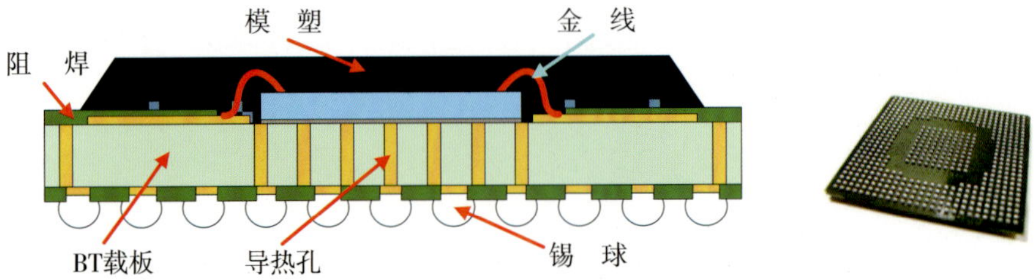

图 2.22 典型的 PBGA 封装断面结构与实物

在不同产品需求的催化下，PGA 封装陆续衍生出了多种类型，不过引脚形式仍然以锡球为主。为了让锡球组装更顺利，强化接点可靠性，焊盘的阻焊设计不同于一般电路板，常采用所谓的“阻焊限定”方式。这有利于锡球位置对准，同时锡球没有直接接触焊盘，能够降低焊盘剥离风险，有利于提升可靠性。图 2.23 所示为两种阻焊限定方式。

(a) 阻焊限定　　(b) 焊盘限定

图 2.23　两种阻焊限定方式

PGA、CBGA、PBGA、TBGA 都是面阵列封装，这种封装的下方分布着引脚或焊点。相较于传统导线架封装，面阵列封装能够提供高接点密度及良好的电气性能，这是它们的主要优势。当封装引脚数低于 200 时，PBGA 的芯片至锡球线路较短，电感必然小于 PQFP，同时可降低信号反射与噪声干扰。实际应用中，塑料载板具有更好的电气性能，在高速封装中有极大优势。另外，塑料载板适用于高密度结构，可满足合理成本下的封装需求。

2.6　封装的发展趋势

传统半导体封装一直以陶瓷封装为主。近年来，随着半导体器件的高密度化、高速化、低成本化，塑料封装急速增多。除了降低成本的考虑，还有提升高速芯片的信号传输特性，降低导电材料的电阻，同时改善绝缘材料的介电常数以降低导线电容干扰的需要。

支持高引脚数的 QFP 封装的周边引脚结构已不敷使用，解决之道是全面阵列化。如此，CSP、BGA 等超小型封装会持续发展。封装的载板材料不同，也会产生较大的热膨胀系数差异，这会导致 BGA 封装焊球微裂。陶瓷和树脂基材的热膨胀系数差异过大，因此使用 QFP 封装时其引脚会缓冲压力，但 BGA 封装的直接焊接冲击较大，热循环测试会产生龟裂。将陶瓷改为塑料后，封装与电路板的热膨胀系数差异较小，可降低龟裂的风险。

为了应对半导体器件高密度化催生的多引脚化、小型化，业者在 BGA、CSP 封装开发领域的竞争也很激烈。便携式产品持续智能化发展，堆叠、内埋立体结构也陆续出现，MCM 与超高密度封装的立体结构将是今后半导体封装的重要发展方向。

2.7　小　结

微电子工业以半导体材料为基础，用掺杂、生长等不同技术将局部区域制成 N 型、P 型，进一步制成 PN 结二极管、双极晶体管（BJT）、金属氧化物半导体场效晶体管

（MOSFET）等微电子器件。利用这些器件构建电路即可形成具有完整功能的集成电路（IC）。不论 IC 集成了多少晶体管，还是构建成了系统级芯片（SoC），都离不开封装。电子封装提供保护、供电、传输、散热的功能。随着 IC 技术的进步，封装技术也从简单的双列直插封装（DIP）逐渐变得复杂。没有 IC 封装技术的思维，IC 设计将无从发挥应有功能。传统封装适用于多数 IC，但随着各种先进产品需求的持续增长，系统设计需要更多封装技术辅助。

第 3 章

密封的必要性与特性

多芯片模块（MCM）是将多个裸芯片封装于载板上组成的。空气中的水分、氧气会造成半导体器件表面及载板线路、焊盘氧化腐蚀，导致 MCM 性能劣化。故单芯片封装及 MCM 的生产，不会将半成品暴露于空气中，而是存放在氮气等非活性气体内。若管理不当，会导致出现芯片内引线键合焊盘氧化而不能结合，或者载板导线、焊盘无法焊接的问题。即使封装完成，在含有水分的空气中运行，也有可能发生金属离子迁移，导致半导体器件或载板线路短路。为了将载板线路、半导体器件与空气完全隔绝，必须做封装密封、封胶等处理，以保护裸芯片及 MCM。

3.1 各种封装技术的特性

3.1.1 单芯片封装

单芯片封装分为气密封装与非气密封装两类，气密封装又分为金属容器密封型、玻璃密封型、焊料（Au/Sn 共晶）密封型。非气密封装则有移转射出成型、液态树脂封胶、树脂框封胶等形式。目前，为了追求低成本，量产多采用移转射出成型封装，故单芯片封装也以此为主。图 3.1 所示为典型的气密单芯片 DIP。

图 3.1 典型的气密单芯片 DIP

3.1.2 MCM 封装

MCM 封装依密封程度可分为非气密密封型和气密密封型两大类。非气密密封的代表是树脂密封，密封方法有涂覆、加热、浸泡、铸造、流动浸泡等。气密密封则包含低熔点玻璃密封、焊料密封、缝口熔接、激光密封等。封装成本与可靠性需求有关，高可靠性常需付出高制作成本。树脂密封虽然成本较低，但在特性方面存在诸多不足（特别是耐湿性），无法用于高可靠性应用，如大型计算机。

焊料密封可实现完全气密密封（氦漏率小于 1×10^{-4}（atm① · cm^3）/s），在金属盖内封入氦气或氮气等非活性气体（封入氦气的散热效果较好）。但是，这会造成焊料与

① $1atm=1.01325\times10^5Pa$

载板导体层互相扩散，在高温环境下使用时有耐热性及长期寿命问题。熔接法具高可靠性，缝口熔接法是其中的一种，但现存缝口熔接机的功率有限，只能熔接较薄金属盖（0.15mm以下厚度），不适于大型 MCM。若要熔接大型 MCM 的厚金属盖（0.25 ~ 0.5mm 厚），使用激光熔接法（激光密封法）较合适。

采用熔接法时，可用环氧树脂或焊料等接合剂，将陶瓷载板固定在金属盒内，但金属盒与陶瓷载板间的接合剂存在散热性能及耐机械冲击性等方面的问题。为此，可在陶瓷载板上做银焊接，形成热膨胀系数与载板相近的可伐合金（KOVAR）或 Fe-Ni 42 合金等。典型的气密（绝气）封装如图 3.2 所示。各种密封的耐湿性，常用压力加速测试检验。几十年前的 DIP 型 IC 转移模塑射出成型封装，因为当时的材料耐湿性不佳，在 121℃、2 个大气压条件下测试，只能维持约 70h。随着材料的不断改良，现在可以维持 200h 左右。相比之下，气密密封型 MCM 即使在 121℃、2 个大气压条件下测试，也可维持半永久高可靠性。

图 3.2 气密（绝气）封装（来源：www.ami.ac.uk）

各种 MCM 封装方法的比较见表 3.1。

表 3.1 各种 MCM 封装方法的比较

方　法	树脂密封	焊接密封	缝口熔接	激光密封
移动、返工性	×	○	△	△
耐湿性	×	○	○	○
耐热性	×	△	○	○
耐热冲击性	×	○	○	○
散热性能	×	○	△	○
耐机械冲击性	○	○	×	○
外形可塑性	○	△	×	△
大型化	×	○	×	○
成　本	○	△	×	×

注：○占优，△一般，× 不可接受。

3.2 非气密密封技术

转移模塑射出成型封装的成本低，适合量产，是目前半导体封装的主要密封方法。

3.2.1 密封树脂的成分与特性

转移模塑射出成型封装的可靠性主要受密封材料特性的影响。标准密封树脂成分，按质量比由大到小分别为填充材料（约 70%）、环氧树脂（18% 以下）、硬化剂（9% 以下），以及催化剂（硬化剂）、耦合剂、离型剂、耐燃剂、着色剂等添加物（共计 3% ~ 7%）。

填充材料的主要成分是二氧化硅，主要用途是降低成本、吸湿性、热膨胀系数并提升树脂强度、散热性能。环氧树脂一般含有甲醛、酚醛，可隔绝外部空气以保护芯片，确保成型时的流动性，保持封装树脂的基本机械、电气、热特性。硬化剂的主要成分是酚醛系树脂，对成型时的流动性和密封性也有影响。

为了促进硬化反应，可添加硫亚氨、磷化合物等硬化剂（触媒），让树脂在模具内硬化。为了方便从模具取出成品，可添加高级脂肪酸与天然蜡、合成蜡等离型剂。为了满足阻燃性标准 UL94-V0），可添加阻燃剂。为了调色，可添加炭黑及各种染料。

近年来，随着半导体器件的高密度化、多引脚化、封装尺寸大型化，封装密封树脂的低应力、高结合力、低吸湿性、强韧性、高弯曲强度等要求不断提升，甲醛、酚醛系环氧树脂逐渐被高端树脂取代，有时还会采用联胺配方。

3.2.2 填充材料与添加剂对密封特性的影响

常见的填充材料有结晶二氧化硅、α - 氧化铝、熔融二氧化硅，其含量会影响密封树脂、硅（芯片）、铁、金、铜、铝等封装材料的整体热膨胀系数。提高熔融二氧化硅的含量，可降低密封树脂的热膨胀系数，进而缓解密封时的热应力。

密封树脂处于其玻璃化转变温度以上的回流焊高温（215 ~ 260℃）时，填充材料粒子四周的树脂成为橡胶弹性体。当橡胶弹性体、填充材料粒子复合体断裂时，方形填充材料粒子将发挥稳定作用。当填充材料的含量较高时，球形粒子较能保持密封时的流动性。因此，以往的高填充材料含量配方，都含有球形与方形粒子，兼具流动性和耐裂性。不过，最近出现了超高球形填充材料含量的配方，可以提供低吸湿性、高流动性、高回流焊耐裂性。

3.2.3 转移模塑射出成型的模具与工艺

图 3.3 所示为典型的转移模塑射出成型的工艺。事先将模具预热，在上下模具之间插入框架并将上方模具落下固定。以油压降低柱塞，以预热器加热树脂粒，黏度降低的树脂经过加热筒、流道口、阀门，灌入模槽。灌入密封树脂时不需加压，待其即将填满模槽时再加压。保持加压填充状态几分钟，树脂就会密合硬化。最后，将上方模具提起并取出封装，去除树脂流道口等处的残留树脂即可。

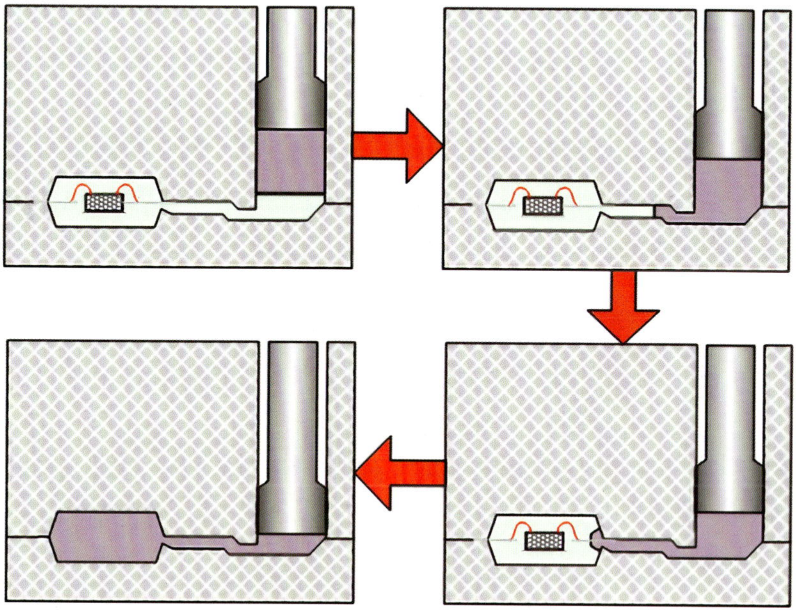

图 3.3 典型的转移模塑射出成型工艺

此时的材料密合度还不稳定，要在 160 ~ 180℃高温下加热几小时以完成反应。最后必须处理模具细缝溢出的树脂，利用高压媒介（如玻璃粉）剥离外引脚面的溢胶。外引脚要进行表面处理，提升抗蚀性与可焊性。

随着芯片与封装尺寸的大型化，模具也随之变大，容易产生模流不均问题，即树脂从模具柱塞到达远处模槽前，近处模槽内的树脂已开始硬化；当远处模槽填充完毕、开始加压时，近处模槽内的树脂可能已硬化，无法将气泡排除。对此，可使用多柱塞平均模流，或减少单次添加的树脂粒，减少时差造成的填充不均问题。

模槽内树脂的黏度和流速决定了金线漂移的发生率，若要减少金线漂移问题，必须降低树脂黏度和模流速度。考虑到多引脚、窄节距、多层键合等结构的金线越来越长，气泡与金线漂移控制越来越重要。

3.2.4 各种密封方法

非气密密封是 MCM 常用的密封工艺，主要做法是将环氧树脂、塑料及硅胶等有机材料覆盖在多层载板与半导体器件上，隔离外界气体。常见方法如下。

（1）涂覆：也称涂布，可用涂刷工具直接在芯片部件上涂布环氧树脂或硅胶后加热硬化。为了方便操作，密封材料的黏度要非常低。

（2）加热：也称滴下法，以点胶机在载板半导体器件上滴下黏度非常低的环氧树脂或硅胶后加热硬化。

（3）浸泡：也称浸渍法，在槽体内放满密封树脂，置入 MCM 并浸泡一定时间后捞起，再加热硬化。

（4）铸造：又称注型法，将待密封部件置于尺寸稍大的外框内，在间隙灌入液态树脂后加热硬化。

（5）流动浸泡：也称粉体涂装法，在流动槽内放满密封材料混合粉体，置入完成预热的载板，待附着粉体后加热硬化。

无论采用何种方法，只要使用了有机树脂，就有一定的吸湿风险。因此，这些方法主要用于价格低、可靠性要求低的民用品、消费品，不适用于高端、高可靠性产品。这些密封方法多数不支持返工。

3.2.5 耐湿性与可靠性

密封设计要充分考虑耐湿性，必须掌握外界气体至半导体器件的路径。另外，考虑到内部应力，还应把握密封材料的热膨胀系数与填充量的关系。此外，还可根据情况进行芯片覆盖、缓冲器覆盖及顶端覆盖等处理，在裸芯片上覆盖几层树脂，以提升耐湿性。密封时，密封材料、包覆厚度都会影响可靠性。一般湿气浸入密封结构的主要因素有三个，一是材料本身的吸湿性，二是材料的透水性，三是树脂和封装本体载板、MCM 引脚等区域的附着性。

密封材料的吸湿性和透水性是材料商的研究重点，因此不断有优秀材质推出。密封材料分为单液型与二液型，两者的硬化条件（温度、时间）都会影响密封材料的吸湿性、透水性。密封材料的储存条件要特别注意，常温、冷藏保管及取用条件也会影响其性能，使用前必须做脱泡甚至过滤处理，以控制气泡、异物侵入。对于二液型材料，应该严格管控混合比例，或要求供应商提供定比例包装。

无论采用何种密封材料，若增加填充量，则芯片接合处的密封长度就会增加，耐湿性也会提高。随着密封材料内部压力增加，载板弯曲会导致芯片剥离，特别是键合等电气连接会遭到破坏，此时陶瓷载板厚膜电阻也会发生微裂。因此，充分掌握密封材料的填充量与密封长度和耐湿性的关系相当重要。若要在 MCM 表面搭载各种形状的器件，由于表面凹凸不平，必须掌握密封材料的黏度、密封方法、硬化条件、耐湿性、内部压力等。

3.3 气密密封技术

气密密封技术可分为焊料密封、低熔点玻璃密封、缝口熔接及激光密封，其中，激光密封法最具耐热性及可靠性。所有方法都是以真空气体密封，封装内部通常填入氦气或氮气等非活性气体。封装完成后要测试气密性，以管控漏率。漏率测试一般采用大漏出和小漏出两种方法。

大漏出测试是将碳氟化合物等非活性液体保持在 125℃，将模块化试料浸泡在液体中 5min 后，利用显微镜观察气泡的产生。MCM 内气体从常温（25℃）上升到 125℃，其容积只要增加，MCM 内压就会升高。若有严重的气密性缺陷，MCM 内气体会因压力外泄而产生气泡，可以发现 10^{-3}（$atm \cdot cm^3$）/s 以上的大漏出位置。

至于 10^{-6}（atm · cm^3）/s 以下的小漏出，可用氦气泄漏检测仪检测。若 MCM 内部密封的是氦气，则可直接用氦气泄漏检测仪检测。将 MCM 外部设置为真空状态，可根据氦气分子数量测得 MCM 内部气体的漏率。若 MCM 内部气体密封的是氮气等非活性气体，可先将 MCM 置入氦气加压锅，以氦气加压（24 个大气压）一定时间（44h）。若有微小泄漏，则加压时氦分子会灌入 MCM 内。之后将 MCM 外部抽真空，待灌入的氦气再度漏出就可以检测了。

3.3.1 焊料密封

焊料密封是先将金属盖焊接在多层载板上，之后做半导体器件封装的气密密封。气密密封非常注重焊料吸湿性，传统上选用 $Sn_{63}Pb_{37}$ 共晶焊料，目前，无铅封装要求改用无铅焊料。金属盖焊接在多层载板周边，要先形成导体接合环图形。接合环图形应有良好的焊料润湿性，同时其与焊料的扩散系数要小。因此，在以厚膜法制作载板时，若用铜膏或细线铜膏，最好在其上形成铜膜。使用生坯薄片时，必须在钨导体上镀镍金，以改善焊料的润湿性。

金属盖与载板材料的膨胀系数不等，会产生耐热冲击性问题，因此陶瓷载板常用可伐合金。可伐合金不具备焊料润湿性，需先做镍金或锡电镀。接合环图形应在组装前先焊接、洗净，组装后通过电气性能测试的 MCM，会在预先焊好的接合图案上做金属盖覆盖，再进行约 240℃的回流焊。为了让盖内膨胀空气漏出，金属盖设计有一个小气孔（直径 0.5 ~ 1mm），之后用焊料在氦气或氮气等环境下密封。气密 MCM，若充分抑制多层载板接合环导体层的扩散，金属盖的移动、返工至少可以达 10 次。因此，气密密封后会做老化测试，以筛选早期不良品。

3.3.2 缝口熔接

静止卫星用的电子器件常使用缝口熔接技术制作高可靠性的密封封装，MCM 采用金属封装。陶瓷封装也具有一定的适用性，但目前缝口熔接机的功率有限，只能熔接较薄（厚度小于 1.5mm）的金属盖，不适用于大型 MCM。缝口熔接以固定压力操作，将两个圆形电极尖端以 45° 分别压向金属盖与金属封装，做电气熔接，完成气密密封。这种技术不适用于外形复杂的 MCM。

金属封装必须以接合剂将多层载板固定到金属盒中。有机接合剂的热阻较高，会造成 MCM 散热变差。从耐机械冲击性的角度看，有机接合剂要同时支持多层载板的质量，MCM 的 *X-Y* 方向机械冲击承受力会变弱。解决方法是，用焊料润湿性好的导体层处理多层载板表面。在金属盒内做焊接，需要完全无气泡的良好焊接技术。

3.3.3 激光密封

激光密封适用于大型、外形复杂的 MCM，可靠性高。激光密封是将金属盖压向多层载板，以焊料形成熔接用金属环，密合后以激光照射密合部，用激光的高能量同时熔解金属盖与熔接环。激光密封使用的是生坯薄片陶瓷载板，同类金属较易熔接。金属盖与熔接环通常都采用可伐合金。激光密封也能熔接异种金属，被业者寄予很高的期待。

激光光斑直径取决于激光能量和焦点位置，激光能量过大会导致金属气化，飞溅液体附着在保护镜上。持续照射后，激光穿透率会下降，导致熔接能量减小、密封效果变差。因此，若能适当调整光斑，不但可做较稳定熔接，还可延长激光设备的维护周期。对于激光密封、缝口熔接，熔接金属盖与熔接环只会瞬间变成高温后立刻冷却，不会像焊料密封那样让载板整体处于高温，也无须考虑金属盖内部的空气膨胀问题，无须在金属盖上设计气孔，可在非活性气体下操作。

3.4 小 结

不同的应用，可选用不同的封装技术与密封等级。传统的高可靠性封装通常采用气密密封。随着材料的改进，密封质量与吸湿性都得到了很大改善，促使封装加速向塑料封装发展。气密密封封装仍有其应用空间与必要性，出于成本、便利性、量产性等多重考虑，多数人对其比较陌生。但是，高可靠性要求的军事、医疗、航天等领域的产品，离不开这些技术。

第 4 章

系统应用中的封装

电子产品已经是人类生活的必需品，其用途包括远程通信、数据存取、事务管理、辅助生产、信息交流、生活娱乐。技术推陈出新是产品转换的主要动力，利用微电子信息处理、光与磁性材料储存、无线通信数据传输、微机电应用、电源供应等技术，将元器件及系统封装的功能有效整合在一起，便形成了微系统。

微系统常见于汽车、商用计算机、通信产品、消费类电子产品、工业与医疗设备、军事航天设备中，是由电路板与电子元件组装而成的。电子元件分为有源元件与无源元件。其中，有源元件也被称为“器件”，会消耗电能，常见有源元件包括二极管、晶体管等；无源元件不会消耗电能，常见无源元件包括开关、连接器、电阻、电容、滤波器、晶体振荡器、微波元件等。

封装材料对于半导体及其他元件的发展极其重要，封装、裸芯片对系统也有极大影响。无铅、无卤标准对每级封装的材料选择都产生了重大影响。

4.1 封装对系统性能的影响

计算机和服务器构成的因特网，已成为全球最大的互联网络。第一台电子计算机由约 18000 个真空管制成，个人计算机则从 20 世纪 80 年代开始发展，因特网在 20 世纪 90 年代诞生。早期计算机都是以单机形式存在的，用于数据处理。个人计算机出现后，互联网得以发展，便有了“服务端”“客户端”的概念。现在，个人计算机的微处理器已经多核化，工作频率早已超过 1GHz，一般用户几乎不再担心数据处理速度。

微处理器规格是用户判定计算机性能的主要指标，微处理器是系统的关键部分，高效率的计算机必须让微处理器持续高效率工作。影响计算机整体性能的主要因素是数据输入 / 输出能力，也就是大家常听到的“总线带宽”。

带宽指的是数字系统单位时间内送达目的地的数据量（bit/s）。适度增加带宽可减少处理器等待时间。而总线延迟与内存访问时间也很重要，它们会影响微处理器获得所需数据的等待时间。为此，各计算机厂商尝试强化总线设计，而这也依赖于封装技术的进步。对于高速总线设计，封装的重点如下：

◎ 高导通孔密度、布线密度：缩短线路长度

◎ 低介电常数材料：提高传输速率，减小电容

◎ 薄介质层、低噪声、良好布线：有助于信号稳定

增加输入 / 输出引脚，提高布线密度，采用高密度多芯片模块，可有效减小总线延迟并获得高带宽。对于长距离高速传输应用，光纤总线已较常见。散热系统也是计算机封装的一部分，微处理器高速运转时的热流密度非常高，封装要提供良好的散热性能。某些高速服务器还加装有热管散热器，大型计算机系统中也有加装蒸发型散热系统的案例。图 4.1 所示为个人计算机用微处理器封装。

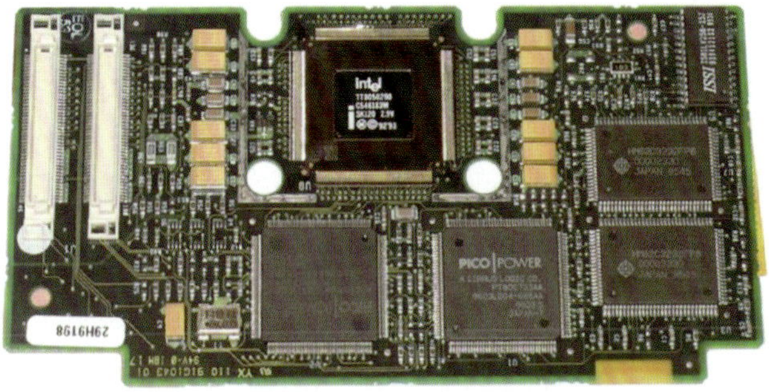

图 4.1 个人计算机用微处理器封装

4.2 汽车电子系统的封装

汽车生产总量、每辆车所用电子设备的数量与价值，直接决定了汽车产业的规模。多数统计都无法完全呈现汽车电子系统的全貌，高端车型所用的电子设备较多，并与销售价格成正比。典型的汽车电子系统如图 4.2 所示。

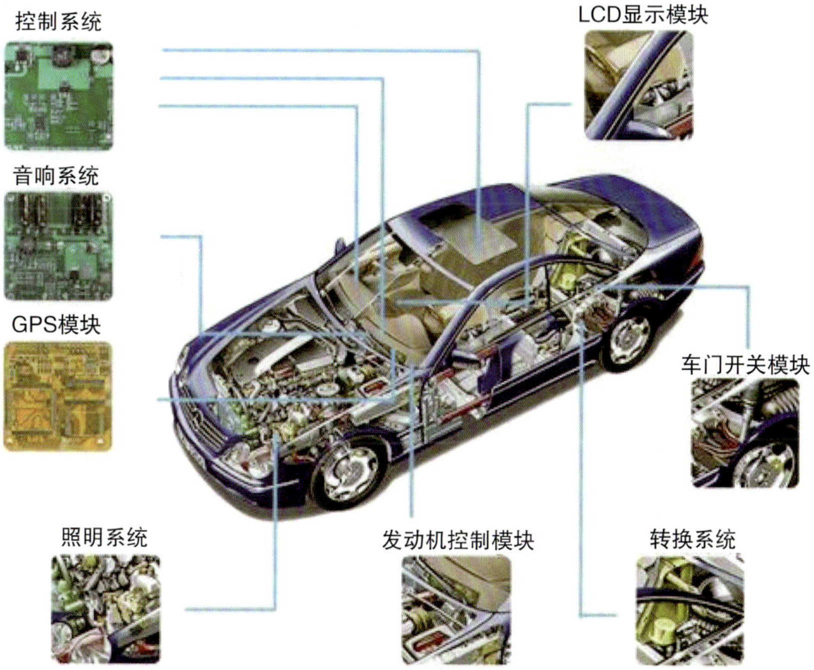

图 4.2 汽车电子系统（来源：www.fuelsharksaver.com）

汽车电子系统封装面临着环境的挑战：阿拉斯加地区的气温可能低至 -40℃，撒哈拉地区汽车发动机温度可能会超过 160℃，湿度也会有很大差异。

汽车电子系统的工作环境比家庭、办公环境恶劣得多，除了温度和湿度，还要考虑持续震动的影响。当电子安全系统延伸到汽车的其他关键位置时，这些恶劣环境的影响会更严重。图 4.3 所示为多芯片智能点火模块。

通常希望汽车电子设备有较长的工作寿命和较高的可靠性，以确保汽车质量，这些都取决于汽车电子系统的封装性能。汽车电子系统封装的主要影响因素包括：载板技术、组装技术、系统级封装技术。汽车电子系统载板可分为塑料（如 FR-4）、陶瓷（如氧化铝）、绝缘金属（如绝缘铜）三种类型，各有优缺点。与普通封装相比，汽车电子系统封装更注重可靠性及性能。

图 4.3　多芯片智能点火模块（来源：电子工程专辑网站）

4.3　消费性电子产品封装

消费电子产业非常大，定义却并不十分明确。美国曾用“单价不超过 299 美元”作为消费性产品的标准，但符合该标准的电子产品多不胜数。消费性电子产品的特征如下：

◎ 年产量以百万计，生命周期短，产品升级快

◎ 生产和设计都较容易，且稳定

◎ 市场容易饱和，产业在不断寻找新应用场景

◎ 成本持续下降，可利用既有技术生产

◎ 多数便携

◎ 尺寸小，质量轻

正因如此，消费性电子产品中的微型化技术普及程度比其他产品高得多，特别是膝上型产品及桌面型产品。数码摄像机的 CSP 器件如图 4.4 所示。

图 4.4　数码摄像机的 CSP 器件

4.4 微机电系统封装

微机电系统（MEMS）集合了微处理器与微机械的功能，形成单芯片系统（SoC）或系统级封装（SoP）。根据生产设备类型，植入芯片的元件数有很大差异。

微机电系统的应用领域跨度极大，几乎影响了整个工业界，如工业用加速度计，几乎是所有汽车安全气囊必备的传感器。微机电系统的优势已经在工业、医疗、汽车领域得到体现，在自然科学及工程领域也不断有新发现。微机电器件的主要优点是尺寸极小，可应用在传统传感器无法应用的领域，且量产后具有明显的成本优势。典型的微机电系统封装如图 4.5 所示。

图 4.5 典型的微机电系统封装

微机电系统是医疗电子领域的重要组成部分，其中可抛弃式血压计每年用掉的小型压力传感器达 2000 万个以上。未来，微机电系统还有可能用于远程诊断及患者自检。

目前较明确的微机电系统应用：工业过程控制系统中的加速度计，可测量地心引力、方向及倾斜度；汽车制动系统陀螺仪、安全气囊加速度计，以及车身稳定系统的横摆率传感器。受益于成本、尺寸、功能、可靠性等优势，微机电系统的市场潜力巨大。

4.5 移动电话与便携式产品封装

20 世纪 90 年代，各种便携式手机问世，加剧了移动电话小型化的竞争。手机销量增长迅速，为了增强竞争力，业者大量采用 CSP 设计，广泛采用 CSP/BGA 器件。

便携式产品封装需要注意以下几点。

（1）便携式产品必须经常保持通电状态且必须及时响应，容易取放，能承受跌落、变形压力等。跌落与弯曲测试是便携式产品封装必须通过的机械冲击测试。

（2）便携式产品的工作温度范围大，要能适应各种环境条件，如寒冷冬天的室外环境、夏天车内高温环境等。

（3）便携式产品要能承受使用者的频繁操作按压，要能通过数百万次按压测试。因此，CSP/BGA 封装结合可靠性、高密度增层电路板结合可靠性等都很重要。

移动电话的 CSP/BGA 封装，锡球节距以 0.5 ~ 0.8mm 为主，也有少数产品采用 0.4mm 以下节距。图 4.6 所示为典型的手机元件组装范例。

图 4.6 典型的手机元件组装范例

20 世纪 80 年代，摄像机采用的封装以 0.5mm 节距的 QFP 为主。90 年代数码摄像机风行，开始采用 CSP/BGA 封装应对小型化、高密度需求。典型的 DV 摄像机组装状况如图 4.7 所示，其中大量采用了 CSP。

图 4.7 典型的 DV 摄像机组装状况

笔记本电脑问世已逾 20 年，高功能、高速化、小型轻量化、节能是永远不变的需求，苹果公司推出的 MacBook Air 型笔记本可以说是这方面的标杆。与移动电话、数码摄像机的封装有些许不同，笔记本电脑使用的 CSP/BGA 封装内，半导体的密度明显增高，因此需要多引脚、大尺寸封装。CPU 外围电路多由 ASIC 类芯片组成，这类芯片也会使用较多引脚的 CSP/BGA 封装。随着 CPU 频率提高，周边芯片封装也有向 MCM 发展的趋势，这一点对高端智能手机同样适用。

为了实现系统小型化、轻量化，业者通常选择在第 1 级封装对有源元件做定制连接，第 2 级封装再与无源元件组成 MCM 子系统，最终得到电路板级封装。对于某些平面空间受限系统，MCM 可向垂直立体封装发展，也有业者以挠性板实现立体连接。

较先进封装理念是直接芯片封装，其中，埋入式有源元件、SoP/SiP 等技术都已成熟。不过，实用化仍在持续发展中。

4.6 小 结

许多优秀技术与系统的发展，本质上都是通过半导体器件与微系统的集成来满足个别市场需求。将来，不同技术的融合仍将继续，微电子、光电、射频、无线、微机电等技术都将扮演重要角色。

第 5 章

电子封装的电气性能

电子封装的电气性能，取决于封装设计定义的信号及电源路径，用以满足系统功能需求。此外，封装必须提供结构支撑及环境抵抗能力。结构支撑可协助制造、测试、产品储存及电路板芯片贴装等。封装也可有助于芯片散热，提高结构可靠性与芯片稳定性。

目前，芯片栅极线宽已达纳米级，而电路板线宽远大于这个水平，因此，电子封装是芯片微细线路与电路板线路的转换结构。大量的芯片I/O通过封装连接到电路板焊盘，因此，封装内布线复杂，有时候需要布设好几层信号层。封装常会包含电阻、电感、电容等无源元件。其中，电容用来提供芯片电源、缩短电源线及隔离键合结构的寄生电感，经常粘贴在封装表面。在高密度封装中，有时必须采用埋入式电容设计。电阻多数被设计在信号线终端，以免产生不必要的高频噪声及信号传输延迟产生的末端反射信号。由于信号线终端电阻会影响驱动器功耗、信号传输延迟及封装复杂度，因此，电阻设计相当重要。

芯片、封装、电路板都必须满足系统的电气性能要求。电气性能设计主要有两部分：提供适当的信号通路、提供合理的电源分配路径。设计的主要挑战来自信号频率，线路结构对低频不敏感，但对高频（如超过1GHz）非常敏感：相较于高频信号波长，线路长度要大得多。线路材料、信号的电磁场特性会对信号传输产生明显影响，信号延迟、线路特性阻抗和寄生电容等也会影响信号传输。

封装电气性能的一般考虑如下：

◎ 芯片信号路径（包括芯片、电路板间的布线）的信号分配，取决于线距及埋入式元件设计

◎ 合理的电源分配，是电路依据规划工作的基础

5.1 电气性能规划

半导体封装的电气性能受环境影响。首要环境因素是封装依附的载板，增加布线层、设计内部走线可以获得更好的性能，不过成本也会增加。电气性能规划必然要考虑电流，线路中的电流有直流（DC）、交流（AC）两种形式。芯片的电源是直流电，而输入/输出信号则随时间变化。大多数电气信号既不是直流电也不是交流电，而是随着时间呈现非定值、非正弦波状态，不过设计时为了方便会将其视为直流或正弦波信号处理。

电气性能包含电压、电流两方面，它们的关系可以用欧姆定律表示：

$$V=IR$$

式中，V 表示电压；I 表示电流；R 表示电阻。由于电阻会消耗电能并转换成热，因此，设计要减小布线长度与线路电阻。

电流在导体内流动时，同性相斥导致电荷聚集在导体表面流动（趋肤效应），因此，导体的交流电阻比直流电阻大得多。交流信号的电压和电流可能相位不同，电路中需要

用电容、电感来储存能量，即在正弦波周期的某段时间获得能量，而在另一段时间释放能量。

电容、电压、电流的关系为

$$I=C\mathrm{d}V/\mathrm{d}t$$

式中，C 表示电容，基本单位为法［拉］（F）；dV/dt 是电压对时间的微分。

电感的定义是一个环形电流产生的磁链对电流的比值。电感、电压、电流的关系为

$$V=L\mathrm{d}I/\mathrm{d}t$$

式中，V 表示电压；L 表示电感，基本单位为亨［利］（H）；dI/dt 是电流对时间的微分。

依据基尔霍夫电压定律，若任一封闭回路中所有元件电压降的代数和为零，则任一节点的总电流和也为零。根据该定律，结合电阻、电容、电感的基本关系，就可以计算出电压及电流。当然，实际的电压、电流关系，通常要复杂得多，且呈非线性。

半导体封装的基本电气性能由芯片与外部电路决定。电路必须有够低的电阻，以维持信号电压水平。这对于多数封装都不是问题。相邻导体的绝缘电阻容易被忽视，对高速数字器件而言，绝缘电阻至少应该保持在 $10^6\Omega$ 以上，否则就可能发生问题。多层陶瓷封装漏电流标准通常是 100V 电压下小于 1nA（或 $10^{11}\Omega$），这种水平只有极少器件需要。对于薄板封装，干燥状态可轻易达到绝缘等级，但真实系统未必都能保持干燥。

PBGA 的关键问题之一是载板薄、密封材料会吸湿而导致电阻系数减小。多数应用，除非封装暴露在压力锅条件（120℃、100% 相对湿度、2 个标准大气压）下超过 168h，否则不会看到严重漏电流。

5.1.1 封装内的噪声

噪声来源有很多。某些噪声来自材料内粒子移动，会存在于所有系统中。工程师比较在意的噪声，是系统中导致信号波形畸变的电气效应。所有商用半导体封装皆符合导体低电阻、介质材料高电阻的基本要求，噪声是亟待解决的电气性能问题。封装的主要噪声来源如下：

◎ 邻近导体间的信号耦合引发的寄生电容、电感

◎ 电感中瞬时电流产生的电压抖动

◎ 导体阻抗不连续的信号反射

寄生电容存在于任意两个导体间，而任一带电流的结构都会产生电感。各种电路布局都会包含寄生电容、电感，它们会影响电路中的信号传输。电容、电感耦合产生的噪声被称为串扰。电容性串扰是封装绝缘材料的介电常数和导体间距的函数。降低介电常数、增加导体间距会减少电容性耦合。不过，对于固定封装的材料应用，绝缘材料的介电常数被限定在很窄的范围内。合理的系统设计可降低寄生效应影响，但是导体间距受限于芯片、封装结构。

电阻、电容、电感会产生系统延时，导致信号无法及时到达接收端。多数导线都存在电阻、电容，进而产生 *RC* 延时，这必然会影响系统速率。电阻、电感也会产生 *RL* 延时，影响芯片电源的瞬时功率并产生开关噪声，解决方法之一是在系统内配置去耦电容。

系统内任何一对传输信号、功率的线路都可认定为传输线。电磁波在传输线特定方向的电压、电流的比值被称为“特性阻抗”。传输线的特性阻抗与线路材料、几何外形有关，不连续特性阻抗（材料、外形变化）会导致传输波形产生局部反射，使信号在错误路径上传送，从而产生系统噪声。为了降低反射的影响，传输线与负载间必须要做阻抗匹配，这是业者时常听到的阻抗设计。

考虑到电容、电感的交互影响，紧邻导线可视为交互影响的传输线——非常容易产生串扰。串扰是邻近导线上感应出来的信号，而两条导线间并没有实体连接。这些交互作用，都与系统噪声、寄生电容和电感有关。电气性能规划要预估影响并做系统仿真，避免系统出现电磁干扰（EMI）。

研究单位与业界常用的模拟分析软件，以 20 世纪 70 年代早期柏克莱大学开发的 SPICE（Simulation Program with Integrated Circuit Emphasis）软件最知名，后来一直有升级版本推出。它包含常见的电路及有源元件，可执行时域（time domain）、频域（frequency domain）仿真。

5.1.2 电气性能预测

封装的电气性能规划基于各种性能预测，评估因素包括延时、失真、负载、阻抗、反射、串扰、电源/接地等。电气性能预测依赖于电路仿真，通过实体结构电磁仿真、方程式分析、高频测量等进行推导。芯片间的信号传输会存在延时、失真、反射等现象，必须注意特性阻抗（Z_0）与传输速度。信号传输线路会与邻近信号线耦合而产生串扰，导致数据交换错误并引起信号延时，芯片键合、通孔连接都是可能的影响结构，脱离封装的引脚、连接器也可能产生影响。

电气性能规划的最大挑战是影响信号传输的非理想效应，这些效应是实际信号延时及电路寄生阻抗引起的。鉴于此，将线路视为传输线是最简便的方式。实际电路的非理想效应，通常可视为与真正信号结合产生的失真噪声，工程师必须在噪声与布局间取得平衡，使封装满足系统要求。

5.2 信号线的配置

信号由芯片驱动电路产生，可以经线路传输到同芯片或其他芯片上的接收电路，线路可能在芯片、封装或电路板上。金属氧化物半导体场效应晶体管（MOSFET）具有低功耗及高功率的优势，是目前普遍采用的晶体管。P 沟道、N 沟道金属氧化物半导体（MOS）晶体管的结合，衍生出互补金属氧化物半导体（CMOS）。COMS 是目前最受欢迎的半导体之一，常用于计算机、3C 产品用微处理器等器件的制造。P 沟道、N 沟道的 MOS 晶体管都有 3 个引脚，分别是源极（S）、栅极（G）、漏极（D）。

可以将晶体管视为开关，通过栅极控制开通或关断，输出高电平和低电平。但是，晶体管是非线性器件，存在导通电阻（R_{on}），虽然高电平和低电平信号分别以“0”和“1”表示，实际上它们是有脉冲宽度及上升、下降时间的模拟信号。由于信号是通过线路传输的，因此，线路特性会影响信号波形。图 5.1 所示为 TDR 测试仪测得的信号波形，不是理想方波。

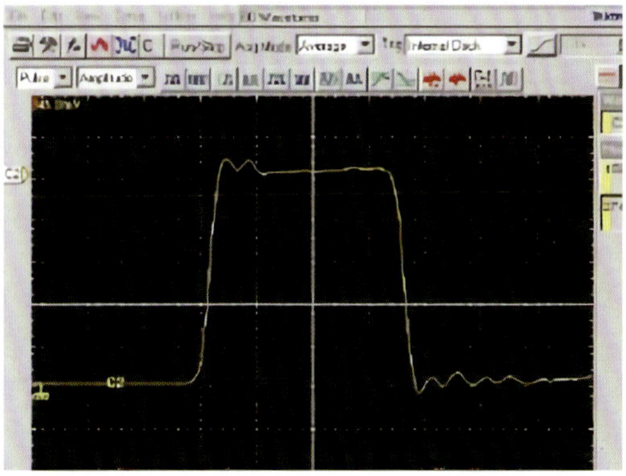

图 5.1 TDR 测试仪测得的信号波形

只要有电压，平行导体间就会存在电容。一般认为电路中的线路与接地平面会产生电容，彼此靠近时还有可能产生随机电容。集成电路与封装间的导线弯曲也可能产生电容，会导致信号延时。

基尔霍夫定律适用于直流电路及低频电路，前提是器件尺寸远小于信号波长。低频应用（如音频放大器）并不需要考虑信号延时，但高频应用中的信号延时效应很明显。典型的电子应用频率范围如图 5.2 所示。

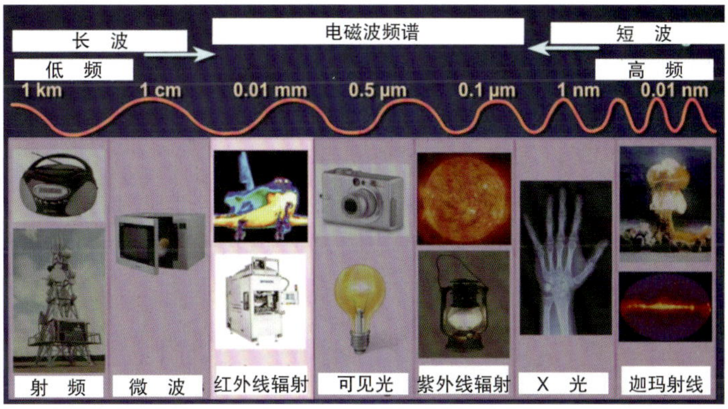

图 5.2 典型的电子应用频率范围（来源：Prismark 2006 年度报告）

站在时域的角度，主要参数是信号传输时间（fly time）与传输距离。在空气中，3×10^8m/s 的传输速率意味着每英寸传输距离约有 1ns 延时，一般可以忽略。但是，当信号频率高达 1GHz 时，延时就非常明显。此时，信号通过 6in 长的线路可能要用一个完整的信号周期，部分电路甚至存在整个周期的延时。为此，必须采用传输线设计。

站在频域的角度，主要参数是信号波长与传输距离。波长可表示为

$$\lambda=c/f$$

式中，λ 表示波长；c 表示光速；f 表示频率。

信号在材料中的传输速率可以表示为

$$信号传输速率（m/s）=（2.998\times10^8）/\sqrt{\varepsilon_r\mu_r}$$

式中，ε_r 表示材料的介电常数；μ_r 表示材料的磁导率。

因此，在介电常数 ε_r=4.0 的材料中，信号的传输速率为 15×10^8m/s，比空气中的信号传播速率低。信号传输 1m 的距离需要 6.67ns，该时间通常被称为传输时间或传输延迟。两条邻近线路会产生串扰现象，导致一小部分能量从一条线路传输到另一条线路。

串扰是不必要的干扰，应该尽可能减小。减小串扰的方法之一是设计传输线横截面，尽量减小耦合系数。也可以通过加大线距、增强与接地平面间的耦合等方式来改善。还有一些方式可减小串扰，如减少信号上升 / 下降时间，可减少邻近线路正向串扰，因为串扰与信号时间的微分成正比。电路布局也会直接影响串扰，某些较重要的电路可通过实体隔离来减小串扰。

5.3 电源分配的考虑

信号的驱动端或接收端，都需要电压和电流来维持器件工作，这就是电源分配的作用。它有两个关键问题，那就是 *IR* 压降和电感效应。当给电路供电时，根据欧姆定律 $V=IR$，封装金属层的电阻 R 会在直流电流（I）通过时产生压降，导致直流电压发生变化，使输入电路的信号出现传输错误。

金属层的电感会导致芯片的供电电压随时间变化，甚至产生振荡，这可能严重影响信号传输。为了确保系统正常工作，必须将电感效应降至最小。芯片的电流是由电源经封装输入的，因此，所有实体电路均含有电源串联电感。与电源及接地电路有关的电感非常大，严谨的工程师多数不会忽略这个问题。

随着信号传输速率的升高，电流变化速率也升高。实际芯片电流可能在短时间内产生巨大变化（di/dt 值很大），并造成电源电压变动。这会对系统产生不良影响，因此，须减小封装的电感。电子系统电源噪声必须持续减小，使得封装朝垂直结构发展，如多芯片模块结构，这类封装的电源电感较小。为减轻电源噪声影响，必须依据噪声预算决定电源、接地分配电路相关的最大允许电感值。

增加导电层，隔离对电容耦合敏感的线路，可提供更大的封装设计弹性。对于多数封装，电感性串扰是大问题，它主要取决于封装中导体和其他材料的磁导率。增加金属层、介质厚度，都可减小电感耦合，不过载板制作成本也会增加。高速数字电路的接地电位抖动（地弹），也是封装设计的重要问题。

接地电位跳动(或供电电压跳动),是多个输出同时切换引起的接地或供电电压变化。这个感应电压与电路自感、电流脉冲变化速率有关。降低电流变化速率可减少电压抖动,但同时也会降低芯片的工作速度。出于实用性考虑,必须减小电源、接地电路自感,避免采用高磁导率材料和特殊设计。在电感控制中,增加金属层特别重要:将电流路径缩到最短,增加电流路径截面积,是减小自感的简单方法。只要可行,电源、接地电路应尽量以金属层覆盖。

阻抗不匹配的反射问题可能是封装本体不连续造成的。例如做薄板、共烧陶瓷时用作导线的电镀分支,这些线终结在封装边缘,可能会将大部分输入信号反射回芯片输入端。这些反射信号的冲击随着工作频率的提高而增加,且再次以噪声的形式出现在输入/输出端。

5.4 电磁干扰(EMI)

随着射频及高速数字系统的普及,电磁干扰(EMI)问题也变得重要。器件、封装、电路板的高度集成,使得系统间的电磁干扰增强。当数字电路及系统的频率超过1GHz时,高频噪声、谐波会在器件、封装、系统间产生明显辐射,抗电磁干扰设计越来越困难。要确保邻近电路符合电磁干扰规范,产品的初期设计就要注意电磁干扰的影响。美国联邦通信委员会(FCC)对辐射干扰、传导干扰都有规定。

传统EMI问题多局限于电路板、电缆、射频装置、高速数字系统。当频率提高后,器件、封装也被视为EMI来源。高频噪声来源很多,包括信号线反射、电源/接地电位抖动等。噪声电流在通过封装时会产生寄生阻抗,这在高频电路中不能忽视。EMI控制非常复杂,需要芯片、封装、系统各方面的工程师合作解决。反射、去耦电容设置不当、大电流回路、接地电压变化,都会造成不必要的辐射干扰。信号线阻抗不匹配产生的反射也要避免。暴露在电路板表面的信号线,如微带线,出现这类现象的机会特别多。

芯片、封装、电路板的去耦电容的基本功能是,提供芯片正常工作所需的电流、稳定电源电压、减小高频噪声。当封装电源线有过大的电压变化,并耦合到电路板电源或电源线时,就可能产生较大的辐射。因此,在封装内提供足够的去耦电容非常重要。在电路板上,去耦电容必须放置在每个电源线、接地线交点,以缩短电流路径、减少电流回路,进而减小EMI。

5.5 小 结

电气性能规划的重点是信号与电源分配,信号线提供芯片的信号通路,电源线提供信号传输所需的电源。传统产品的工作频率不高,对寄生噪声不敏感。随着高频产品的普及、要求延时缩短、集成度变高,以往不在乎的噪声成了关键因素。高频化使得低介电常数材料更受重视,因为它可以减少信号延时。要维持信号质量,就必须抑制信号反射,这与阻抗匹配相关。提高集成度会导致线路密度增加、线距缩小，容易产生串扰。高频线路趋肤效应的影响增大，使得线路电阻与频率产生关联。频率超过 1GHz 时，绝缘材料的介电损耗会影响信号传输速率。

纯净电源是提升系统电气性能的重要条件，这考验着封装设计的信号、电源分配合理性。传统 DIP、QFP 的几何结构有较大电感，不适用于低电感需求产品。至此，面阵列封装成为主流。

第 6 章

芯片封装

芯片封装大致可分为单芯片封装（Single Chip Package，SCP）和多芯片封装（Multi Chip Package，MCP）两大类。单芯片封装是指以单一器件结构满足电气性能、机械性能、热性能等需求的封装。图 6.1 所示为从芯片设计、晶片切割、单芯片封装到老化测试的简略流程。

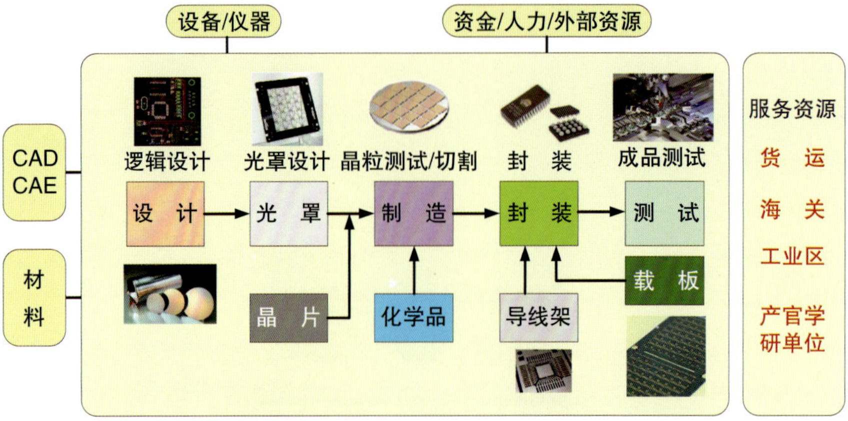

图 6.1 从芯片设计到老化测试的简略流程（来源：IEK）

器件多于一个的封装被称为多芯片封装或多芯片模块（MCM）。设计者可结合无源元件及单芯片封装、多芯片封装来构建系统应用。选择何种封装类型，取决于具体的产品需求、可用空间、所需引脚数等。图 6.2 所示为典型的封装尺寸与引脚数的关系。

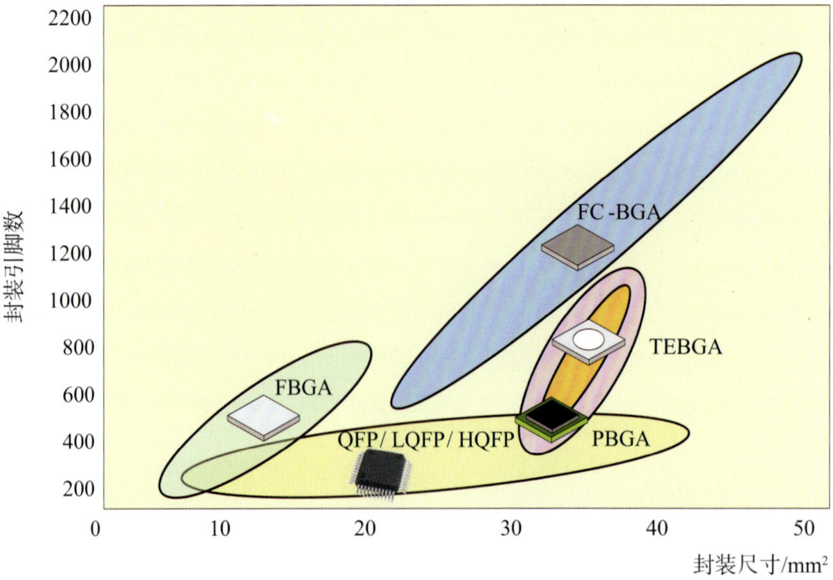

图 6.2 典型的封装尺寸与引脚数的关系（来源：www.fujitsu.com）

6.1 单芯片封装的功能

单芯片封装的目的是将芯片制成符合期待寿命与设计功能的可靠器件。一般电子产品的期待寿命为 3 ~ 5 年，公共电信系统的期待寿命为 15 ~ 20 年，军事航天应用的期待寿命在 40 年以上。

单芯片封装一般需提供以下功能：

◎ 提供有效的信号传输、电源分配结构

◎ 提供衔接下一层级封装的结构（如 SMT 结构）

◎ 提供器件散热的有效途径

◎ 提供保护与机械强度，抗震、抗湿、抗蚀

◎ 提供外部连接、空间转换（如引脚）的接口

设计者通常会以低成本的原则做封装设计、材料选择，追求高质量的信号传输等。

6.2　单芯片封装的类型

单芯片封装结构可分为三类：通孔器件、SMT 周边引脚器件、SMT 面阵列器件。以往常用的单芯片封装以陶瓷封装结构为主，主要原因是其容易充填、修补，又有良好的可靠性。CPU 一开始采用的就是陶瓷 PGA 封装。后来，塑料 PGA 快速取代陶瓷 PGA 并获得了成功。随着引脚密度的再度提升，更高密度的球栅阵列（BGA）封装走向了台前。图 6.3 所示为早期 CPU 的陶瓷封装。

图 6.3　陶瓷封装 CPU

陶瓷 PGA 封装一般高单价、高引脚数，产量比 BGA 封装、CSP 要少得多，但这种封装因为目的单纯、功能性需求高，反而多采用单芯片设计。此后，虽然业者开始采用塑料 PAG 封装，但这种设计模式仍然没变。图 6.4 所示为塑料封装 CPU。

图 6.4　塑料封装 CPU

不同产品有不同的考虑重点，没有通用的封装规范。以早期的个人计算机为例，其 CPU 采用陶瓷 PGA 封装，外引脚长期使用容易拆卸的结构。这是因为台式机的 CPU 属于价格快速变动的期货，若不能在临近最终成品完成时加上去，就会面临价格波动风险。另外，CPU 的单价高，最好能和其他元件分开组装，以免因多次组装而受损。这些都是早期 CPU 采用陶瓷 PGA 封装的原因。

针对电子封装的特性，电子元件工业联合会（JEDEC）建立了各种封装的几何形状规范，提供了大部分封装的标准尺寸，对全球的器件及系统封装有突出贡献。半导体及封装商也会发布技术规范，以描述各种封装的制作材料、尺寸、电热特性、可靠性等相关数据，这些信息对设计工程师选择特定封装应用有帮助。

存储芯片因为其独特架构，只需要少量引脚。逻辑芯片用来执行逻辑运算与操控，需要较多的门与线路，因此，其封装正在向高引脚数发展。封装引脚可分配到信号、电源、接地等不同位置，随着系统性能的提升，整体引脚数也会随之提高。系统的高性能依赖于电源、接地引脚增加，以此减小快速开关产生的噪声。

6.3 封装的特性

封装的引脚密度与两个因素相关：一是引脚节距，二是引脚分配模式。

图 6.5 所示为引脚节距的定义。周边引脚封装转换成面阵列封装后，引脚密度提高了 3 倍以上。

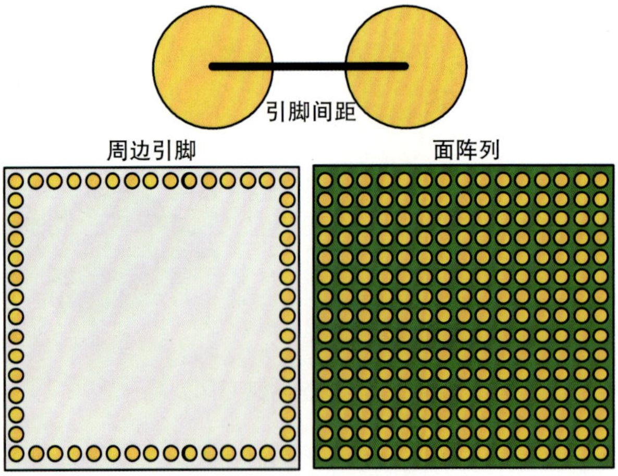

图 6.5 引脚节距与密度

假设封装面积为 $20mm^2$，引脚节距为 0.5mm，则周边引脚结构可配置 156 个引脚，但是面阵列结构可配置 1600 个引脚。封装的选择还要考虑组装良率与可生产性，因此，必须具备以下重要特性：

◎ SMT 引脚的短路风险要低

◎ 焊料的自对准能力要高

◎ 引脚的共面性要高

◎ 焊料润湿性要高

◎ 锡球断裂性要低

封装所用的导体、介质材料都会影响信号传输速率，材料与结构对散热性能的影响也非常明显。图 6.6 所示为典型强化散热的导线架封装（单芯片封装）。

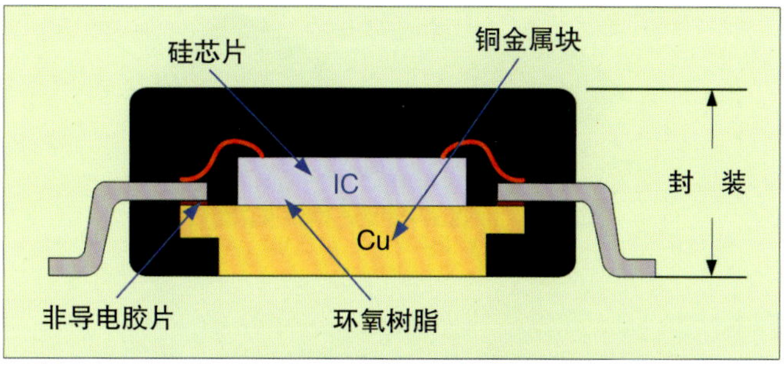

图 6.6 典型的金属块强化散热单芯片封装

集成电路发展了数十年，随着引脚密度逐步提高，周边引脚封装由 DIP、PLCC、QFP 发展到了小节距 QFP，面阵列封装由陶瓷 PGA、塑料 PGA 发展到了 BGA 与小节距 BGA，倒装芯片封装则从陶瓷载板发展到了塑料载板且节距逐年缩小。

6.3.1 周边引脚封装

DIP 是 20 世纪 60 年代初期发展的第一种 14 脚封装，不论是塑料形式的，还是陶瓷形式的，在当时都是工业标准。DIP 封装的引脚数通常为 8 ~ 48，主要用于内存、逻辑微控制器。封装可完全密封在树脂中，连接铜或可伐合金导线架的下一级封装，节距为 1.75 ~ 2.5mm。典型的 DIP 封装如图 6.7 所示。

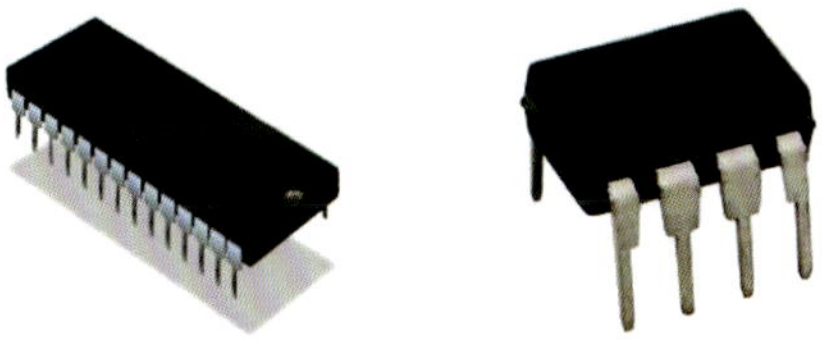

图 6.7 典型的 DIP 封装

小外形引脚封装（SOP）与塑料 DIP 不同。其中，TSOP 非常适用于 24 ~ 48 脚内存，对于空间受限的产品（如“大哥大”、传呼机、PCMCIA 卡等）是不错的选择。它类似于铜导线架的 DIP，但引脚微小，更适用于 SMT 电路板。封装完成的 TSOP 全厚不超过 1mm。典型的 TSOP 封装如图 6.8 所示。

图 6.8 典型的 TSOP 封装

PQFP 也是一种周边引脚封装，其主要特征是导线架四周配置了密集引脚，每平方英寸封装面积下甚至可以达到 304 个引脚。不过，常见的引脚数为 48 ~ 128。通过不断改进，厚度在 1mm 以下的薄 QFP、TSOP 都曾被用于低价微处理器、便携式系统、无线装置等。图 6.9 所示为典型的周边引脚封装器件。

图 6.9 典型的周边引脚封装器件

6.3.2 面阵列封装

面阵列引脚配置已经有非常久的历史。其中，针栅阵列封装第一次量产可追溯到1982 年的 286 处理器，1997 年针栅阵列封装成为处理器的主要封装类型。1993 年，摩托罗拉首先使用塑料 BGA 封装，自此 BGA 封装成为首选封装类型。虽然 BGA 封装的初期制作成本比 SO 封装、QFP 高，但考虑到价格连年下滑与功能性优势，BGA 封装在引脚数大于250的器件的应用已经非常普遍。典型的PGA 封装与BGA 封装如图 6.10 所示。

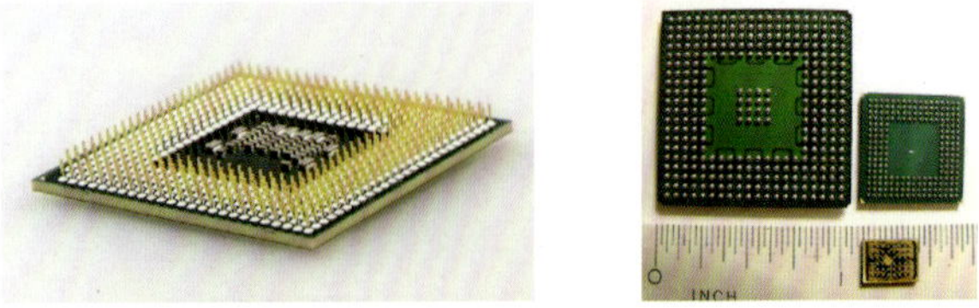

图 6.10 典型的 PGA 封装与 BGA 封装

这些年来，CSP 明显推动了针栅阵列封装的发展。随着便携式电子产品的快速发展，这类针栅阵列封装获得了广阔的市场空间。不过，考虑到成本因素，这种针栅阵列封装无法完全取代传统导线架封装。典型的 CSP 如图 6.11 所示。

图 6.11 典型的 CSP 封装

本来，BGA 只是一种封装外引脚形式。后来，为了区分最终封装尺寸，才有了 CSP。两者的设计理念不同，业者倾向于将高引脚数球栅阵列封装称为 BGA 封装，而将成品尺寸接近芯片尺寸的球栅阵列封装称为 CSP——更确切的说法是“BGA 形式的 CSP”。各厂商为了凸显自己 CSP 产品的特色，还会为其封装另外命名。区分 CSP、BGA 的一般原则如下：

◎ BGA 封装是锡球节距达 0.8mm 或以上的针栅阵列封装，具有非常高的引脚数（如 500）

◎ CSP 的针栅阵列锡球节距不大于 0.8mm，且最终封装尺寸不会比 IC 尺寸大太多

6.3.3 BGA 封装

BGA 封装克服了周边引脚封装的引脚密度限制，属于面栅阵列封装，如图 6.12 所示。

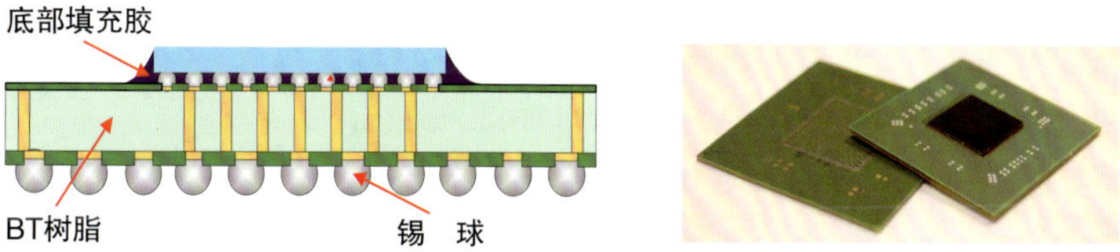

图 6.12 塑料倒装芯片 BGA 封装

不同于 DIP、SOP、QFP 的导线架周边引脚结构，相同封装面积下的 BGA，引脚数大幅增加，且可利用载板结构以较小空间完成互连。此外，BGA 封装比导线架封装的高度小，芯片到电路板的线路较短，可减小电感噪声。

典型的 BGA 封装有三种类型：塑料球栅阵列（PBGA）封装、陶瓷球栅阵列（CBGA）封装、载带球栅阵列（TBGA）封装，可根据应用需求选择。对于键合芯片，引脚数为 300 ~ 450 时，建议选用 PBGA 封装。TBGA 适用于轻薄、平整、需要改善电气性能的周边引脚封装芯片，CBGA 适用于倒装芯片封装。典型的 TBGA 封装与 CBGA 封装如图 6.13 所示。

图 6.13 典型的 TBGA 封装与 CBGA 封装

BGA 封装的优点如下：

◎ 可在保持引脚节距、封装尺寸的前提下大幅增加引脚数

◎ 相对于导线架封装，具有较短的导电路径

◎ 方便使用散热结构改善封装热管理，提升整体系统的热性能、电气性能

◎ 可以使用既有的组装设备、工具，做标准表面贴装

6.3.4 CSP

CSP 可以是任何封装结构，只要封装面积不超过芯片面积的 120%。在手机、数码摄像机、数码相机、掌上型游戏机等便携式产品中，CSP 大行其道。它的最大优势是有利于缩小产品尺寸、提升功能性。CSP 封装可分为四大类：挠性载板型、刚性载板型、导线架型、晶片级处理。典型的 CSP 类型如图 6.14 所示。

挠性载板型 CSP 封装主要用于低引脚数应用，刚性载板型（如陶瓷类载板）主要用于高引脚数应用。许多半导体器件的栅极宽度在 10nm 以下，对应的键合导线间距会小于 60μm，而芯片引脚节距也会突破 120μm 向下发展。如何应对这种引脚密度的布线、测试、可靠性保证等需求，是业者面临的问题。

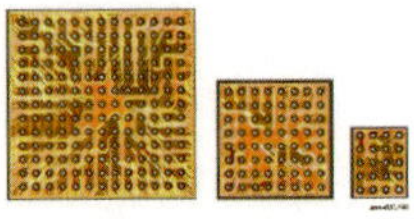

(a) 挠性载板型

(b) 刚性载板型

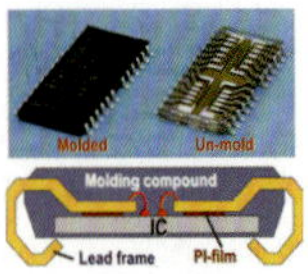

(c) 导线架型

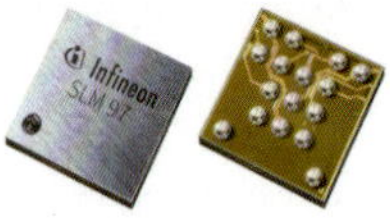

(d) 晶片级

图 6.14 典型的 CSP 类型

6.4 材料与工艺

影响电子封装性能的两大因素是材料选择与结构设计。CSP 产品的材料选择的影响因素如下：

◎ 封装载板的特性

◎ 芯片和封装载板之间的接点配置

◎ 封装载板和电路板之间的接点配置

◎ 封装的机械和热设计

◎ 接点密封材料的选择

电子封装所用的四种绝缘材料如下：

◎ 密封树脂

◎ 各种高端树脂制作的有机压合材料

◎ 高温（HTCC）、低温（LTCC）陶瓷载板

◎ 薄板类结构的载带

载板由绝缘材料、导电线路、孔与金属面等组成，应具备适当的机械性能、抗腐蚀能力，在不同温度、环境条件下都应经久耐用。以汽车应用而言，载板材料应具备良好的耐热性与尺寸稳定性。塑料载板由有机高分子复合材料（如环氧树脂、玻璃布）压合而成，主要工艺类似于电路板。其短时耐温可高于 220℃，且不比传统无机材料贵，还能提供良好的电气性能。其压合工艺与线路制作工艺都支持大面积生产，之后分割成条状、片状单元做封装，所以可以实现低成本量产。

陶瓷载板通常用于高引脚数、高频应用，特别是高温、高强度、高湿的应用。多数陶瓷载板采用高温共烧材料，早期微处理的 PGA 封装便是代表。由于高温共烧陶瓷需要 1550℃以上的操作温度，故导体必须用耐高温材料，如钼或钨——其电气性能比铜差。封装基于线路及孔的材料，塑料载板上以铜为主，而陶瓷载板上以镍、钼、钨等为主。接点的传统材料以锡铅合金为主，现在为满足环保要求已转换为无铅体系。

6.4.1 导线架与引脚接点

封装内的引脚接点要具备低电阻和适当的机械强度、延展性，以承受系统内不同材料间的热疲劳负荷。其可制作性、工艺兼容性、可焊性、成本都很重要。常见的引脚、导线架材料有可伐合金（53% 铁、17% 钴、29% 镍、1% 其他）、42 合金等。典型的导

线架冲压如图 6.15 所示。

图 6.15 典型的导线架冲压（来源：日立电线）

导线架冲压或蚀刻完成后，必须做金属表面处理及绝缘贴片的贴附，完成的导线架成品即为芯片封装载板。典型的导线架成品如图 6.16 所示。

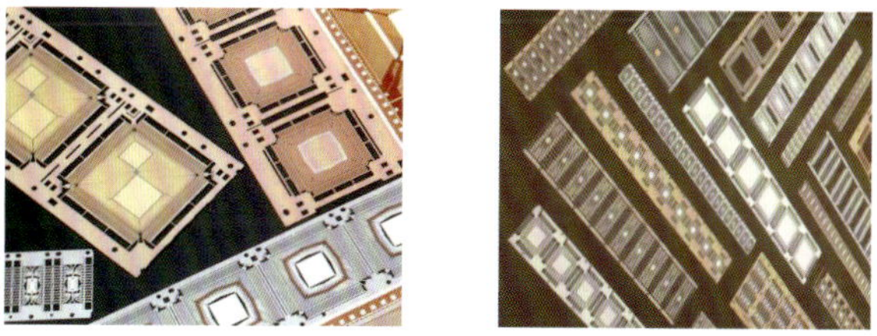

图 6.16 典型的导线架成品

6.4.2 黏合、封装、加盖、密封

根据封装类型、应用需求，高功率器件需要导热系数特别高的铜盖或特殊薄片散热，低功率器件可能只需要树脂密封或低成本的点胶保护键合。器件与载板由不同成分的黏合剂或合金完成结合，如银膏。填充材料有玻璃、环氧树脂和其他无机化合物等。图 6.17 所示为 DIP 单芯片封装工艺。

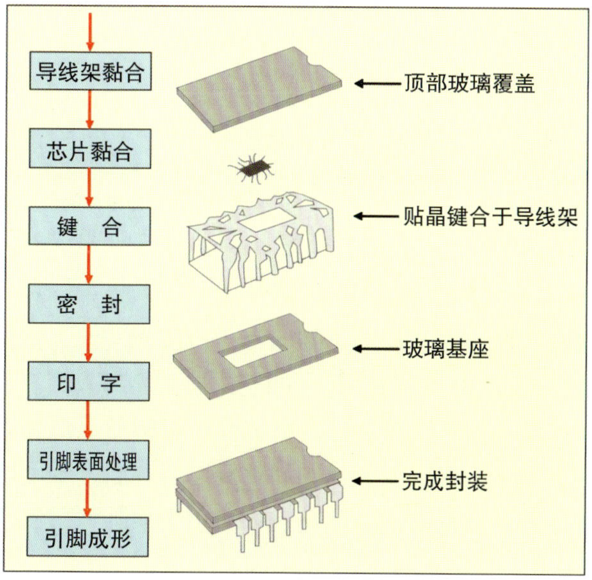

图 6.17 DIP 单芯片封装工艺

6.5 单芯片封装的特性

单芯片封装的特性主要包括热性能、电气性能、可靠性等，封装时工程师必须考量性能需求、开发时间、尺寸适用性、成本等。封装的电气性能包括线路电阻、负载电容与电感、特性阻抗、串扰，以及信号完整性等。

电感是导体几何结构(长度、断面积)的函数，与线距、大铜面间距、材料磁导率有关，可以利用专业软件模拟封装可能出现的复杂电感。进行线路切换时，电感、电容与邻近导体间的噪声影响也应评估。单芯片封装的电气性能仿真必须考虑所有因素，包括芯片在封装内的互连形式、内部孔与线结构、电源与接地大铜面、载板外引脚等。良好的封装电气性能设计应该让开关噪声保持在最低程度。

所谓的“封装效率”，指的是芯片面积与封装面积的比例。根据定义，裸芯片的封装效率是100%，DIP、QFP的封装效率都非常低，BGA封装、CSP的封装效率为30% ~ 80%。封装效率对于便携式产品十分重要。图6.18所示为代表性封装的封装效率比较。

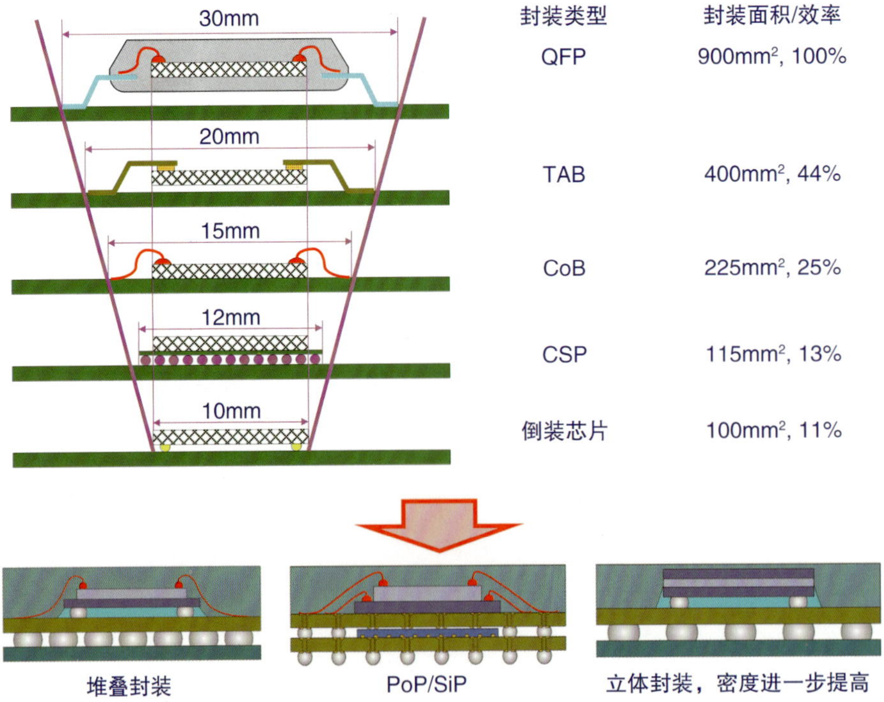

图6.18 同样功能的可替代封装的尺寸与封装效率比较

制作成本是单芯片封装类型选择的重要因素。传统封装因为技术成熟、资源庞大而成本低廉，面阵列封装（如BGA、CSP等）的制作成本相对较高。不过，随着封装技术的进步、载板资源的积累，面阵列封装的价格也在逐渐降低。但随着封装的高密度化，单一封装成本未必都呈下降趋势，尤其是封装载板层数和制作难度增加时。传统封装会以每引脚的封装成本作为评估基础，不过其未必适用于面阵列封装，因为面阵列封装的结构和技术复杂性都比较高。

良好的封装热管理，可以让芯片在极限温度下发挥其应有的功能。设计不良会导致过热、信号延迟，甚至导致热故障失效。例如，某 PBGA 制造商发现，当接合面过热时，每升温 1℃就会增加 0.35% 延时。常见塑料封装的最高接合面温度为 125℃，而陶瓷封装的极限工作温度为 150℃。封装热管理的关键参数是芯片功率、接合面温度、环境温度、封装材料等。

6.6 单芯片封装的可靠性

公共系统的可靠性要求都比较严，且可能需要过度设计，主要是因为故障导致的影响太大。医疗、汽车、航天、军事等用途的产品，对生命财产安全有明显影响，其可靠性是重中之重。单芯片封装虽然只是系统的一小部分，但系统顺利工作却依赖其可靠性，因此，多数应用都会提出较严的可靠性要求。

新封装的认证程序包含整体可靠性测试，测试时间可能达 4 个月或者更长。一般测试都以加速仿真为主，对于可能的负载，如启动、搬运、掉落、储存、极限使用等，应做针对性的可靠性规划。为了方便测试，业者还会设计模拟线路，以确认封装的可靠性。

6.7 多芯片封装概述

多芯片封装（MCP）或多芯片模块（MCM）的定义是，单个封装内包含两个以上芯片、载板所构建的微系统。MCM 从 IC 诞生不久的 20 世纪 80 年代初期开始发展，当时主要用于提升半导体集成度。MCM 比单芯片封装更有弹性，可让空间利用率更高，让产品体积和质量更小。MCM 具有高密度优势，已被广泛用于航天、医疗、消费性、便携式电子产品。经过多年发展，基于不同需求、不同封装特性与设计理念，又出现了层叠封装（PoP）、系统封装（SoP）、系统级封装（SiP）、3D 封装等。

MCM 的最大特征是多芯片，这是其与单芯片封装的最大不同，因此也被称为“多芯片封装”（MCP）。封装载板是 MCP 的关键，它提供芯片所需的机械结构、信号连接、电源与接地、下一级系统的接口。这类载板有几种结构：MCM-D 半导体薄膜结构，MCM-C 厚膜共烧陶瓷结构，MCM-L 有机压合单、双、多层结构。MCM-L 类似于标准电路板，但具有较高的元件与线路密度，因其制作成本与产能优势而快速普及。图 6.19 所示为 MCM 应用范例。

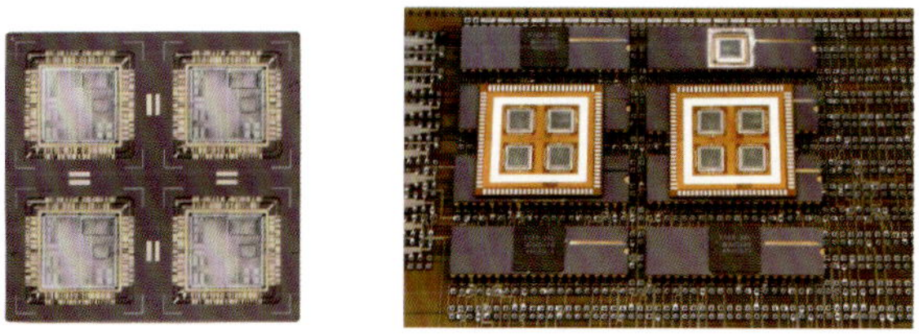

图 6.19 MCM 应用范例

6.8 多芯片模块的功能

MCM必须具备如下特性：

◎ 芯片间应保持最小延迟，高密度芯片配置需要高密度线路支持

◎ 芯片尺寸必须匹配I/O需求，小尺寸导线应以高电导率金属制作

◎ 必须小心设计线路，避免信号失真、串扰，并减小噪声

◎ 必须具有热管理，工作温度限制在85 ~ 100℃

◎ 具有可靠连接至下一级封装的I/O，缩减接点是好策略

◎ 必须提供对环境的保护

当器件无法设计为单芯片时，MCM是不错的选择。提高系统集成度或采用单芯片设计确实有其优点，但过大的芯片未必能保证封装效率，且制作良率也是问题。MCM相对于分立器件封装有4个优点：

◎ 裸芯片可以放得更近，整体封装效率更高

◎ 芯片间距较小，可提升电气性能

◎ 可减少器件与电路板间的引脚数，可靠性更高

◎ 减少分立芯片封装，缩小载板尺寸，降低整体成本

单芯片的封装效率是单个芯片与载板的面积比，而MCM的封装效率是多个芯片的总面积与MCM载板面积之比。从这个角度看，MCM上芯片的距离可以非常小，周边需要的空间不大，整合后的模块还有足够的面积来配置引脚，封装效率当然高得多。如有必要，MCM还可以在数字、射频（RF）、微波等应用上进一步提供集成设计，集成大量无源元件（R、L、C）、微波芯片、开关、继电器、连接器、标准数字芯片等，这些都是SoC做不到的。

电气性能以系统在单位时间内可稳定处理的指令数为指标。信号稳定性与噪声有关，噪声大小又与信号传输距离成正比。短距离传输的信号延时较小，有更大的信号频带宽度。这些都有利于系统提升单位时间内的处理指令数。站在制造的角度，MCM的制造良率与封装芯片数有关。即使有高质量芯片或已知良好芯片（KGD），模块良率还是有可能较低，因为模块良率是所有芯片良率的乘积。若有良好的封装返工能力，则模块良率可大幅提高，这对于昂贵芯片的模块化非常重要。

不过，MCM比分立芯片封装更具可靠性。因为多个芯片间的互连可通过载板设计简化，以减少接点数量并将接点间距放大。在MCM出货前，芯片间的兼容性经过了老化测试，再发生问题的风险也相对减小。成本方面已如前述，与多个单芯片封装的总成本相比，MCM理论上更经济。

6.9 多芯片模块的特性

在芯片层面，封装设计主要考虑的因素之一是散热，包含散热器的导热系数和表面积、封装材料的导热系数等。MCM载板的耐疲劳性、材料、内部连接电气性能等也很重要。

载板必须具备适当的介电常数，同时线路要有足够的导电性，以确保高速信号传输顺畅。线路密度应匹配芯片数及 I/O 需求，以最小层数和面积进行设计。与电路板的连接，要特别注意电感、电阻、内部连接的机械性能，这些对系统整体性能都有重大影响。

MCM 的电气性能设计，以控制电阻、电容、电感等基本参数为主。特别是信号路径要尽量短，必须控制阻抗、衰减，以免出现伪信号、传输延迟、信号失真等。还要留意介电常数、信号线的几何形状、无源元件的特性、线距对串扰及伪信号的影响，以及大铜面电源和接地的配置。当 MCM 工作频率较高时，以上要求会更严格。

6.9.1 密 封

完整的芯片保护是模块可靠性的重要前提。传统 MCM 几乎都以陶瓷、金属封装法密封，但高分子材料封装无须密封就能够满足可靠性需要。高分子材料与载板及芯片表面密合，可以避免水分累积而引发腐蚀与离子迁移。

6.9.2 散 热

和其他封装一样，MCM 的散热性能对于系统的稳定运行也很重要。模块的功耗因设计不同而异，但整体功率还是朝更高的方向发展。不论功率密度如何，芯片都要确保能在极限温度下工作，这在一定程度上取决于载板散热设计。实际的芯片散热效果依赖于芯片与载板的连接方式：键合、倒装芯片、载带自动键合（TAB）等。键合和传统的 TAB 芯片以面向上的方式与载板连接，热量直接通过芯片背进入封装材料。倒装芯片、裸芯片 TAB 封装的芯片面向载板，芯片背裸露，凸块、TAB 引脚、芯片背都可以散热。若要提高散热能力，可在芯片背上加散热器。

键合与标准 TAB 载板的导热系数非常重要。普通塑料载板的导热系数非常低，陶瓷载板的导热系数接近 25W/（m·K）。若载板集成了散热器，则散热能力会更高。

6.9.3 MCM 的内外引脚

MCM 可能同时包含三种芯片连接结构，且可能会搭配电阻、电容、QFP 器件等，特殊情况下还配有通孔元件。不论采用哪种互连方式，都有以下基本要求：

◎ 耐疲劳潜变

◎ 耐腐蚀与电子迁移

◎ 具有高导电系数

◎ 可承受制程、工作环境的温度

键合具有使用弹性高、成本适当、可用资源多等优势，是第 1 级芯片连接的首选。键合只需要简单地改动设备、软件程序、键合头、导线直径及材料，就可以制作不同的芯片、焊盘尺寸与互连结构，可以相对快速、低成本地改变生产状态。量产用键合设备已经实现每秒键合多条导线，实际速度与应用类型、金属处理状况、金属线径、键合类型（球形或楔形）有关。典型的键合 MCM 如图 6.20 所示。

倒装芯片及 TAB 连接需要额外的夹具、设备来制作凸块，需要先制作载带。同时，

图 6.20 典型的键合 MCM（来源：developer.axis.com，www.electroniccomponents.geaviationsystems.com）

芯片几何形态的微小改变，都需要更换夹具、重制载带，封装成本会因此增加。对于设计时常变化的产品，这两种连接方法的成本远高于键合。不过，随着芯片引脚的增多，焊盘间距可缩小的幅度有限，键合与倒装芯片、TAB 就有竞争关系了。

倒装芯片的主要优点如下：

◎ 可提供单位面积内最大接点数（密度）

◎ 所有接点都保持在芯片面积范围内，接点占用面积小

◎ 接点电感、电容低，支持高频

典型的倒装芯片 MCM 如图 6.21 所示。

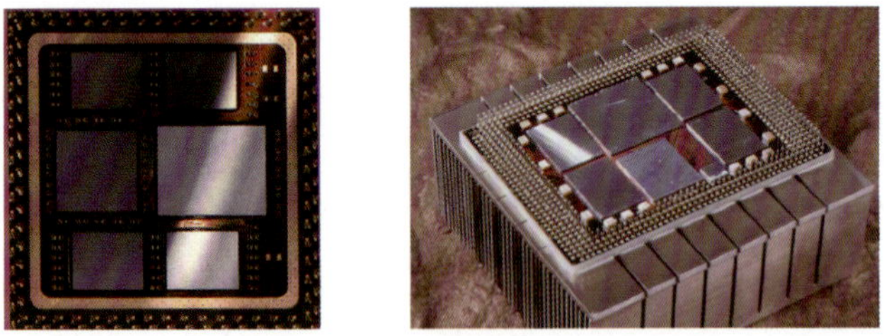

图 6.21 典型的倒装芯片 MCM

TAB 有其他两种连接方式没有的优点，即芯片在元件组装前已经连接到最终导线架与内引脚，可对个别封装进行特性测试与老化试验，理论上可以判定 KGD。由此可理解，键合仍是主要的芯片连接方法，适用于间距大、引脚数适当、工作频率低的芯片。对于超出键合能力的封装，要考虑采用倒装芯片或 TAB 技术。

外引脚主要用于连接电源，并让 MCM 与外部通信。若引脚特别多，则可采用面阵列引脚配置。对于某些引脚较少的 MCM，也有厂商利用导线架做下一级组装。只要载板结构设计合理，针栅阵列、盘栅阵列、球栅阵列等都能提供较好的电气性能。

6.9.4 修补返工与设计变更

MCM 的制造良率相对较低，即使个别芯片有高良率，也不容易得到高制造良率。MCM 一般都较复杂，修补返工对于工程变更极具意义。修补及工程变更多与载板及结构有关，如线路短路、断路、连接错误，某些线路连接错误可用激光修补技术处理。返工一般指的是去除不良芯片并更换良品。依赖检查设备找出不良芯片，之后用热、机械等方法剥离芯片，接着做表面清洁、处理等，最后进行修补与芯片贴合。

MCM的电气性能测试要在不同阶段做，封装前必须确认载板质量。可以先根据设计规范检查MCM的兼容性，接着利用针床、飞针等做电气性能测试，确认载板所有线路都正常，无短路、断路或阻抗超出设计范围的问题。为了追求高良率，必须在封装前做芯片测试，但这会导致成本增加。如何实现简单廉价的裸芯片全功能测试，业者仍在努力寻找答案。

6.10 多芯片模块载板

先进集成电路的线路密度、工作频率不断提升，已经超出了传统电路板所能提供的载板技术能力。高密度互连技术虽然可以提升单位面积内的线路、接点密度，但仍难以满足半导体技术的快速发展需要。为了实现高密度IC、复杂器件的有效互连，MCM载板必须轻量化并满足高速、高频要求，以减少器件、信号线之间的信号延时及串扰问题。基于不同的系统需求与成本，有以下三种MCM载板类型。

MCM-L

MCM-L基于传统电路板技术，是利用先进材料与制程制作的更小特征尺寸的载板。MCM-L器件的放置与一般组装不同，最大差异是基于裸芯片以键合、倒装芯片工艺实现内部互连。也有部分MCM-L器件用的是类似表面贴装的焊接工艺，精度较高。这类MCM有两个值得留意的地方，一是载板由有机材料压合而成，二是封装无法做到完全密封。MCM-L是三种MCM载板中成本最低、密度适中的载板类型，也被称为“板上芯片”（CoB）。其实，除了CoB有单芯片与多芯片之分，CoB与MCM-L的区别不大。

MCM-C

MCM-C类似传统陶瓷厚膜混合线路技术，以丝网印刷在刚性陶瓷板上制作多层线路；介质材料通过金属填孔贯通层间线路，介电常数通常大于9；MCM上仅有裸芯片及表面贴装无源元件，偶尔会有特殊封装元件。较特别的MCM-C载板是以低温共烧陶瓷（LTCC）制作的，共烧温度较传统厚膜技术低。采用玻璃、陶瓷混合共烧可降低熔点与介电常数，改善高频性能。

MCM-D

MCM-D是三种MCM载板中线路密度最高的产品，虽然其单位面积制作成本高，但对于高密度产品有较高的应用价值。这种载板的金属、介电层都是用薄膜沉积技术制作的，由于采用高密度图形转移技术制作线路，因此，载板必须非常平坦。这类载板的最大优势是热膨胀系数匹配度高，有利于芯片接合可靠性的提升。

6.11 多芯片模块设计的注意事项

MCM载板的尺寸受芯片尺寸、连接方式、线路密度、系统需求等因素的影响，设计要先考虑可组装性。特定应用的载板尺寸也受成本限制，而布线密度与层数直接影响载板的制作成本。

有时，信号线的分析结果会建议加入更多的电源、接地层来控制阻抗。所有MCM封装至少要有一个电源层和一个接地层，多数MCM技术已经可满足增加层数的需求。增加层数有既定的缺点，长孔、并联孔等会产生高电感，以至于改变电气性能，产生噪声（ΔI噪声）。不同的芯片、封装的载板线路间距要求不同，若线路间距大于芯片I/O节距，则无法布线，这是限制MCM载板层数的要因。芯片功能、I/O密度的增加，促使MCM载板必须朝MCM-D与MCM-L的方向发展。

当集成度提高时，较大线路间距的MCM-L、MCM-C会被迫加入更多层结构做点间连接。结构的复杂化必然导致线路长度增加，影响电气性能。MCM的线路密度受芯片可用线路数、总芯片数量、芯片总I/O数等的影响，而线路密度又会影响载板层数与接点密度，这些都会影响MCM的制作成本。

载板的热膨胀系数对于高功率芯片特别重要。若芯片面向上安装，则芯片背、载板为主要散热途径。对于倒装芯片，可由芯片背通过散热器或外加散热结构散热。热膨胀系数不匹配的程度越高、温度变化越大，对MCM封装的寿命越不利。硅芯片与塑料载板间可通过底部填充胶来改善疲劳寿命，不过采用更接近芯片热膨胀系数的载板材料对内引脚可靠性更有帮助。

MCM的线路密度高、电气性能良好，但制作成本高、相关资源缺乏限制了其应用普及。随着电路板微孔技术的成熟，越来越多的通信、消费性产品也开始使用这类技术量产。

MCM技术的瓶颈之一是KGD的确认。随着CSP的普及，经过封装的器件已经可以做检验与老化测试。某些产品在没有成熟技术的条件下，也可采用CSP做整合设计。CSP的实际封装效率虽然比裸芯片制作MCM略微逊色，但在制造良率、设计便利性等方面有更大弹性。

6.12 小　结

封装的尺寸、价格、可靠性、电气性能会因最终产品需求而异，薄、轻、低价是引领封装行业发展的最大动力。业者常以“最佳封装就是没有封装”来描述对封装的期待，因为多数封装对半导体器件的电气性能都有负面影响。多年来，也有用封装芯片，不如采用系统级芯片（SOC）的观点。不过，当技术更新步调不一致、芯片过大、器件必须用不同材料制作时，这样的观点就不成立了。

现代电子封装的多元化发展，完全受商品主导。便携、无线电子产品朝轻、薄、短、小、高性能、高可靠性方向发展，而成本必须不断降低，以迎合市场所需，这种趋势必然让电子封装朝直接连接发展。倒装芯片、直接芯片安装（DCA）技术，必将促进MCM技术的成长。许多封装技术是在上一代封装技术的基础上发展起来的，如何将以往累积的封装技术成果应用到高集成度MCM上，仍将考验业者的智慧。

第 7 章

散热与热管理

系统的电流通路中存在电阻，耗电器件都会在工作中发热，而半导体器件对热又相当敏感，器件温度持续上升可能会导致系统故障。利用低温固体或流体接触器件来散热，可让器件冷却到正常工作温度范围。当系统需要较强的散热效果时，可能会采用某些高速喷流、沸腾等散热设计。传导、对流、辐射、相变等都是典型的散热模式，也适用于电子封装的散热。成功的封装散热设计，有赖于正确的散热材料、散热结构维持稳定的器件温度。典型的电子系统散热结构如图 7.1 所示。它整合了热管与风扇，芯片上方涂覆了导热胶或安装了散热薄片。

图 7.1 典型的电子系统散热结构（来源：www.overclock.net）

7.1 封装散热的重要性

随着电子器件热流密度的提高，业者对热管理的重视程度也越来越高。电子产品最怕温度剧烈变化引发故障，封装温度大幅上升会造成半导体失效、脱层，以及材料熔化、气化甚至燃烧。了解器件特性，选用适当的散热方案，是封装设计的关键。

系统故障率会随着温度的升高而升高。当独立电子器件内部无动态元件时，一般可在室温或近室温下稳定运行数年。但对于包括集成电路在内的多数元件，长期工作于高温下都有故障倾向，高温会加速失效、接合材料机械潜变、掺杂扩散等。对于多数封装，高温是可靠性的杀手，高功率封装的热管理是系统稳定运行的关键。

做产品热规划之前，应先定义封装层级（这里以四级封装为例）。芯片级主要考虑芯片至封装表面的散热，最有效的方法是减小芯片及封装表面间的热阻，如使用高导热系数黏合剂做芯片贴合。将金属散热器贴合到芯片上，对 PBGA、导线架封装而言，也可以强化散热效果。

将散热器贴合到封装表面是常见做法，可以增加散热表面积，增强对流散热。不论是空气自然循环还是风扇强制对流，散热器、热管都有不错的散热效果。对于高功率应用，需要以高效率热管直接冷却芯片，再将导出的热排到空气中。各种散热器如图 7.2 所示。

图 7.2 各种散热器（来源：ALPHA）

电路板的面积比器件大得多，且有一定的厚度。因此，电路板级的散热方式除了热传导及周围空气对流，还可以通过增加散热接地层、埋入热管等方式加强散热。对于面积大、功率高、环境严苛的系统，加强对流散热固然是方案的一种，但将热传导到电路板边缘并通过排热机构散热可能更有效。图 7.3 所示为计算机系统的散热装置。

图 7.3 计算机系统的散热装置

不论采用何种散热方案，都要有基本认知：导热不等于散热。散热设计要确保各封装层级都要用良好的导热材料与方法将热带到一个散热材料或结构，并最终排放到大气环境中。因此，每个层级的导热都不能有瓶颈，良好的单一导热单元并不能保证系统整体散热效果。

7.2 封装的散热性能

散热是为了将热从芯片表面移至封装外，但是封装材料和封装方法的改善空间有限，关键在于散热设计，使用额外的热传导材料，提高散热性能。

多数电子系统的散热是通过空气对流实现的。即便不考虑流体介质，强制对流或自然对流的散热模型也很复杂。对于密封树脂封装，芯片顶部通过树脂路径向外散热，这是最短路径。对于有机材料封装，由于有机材料的热阻较大，大部分热只能通过引脚转移到封装外。对于高功率应用，用高导热系数材料取代普通树脂，可有效改善散热效果。塑料封装用的导体材料是铜，其热阻非常小，主导了封装的散热性能。

另外，封装设计者应确保有足够的散热路径。PBGA 是一面芯片一面锡球的薄电路板结构，其封装依赖于转移模塑射出成型。图 7.4 所示为摩托罗拉 OMPAC 封装的基本结构，其散热性能略优于同尺寸的 PQFP。

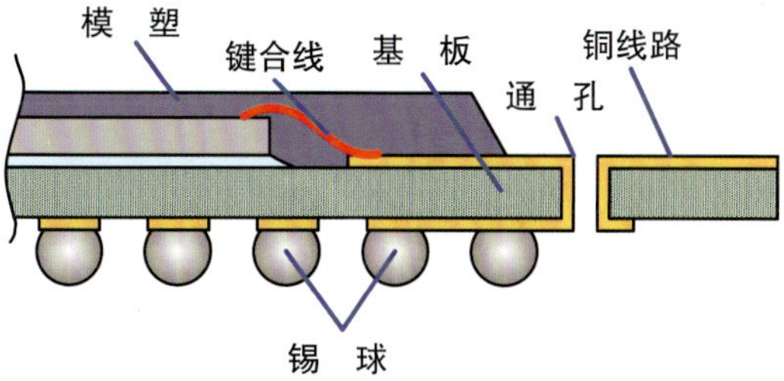

图 7.4 OMPAC 封装的基本结构

OMPAC 的主要散热途径是其所附着的电路板，而 QFP 的主要散热途径是其引脚，它们的传热效率取决于电路板结构和周围的气流特性。对于 OMPAC 封装，在芯片下方的载板上制作散热通孔，可提高传热效率。OMPAC 是 PBGA 的一种，提高传热效率的简单方法是在芯片载板上设置传热通孔，导电通孔也可作为传热通孔。在封装所附着的电路板上制作散热结构，也可提升散热性能。

在载板上增加大铜面，使热分布在整个封装面，也可以提高传热效率。例如，用热传导层连接传热通孔，可增加多个热途径。一般导电平面的铜厚为 0.7 ~ 1.4mil①，而传热层的典型铜厚为 4 ~ 8mil。

直接将芯片粘贴在封装铜块上，是另一种更有效的封装散热方式。具体做法是以铜块制成封装顶面，而载板制成中空结构，锡球贴在载板四周。图 7.5 所示为典型高性能球栅阵列封装的载板结构与厚铜结构板。这类封装的电气性能与散热性能都超越了标准 PBGA，但是成本也明显增加了。

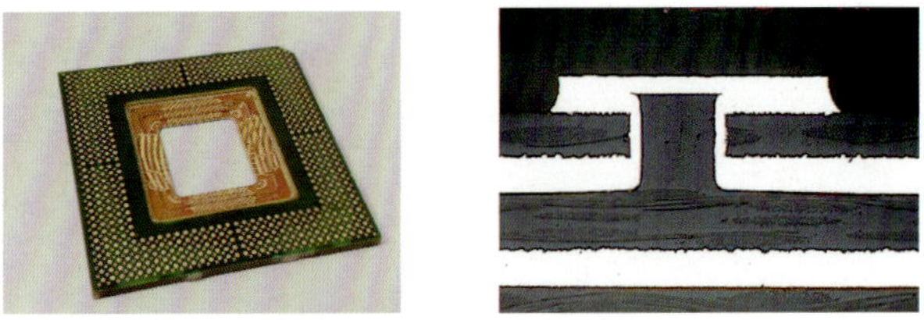

图 7.5 高散热性能的球栅阵列载板与厚铜结构板

7.3 电子系统的散热

自 20 世纪 60 年代集成电路逐渐成为控制系统核心后，半导体器件的晶体管密度逐年提升，功率也水涨船高。军用电子系统出于可靠性考虑，将芯片工作温度限制在 110 ~ 120℃。20 世纪 80 年代，商用产品出于可靠性和性能的综合考虑，将芯片工作温度设为较低标准的 65 ~ 85℃。芯片功率在 20 世纪 90 年代便达到了 15 ~ 30W，而高性能工作站芯片的功率则超过 50W。为了调节功率和提升大器件的可靠性，后期 PC 芯片允许将工作温度提升到 100℃，工作站与日常电子产品的芯片允许工作温度高达 125℃。

低价、消费性产品的驱动芯片，显示器控制器等的功率有限，但完全依赖自然对流散热会有困难，必要时可采取强制对流散热。一般芯片的工作温度上限为 125℃，而多数系统内的环境温度为 55℃，70℃的温差对散热有一定帮助。

目前多数便携式电子产品，采用 1 ~ 2W 集成电路设计时，会明智地用散热器将其温度保持在 115℃或以下。但随着单位体积内功率的不断提高，恐怕也需要更积极的散热设计来改善热管理。自然对流仍是多数存储器件的散热选择，堆叠在一起或以高密度封装置于电路板上时，可通过强制对流将器件工作温度降至 100℃。图 7.6 所示为典型的

① $1mil=10^{-3}in=2.54\times10^{-5}m$。

显卡芯片与周边内存的散热设计。

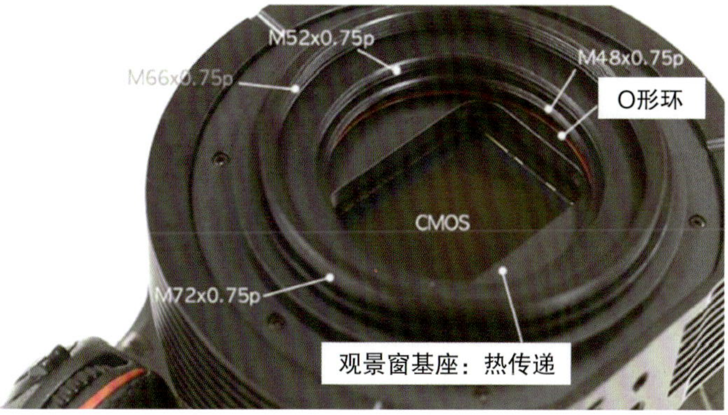

图 7.6 显卡芯片与周边内存的散热设计（来源：www.photos.nos.cc/picture）

汽车类产品电子系统的工作环境较严苛，发动机舱及其他位置的环境温度可高达 165℃，IC 在高达 175℃的温度下仍能稳定工作是常见要求。类似要求也见于开矿、爆破与军事用途。允许工作温度越低，散热温差越小，这都对热管理构成极大挑战。

20 世纪 90 年代的台式计算机和笔记本电脑的微处理器，依赖导热胶贴合铝散热器散热。大功率器件的铝散热器会内埋热管，将热传导到远端，再以风扇冷却。多年后，芯片功率再度提高，散热结构也随之进化，例如，采用低热阻材料，特定系统采用热电冷却器辅助热管散热。

多数芯片的第一代产品被市场接受后，都会进行降低成本、简化封装、缩小芯片等迭代工作。对于便携式产品，功耗一直是散热及续航的困扰。纳米芯片的晶体管更小，工作电压降低了，但晶体管密度的提高又导致总功率密度升高。节能型消费类超低电压（Consumer Ultra Low Voltage，CULV）中央处理器的问世，不但让笔记本电脑的功耗得以降低，也让散热问题得以减少，产品厚度得以减小。

7.4 热管理

电子系统的散热离不开采用热传递的三种基本模式：传导、对流、辐射。热流经固体、液体、气体等介质，从高温区传递到低温区，其模型如图 7.7 所示。

热流可用傅里叶方程简单表示如下：

$$q=-kA\,(\mathrm{d}T/\mathrm{d}x)$$

式中，q 为热流（W）；k 为导热系数［W/（m·K）］；A 为热流截面积（m^2）；$\mathrm{d}T/\mathrm{d}x$ 为热流方向的温度梯度（K/m）。

导热系数 k 与材料的特性有关，决定了材料的热传导速率，不同封装材料的导热系数有明显差异。典型的导热系数范围为空气的 0.024W/（m·K）到密封材料的 1W/（m·K），铝和硅表现为 150W/（m·K），人工钻石表现为 2000W/（m·K）。

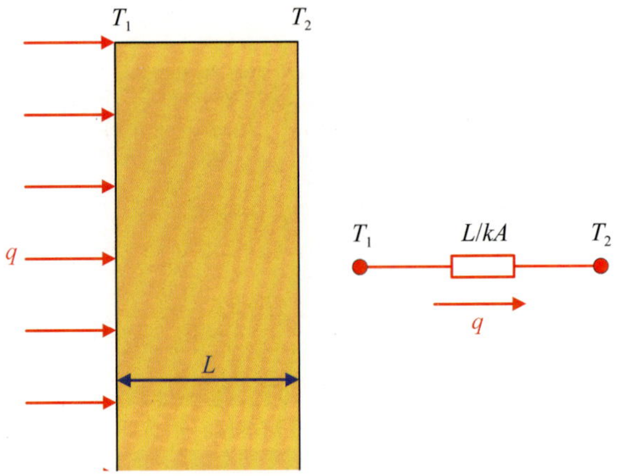

图 7.7 热流模型

多数 IC 封装及电路板使用的环氧树脂、高分子材料的导热系数都较低，依赖包括金属在内的高导热系数材料散热。热传导通过固体接合面时会形成温差，温差可以测量。接合面凹凸不平会导致实际的固体接触面积缩小，热传导减缓。为了缩小接合面间隙，可填充导热胶，以增强密着性。

对流依赖于流体从高温热源吸热，再转移给低温固体或环境。流体的导热系数和流速对散热效果有重大影响。辐射常见于电磁波、光子放射和吸收能量，不同于传导和对流，辐射可发生在真空环境，对一般电子产品的散热贡献不大。

对于高导热系数的内部生热固体，在无外部冷却状态下的温度变化可表示为：

$$dT/dt=q/mC_p$$

式中，q 为内部热流（W）；m 为固体质量（kg）；C_p 为固体比热［J/（kg·K）］。

实施外部冷却后，固体温度会逐渐稳定。对于对流散热，周围流体的热流会遭遇两个阻力：固体内部热传导阻力和外部的表面对流阻力。当内部阻力远小于外部阻力时，外部阻力就成了固体散热的瓶颈。

真实的封装散热设计中，热阻受不同材料与不同厚度的影响。图 7.8 所示为热流通

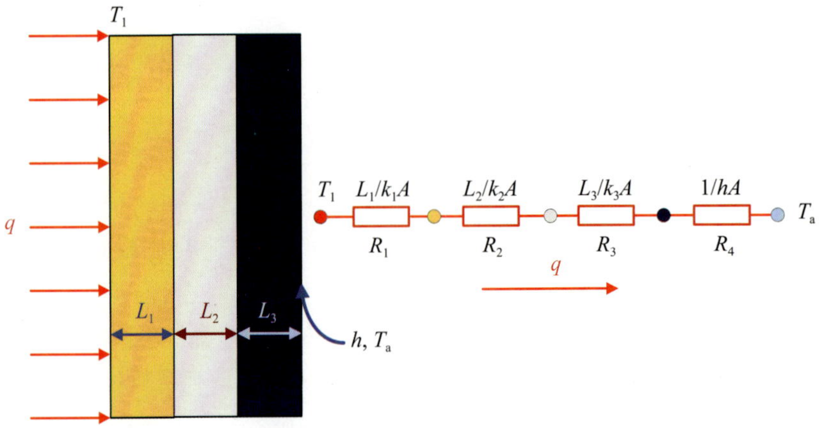

图 7.8 多层串联热阻模型

过厚度分别为 L_1、L_2、L_3 的三层材料的模型，材料导热系数分别为 K_1、K_2、K_3，对流发生在散热模型的右边。其中，h 为对流导热系数，T_a 为环境温度，一般可用等效热阻来预测热传递状况。

一般情况下，芯片封装内含芯片、载板、密封材料等，引脚会被焊接到电路板上，散热器会安装在封装上方（为确保密合，可用导热胶）。图 7.9 所示为引脚芯片封装安装在电路板上的范例。

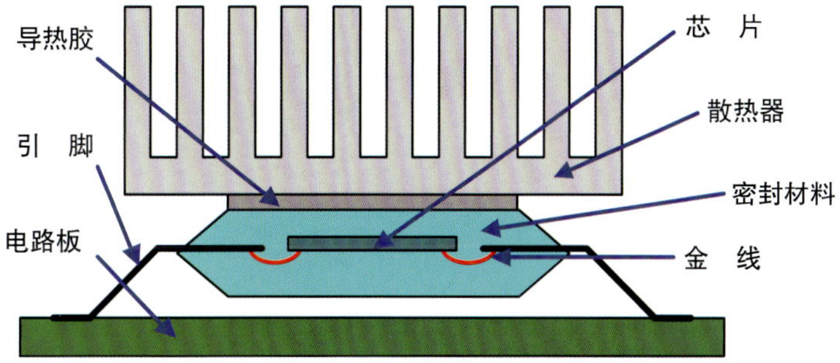

图 7.9 具有散热器的芯片封装的安装范例

温度分布情况可以最后测量，但最好在产品开发初期做仿真分析。

7.5 电子封装的散热

7.5.1 散热器与散热孔

对流热阻与导热系数和表面积的乘积成反比，大部分热管理会通过增加散热表面积来减小对流热阻，如扩大散热器表面积、增加鳍片。图 7.10 所示为散热器上长方形鳍片的散热模型。

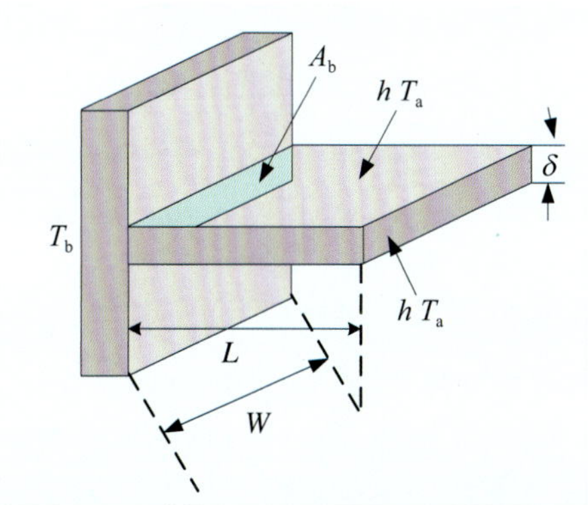

图 7.10 长方形鳍片的散热模型

电子设备常用鳍片散热器来增加散热表面积。图 7.11 所示为典型的商用散热器。许多散热器都有突出的大表面积结构，而且通常是铝制品。实际的鳍片外形极少呈长方形，机械加工后会做阳极氧化处理，原色、黑色散热器常见于台式计算机应用中。

图 7.11 典型商用散热器（来源：ALPHA）

在载板上增加散热孔结构可减小热阻，这种设计常见于载板垂直方向。载板的主体材料是树脂，它的导热系数偏低，在载板可用区域增加导通孔并填充导热材料可大幅提升散热能力。载板具有散热孔的封装结构如图 7.12 所示。

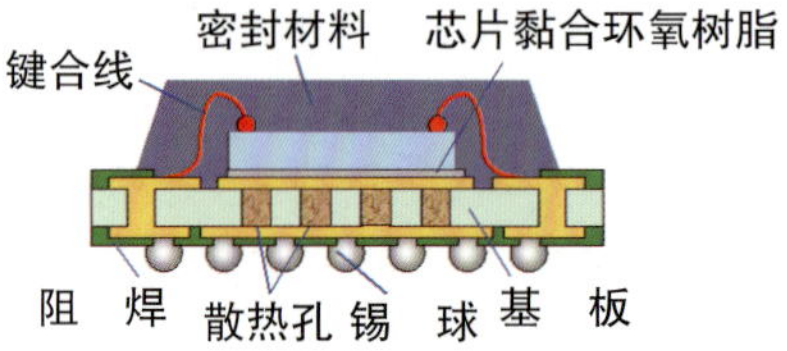

图 7.12 载板具有散热孔的封装结构

7.5.2 热 管

采用热管加强散热，对于空间限制多、需要高效散热的便携式产品非常有效。热管通过相变、蒸气扩散、冷凝回流实现大距离、大量热传递。典型的热管结构如图 7.13 所示，具有虹吸能力的密封真空金属长管内填充有适量流体，如水。

散热循环分为三部分。其中，蒸发部在热源端吸热，促使流体在低压下蒸发。蒸发气体在另一端冷凝放热给外部散热器，冷凝生成的液体通过虹吸作用快速回流到热源端，再次循环。蒸发、冷凝过程提供的潜热转换能力非常大。适当真空有利于液体在低温下蒸发，蒸发气体因两端气压差异大而快速转移，虹吸作用又能让冷凝水快速回流，这些都促进了散热。含水热管的有效导热系数可达 100000W/（m·K）。

大部分热管体积被蒸气所占，因此，仅几克重的热管就能发挥强大散热能力，大量用于微电子器件、系统散热。多数热管呈圆柱形，可依据需要弯曲、旋转。为构建小厚度结构，也可将平板式热管直接贴在热源上，这在航天电子领域已有成功应用。

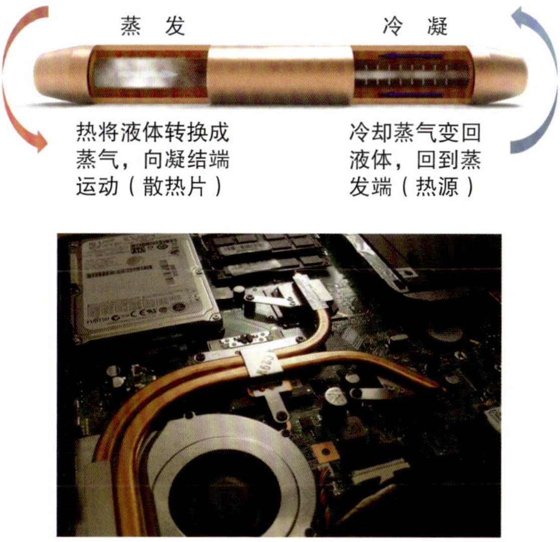

图 7.13 典型的热管结构（来源：www.ccic.com.tw）

7.5.3 喷射与浸渍

喷射冷却已广泛用于需要高速对流的散热应用，通过单喷嘴或多喷嘴喷射流体来冲击表面。空气喷射特别是多重喷射结合表面强制对流，对于先进电子器件的冷却具有吸引力，因为其散热效果类似于液体冷却，适用于大热量散热。对于发热量超大的电子器件的热管理，可采用低沸点液体做热交换散热。早期超级计算机曾用浸渍冷却，有时也搭配喷射冷却同时进行大热量散热。大部分实用浸渍冷却系统采用密闭回路设计，其作业原理有点像空调系统的冷媒循环。

7.5.4 热电冷却器

热电冷却器（Thermal Electric Cooler，TEC）基于佩尔捷效应，半导体接点（PN 结）处因电流方向不同而出现吸热、放热现象，由此实现一面到另一面的热传递。佩尔捷效应如图 7.14 所示。热电冷却器也被称为“制冷器”。

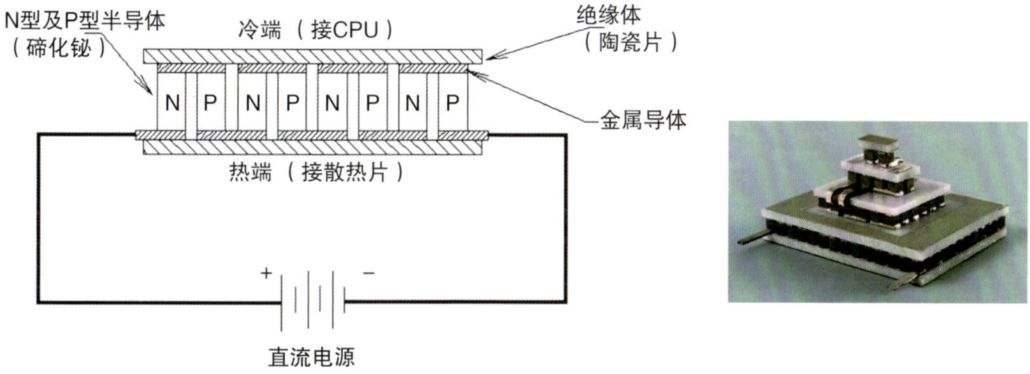

图 7.14 热电冷却器（来源：http://www.tande.com.tw）

热电冷却器的半导体材料有碲化铋（Bi_2Te_3）、碲化铅（PbTe）、锗化硅（SiGe）。散热需要耗用电能，但可以准确控制接点温度，效率也非常高。

7.6 小 结

常见的封装散热方法包括：散热器散热、喷射冷却、液体浸渍、热电冷却等。电子产品功耗固然会随着半导体器件工作电压的降低而下降，但晶体管密度的提高仍会带来热流密度的提高。逐渐多任务、复杂化的产品设计，不但需要更科学的电源设计，也需要更有效的散热设计。

第 8 章

阵列封装载板的布线

高密度封装互连需求的到来，给电路板设计带来了重大挑战，不论是封装载板还是最终系统板都一样。当封装引脚数超过 208 时，BGA 封装就成为可行的封装方案。当引脚数超过 300 时，几乎没有适合的导线架封装可用。而 PGA 封装成本高、制程难度大，因此，BGA 封装成为业者的主要选择。

阵列封装有结构优势，但电路板布线困难，选择时必须做好评估。选择错误会让布线变得复杂，导致电路板层数增加、制造困难。正确设计可对线路布局产生正面影响，同时可有效利用空间，降低电路板价格与制造难度。面阵列器件的使用对电路板设计有两个冲击：一是电路板有效面积的利用，二是层数规划。因为面阵列封装引脚为栅阵列，必须在极小面积下提供高引脚数解决方案。面阵列封装比 TAB、QFP 周边引脚封装所需的扇出面积小很多。不过因为高引脚密度，相同布线密度的电路板需要更多层数才能有效完成布线。

面阵列封装的电路板面积需求明确，封装将引脚紧密配置在器件底部而非周边，引脚数与封装面积、球节距有关。周边引脚封装的引脚数与封装周长、引脚节距有关。因此，当引脚数增加时，周边引脚封装的尺寸放大量，比面阵列封装大得多。除了封装载板上的器件焊盘，每一种封装都需要额外通孔构建与其他装置的通路，这些孔被称为扇出导通孔。面阵列封装可能只有封装正下方的面积可做引脚扇出设计，而周边引脚封装则有额外空间用于扇出，主要是因为这类封装的引脚密度相对较低。

8.1 布线复杂度

电路板面积需求只是面阵列封装器件布线所需考虑的众多因素之一。器件引脚密度及所用电路板的布线网格，也是决定布线复杂度的重要因素。图 8.1 是一般封装的引脚密度。直觉上，要在较小面积上引出更多接点，就需要更精细的电路板特征尺寸或更多

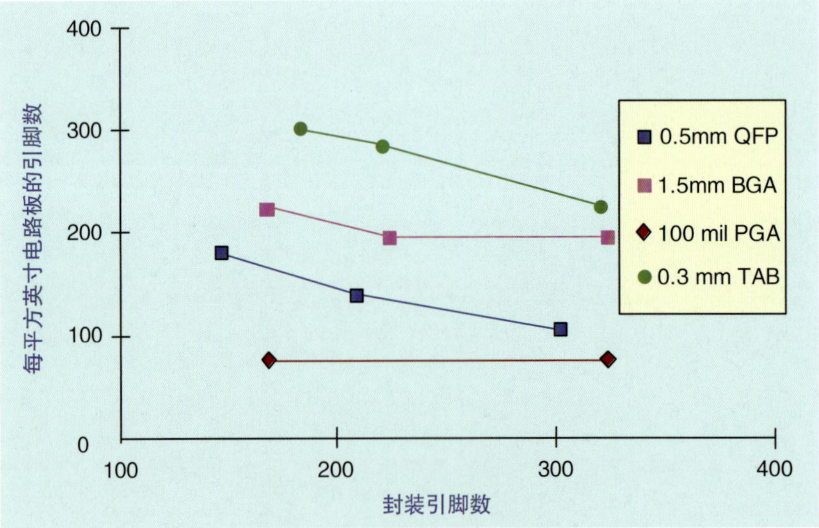

图 8.1 一般封装的引脚密度

线路层数，以有效连接所有引脚。

早期 BGA 以 1.5mm 节距为主，目前较大型 BGA 封装都采用 1.27mm 节距，而高密度封装正在试用 1.0mm 节距，更小的 CSP 封装则大量使用 0.5mm 节距。不论节距如何，电路板布线的最大挑战是如何穿越阵列空间将引脚导引到指定的接点。通常每对焊盘间必须配置足够线路，将阵列内部线路导引到外部，这样才能将芯片接点与电路板接点连通。图 8.2 所示为典型的阵列焊盘布线状况。

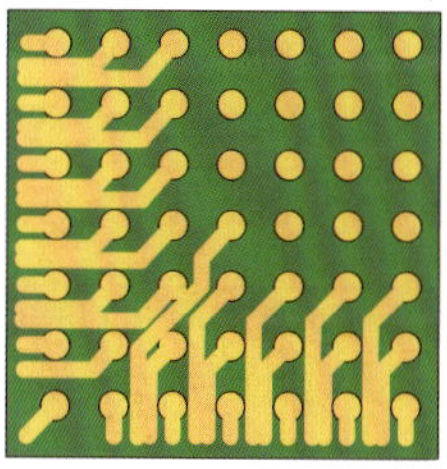

图 8.2 内部引脚通过扇出导引到外部接点

引脚不论是由内向外延伸，还是由外往内延伸，转角空间永远是瓶颈。当布线空间受限，而载板工艺能力不足以支持时，只能利用更多层结构做引脚连接。布线难度与可取得的载板制作资源有关，也与需要布线的焊盘阵列数有关。

以图 8.2 所示的布线状况为例，虽然内部也有焊盘分布，但是许多封装为实现对称性设计而将接地引脚用于散热，并不需要实际向外延伸。此时的布线难度相对降低，最难的应该是小节距、全阵列引脚布线。同样的焊盘节距，采用双线布线设计，可以提升布线密度，但这会挑战封装载板的工艺能力。图 8.3 所示为单线与双线布线的比较。在同样的焊盘节距下，两种布线设计的线宽差距将近 40%，对载板制造而言会有完全不同的挑战。

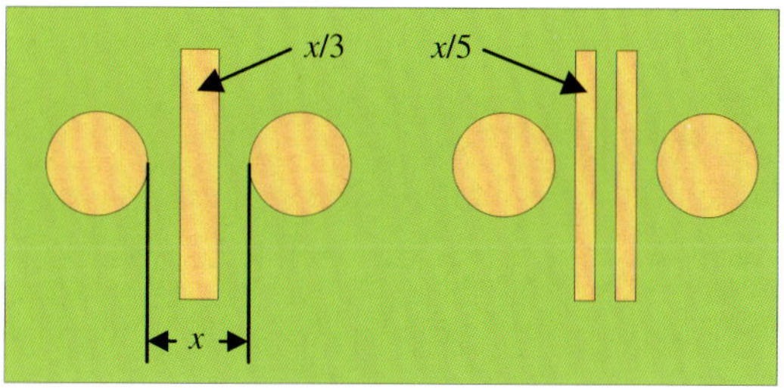

图 8.3 单线与双线布线的比较

如果能使用机械钻孔，则有机会让载板成本降低。同理，若能用较大直径钻头加工通孔，价格一定比使用小直径钻头加工便宜，这些都是载板布线要考虑的。不论是机械钻孔还是激光成孔，都存在加工精度问题。图 8.4 所示为机械钻孔偏移导致的间距减小问题，而钻孔破盘也会影响载板加工。

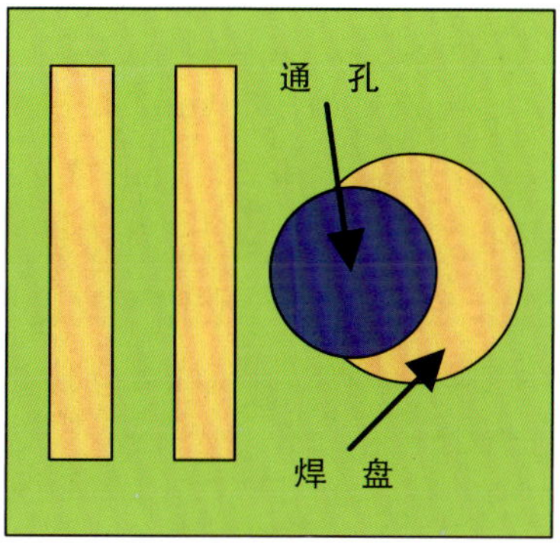

图 8.4 电路板钻孔偏移导致间距减小

对于合理的电源、接地引脚数，可用两层信号层做 255 个引脚、1.27mm 节距 BGA 的布线。由于大部分设计受到布线限制，常需要用到四层信号层设计。对高引脚数而言，1.27mm 节距涉及许多需要调整的地方，如内层做单线布线会增加层数，必须以更小孔径搭配双线布线，而孔与线的间距也会缩减。产品设计要权衡技术难度、生产良率、可靠性等，以获得产品优势。

1.0mm 节距以下的阵列封装布线，很难用传统电路板设计完成。如图 8.5 所示，若两个焊盘的圆心距离为 1.0mm、直径为 0.6mm，则单线布线宽度只有 130μm，而双线布线宽度被压缩到了 80μm。这对封装载板厂而言不算困难，但对于一般电路板厂商，会明显影响其实际产品良率。

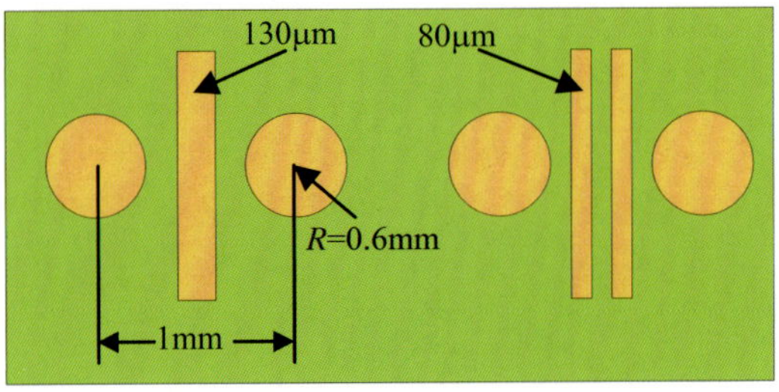

图 8.5 1.0mm 节距 BGA 的布线

8.2 非全矩阵型布线

全矩阵型封装很难用传统电路板技术布线。某些产品可采用 1.5mm 节距，以六层或更高层数结构布线，但对许多商用电子系统而言，四层板才是主流，面对高引脚数、全矩阵型封装会有困难。目前，许多封装厂用两种非全矩阵阵列设计来解决布线问题：交错网格阵列、中空阵列。

交错网格阵列只用了一半的可用植球位置，其他可配置焊盘的位置是空的，所产生的表面贴装焊盘就像交错网格状的 PGA 穿孔焊盘。交错网格阵列可由各种可得封装改装而成，不过目前最常见的还是 1.27mm 节距的非全矩阵型。许多封装厂选择交错网格阵列，用于引脚数超过 225 的封装。图 8.6 所示为交错网格阵列标准贴装面焊盘，这是 1.27mm 节距、313 个引脚的非全矩阵型封装。

1.27mm 节距交错网格封装，可提供最小 70mil 的封装斜向相对节距。若标准焊盘直径为 25mil，则可留下 45mil 宽的空间用于布线（6mil 线宽 / 线距可布设 3 条线，5mil 线宽 / 线距可布设 4 条线），而中间空隙可提供多数标准通孔焊盘所需的空间。这种布线规划可用于更小节距的阵列封装。中空阵列是交错配置以外的另一种非全矩阵型封装，中空阵列 BGA 封装中间不配置引脚，而是在封装底面周边布满引脚。图 8.7 所示为 256 脚、1.0mm 节距中空阵列 BGA 的示例。

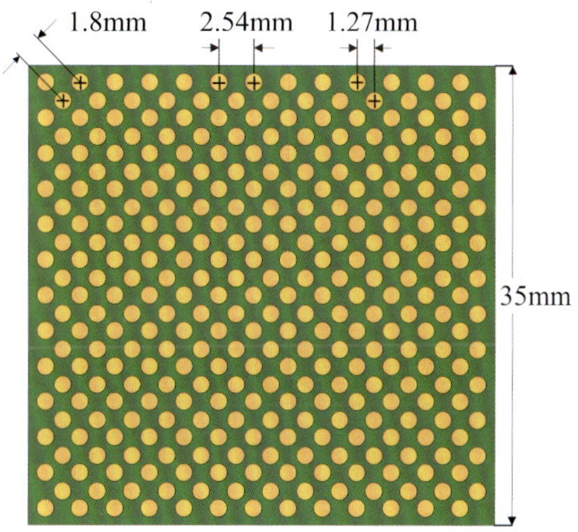

图 8.6 非全矩阵型 1.27mm 节距交错型 BGA

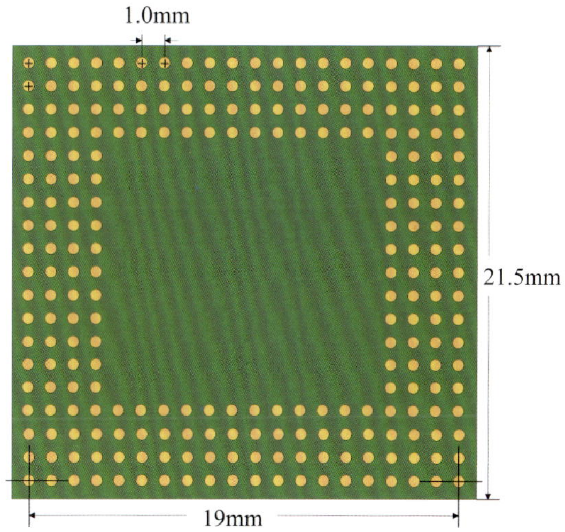

图 8.7 非全矩阵型 1.0mm 节距中空阵列 BGA

中空阵列没有标准样式，且存在与交错配置混用的封装，多数中空阵列配置 3 ~ 5 列焊盘。中空部分可用于周边引脚布线，这样可减少 BGA 常见的布线拥挤问题。这两种非全矩阵配置让高引脚数应用有更多弹性，明显改善了 BGA 的可布线性。非全矩阵型 BGA 可减少布线所需的通孔密度，能增加封装正下方无源元件的设置弹性。

8.3 阵列焊盘配置对电路板制造的影响

电路板层数、特征尺寸会受所用阵列器件的影响，也会对电路板制造产生冲击。阵列器件比传统细节距周边引脚器件有更多组装优势，贴合面引脚密度提高了，但焊盘加大了，提高了电路板组装的可生产性。不过，高密度焊点需求提高了电路板的测试难度，传统电气性能测试设备未必能满足阵列器件的测试需求。这类问题以往在使用较多引脚数周边阵列器件时也遇到过，不过高密度阵列器件的测试难度更大。

多数情况下，采用阵列引脚器件时，比采用周边引脚 QFP 及 TAB 器件时的电路板密度更小。以往阵列封装厂会制定严格的表面处理厚度、平整度限制，以便 0.5mm 以下节距 QFP 能够顺利印刷。对 TAB 而言，组装厂想完全避免使用钢网印刷，就不得使用热风整平表面处理。高引脚数阵列封装（如 BGA）的表面处理要求没有那么严格，因此和细节距周边引脚器件相比，其电路板更容易制造。

8.4 小 结

采用阵列封装会增加电路板设计复杂度，甚高引脚密度的阵列封装会对电路板布线构成挑战。与传统周边引脚封装相比，阵列封装有更多引脚集中在小区域。采用阵列封装会导致电路板层数增加，提高单位面积电路板的造价。但是，由于引脚密度提高，同功能器件可在更小空间内配置，因此，可用更小的电路板制作产品。

不同引脚密度所需的制作技术与设计规则必然不同。多数普通 BGA 封装载板可以采用简单的四层结构制作，但高密度大型封装载板的设计复杂度与制作难度大得多。越来越多的便携式产品大量使用 CSP 类产品，且开始采用 0.4mm 引脚节距设计，对传统电路板厂而言是一种挑战。如何设计出容易生产、经济好用的产品，应对阵列封装的挑战是关键。

第 9 章

封装载板制作技术

20 世纪 60 年代初，随着电子器件集成度的提高，需要更多引脚，双列直插封装（DIP）的研发被提上了日程，并于 1963 年由仙童半导体首发。与此同时，IBM 也发布了固态逻辑技术（Solid Logic Technology，SLT）陶瓷封装，并用于 IBM 内部。这是现代针栅阵列封装（PGA）的开始，其导体、电阻金属化采用印刷技术，并于 800℃下煅烧；引脚则用铜合金制作，机械压入陶瓷载板，再浸锡改善电气性能；元件焊接在陶瓷载板上，并以环氧树脂密封。这是最早的面阵列陶瓷封装，也是现代表面贴装阵列封装的先驱。

虽然陶瓷封装的市场占有率随着塑料封装的进步而下降了，但其在电子封装领域仍扮演着重要角色。集成电路的封装要求，涉及电路与元件的电气性能、散热、封装噪声等方面。电子产业的发展趋势是，半导体器件的尺寸仍在增大，但封装尺寸在缩小，为此不得不采用面阵列引脚封装，如 PGA、BGA、CGA 等。芯片封装通常采用以下四种接合方式：

◎ 超声波键合，热波或热压法结合

◎ 载带自动键合（TAB）

◎ 倒装芯片接合

◎ 硅通孔（TSV）接合

这些接合技术都有其先天局限性。已发表的文献称可以做到节距为 40μm、引脚数超过 1000 的芯片，不过目前可以量产的多数半导体器件的封装节距仍然以 70μm 为下限。特殊周边引脚封装的设计规则宣称节距为 30μm，但实际上采用交错式引脚配置的同排节距仍然是 60μm。

键合的优势之一是能超越平面实现阶梯连接，许多半导体器件可通过多阶键合做多电压封装设计，高引脚数产品键合也较容易。有文献称 TAB 引脚数已超过 600，不过因为其仅限制在单平面，引脚密度的提高有限。高引脚数可通过多排接合焊盘达成，但 TAB 还是以周边接合应用为主。

高引脚数器件最有潜力的界面接合仍以面阵列倒装芯片接合为主。IBM 首先发展这种技术，现在已有许多公司采用这种接合技术制作封装，并有单芯片超过 5000 个以上焊点接合成功的案例。随着器件集成度、功能性的增长，外形尺寸势必增大，芯片与封装接合界面的热膨胀系数（CTE）不匹配，会带来更大的机械应力破坏风险。为此，倒装芯片接合可以通过以下几种方法优化：

◎ 增加接点离板高度（stand-off height）

◎ 选用疲劳寿命更长的焊料

◎ 空隙填充环氧树脂，降低接点间的应力影响

◎ 使用 CTE 匹配的载板

接合方法决定了封装形式与机械结构。

9.1 陶瓷载板

理想的陶瓷材料应具有坚硬的特性，拥有卓越的电气绝缘性、耐湿性与耐腐蚀性，

可经济量产。目前以蓝宝石和红宝石较满足特性需求。这种材料虽然理想，但天然蓝宝石、红宝石相当珍贵，不适合产业应用。蓝宝石的主要化学成分是氧化铝。自然界中，铝矿砂的氧化铝含量高，用氢氧化钠分解移除不纯物就可留下高纯度的氢氧化铝，去除水分后就变成了氧化铝，进一步除氧便可得到金属铝。可见，氧化铝是铝产业的副产品，价格低且能量产。

氧化铝纯化后再用高温烧结，便可得到如同蓝宝石的六边形结晶结构。经过特定配方的再烧结（如氧化铝陶瓷），便可具有近似蓝宝石、红宝石的材料性质。高纯度氧化铝必须经过高温烧结才能适当结晶，但为了降低成本而在较低温度烧结时，必须加入降低熔点的材料。以多层共烧法制作的载板是目前业者常用的陶瓷 BGA 封装材料，其典型制作流程如图 9.1 所示。

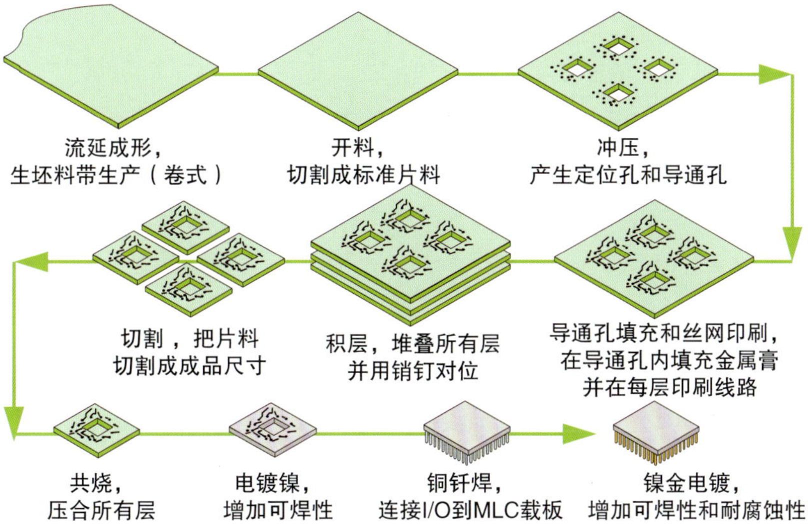

图 9.1 典型的陶瓷载板制作流程

生 坯

生坯是将氧化铝粉末与各种玻璃、无机化合物、共烧添加物混合成泥浆后，再添加有机溶剂与塑形剂制成的。混合物经过研磨、搅拌，可以形成均匀散布的泥浆。

流延成形

将泥浆注入连续容器，在等速移动的蜡纸、塑料片上产生薄片并送入烘干炉。调整刮刀的高度，可得到不同厚度的生坯。经过烘干炉一系列的温湿度控制，烘干生坯最后会与蜡纸脱离。生坯使用前要检查筛选，并以线切割加工成矩形或方形片。

冲 压

形成导通孔、凹槽、内部孔。冲压可以采用数控冲孔和激光成孔等方法。

导通孔填充

制作好的通孔，要填充耐高温的钨或其他相容金属膏。金属化过程中要对黏度、流动性严加管控，以确保导通孔的覆盖性。

丝网印刷

按设计线路（导线、面、焊盘、标记等）制作网版并将金属膏印刷到生坯上，所用材料通常与导通孔填充材料相同，只是黏度要调整到适合丝网印刷的水平。印好的生坯在强制热风循环炉中干燥，多层共烧则必须对每层进行视觉检验，以提高整体良率。

增 层

在生坯上印刷线路后，按设计次序堆叠并进行热压合。此时，压合速率和压力的控制非常重要，控制得当才能获得良好的生坯层间附着性。

切 割

氧化铝具有接近钻石的硬度，必须在烧结前做增层生坯的切割、冲孔、切槽。为了方便生产与控制公差，可采用钻石切割或激光切割。

共 烧

共烧是指同时烧结陶瓷与金属化层，高温共烧陶瓷在 1500 ~ 1700℃下烧结，而低温共烧陶瓷在 800 ~ 1000℃下烧结。烧结是两段工艺，第一段是氧化、除去溶剂与塑形剂等有机物；第二段是在稍碱性大气环境下升温至峰值温度，产生多层结晶化陶瓷。不良有机物未完全烧除，会导致分层、变形、破裂、弯曲强度不良、金属化层附着不良等问题。

电 镀

所有暴露金属、金属化表面皆须以电镀或化学沉积镀上所需金属，通常在镀镍之后镀金。镀金厚度的控制非常重要，过厚的金层会污染焊锡，造成脆化。

9.2 玻璃陶瓷

高温共烧带来的问题促使业者开发了一系列新型低温共烧玻璃陶瓷。这类陶瓷被称为低温共烧陶瓷（Low Temperature Cofire Ceramic，LTCC）。

LTCC 材料可分为两大类。第一类是在远低于氧化铝共烧温度下煅烧而成的新型 LTCC 材料，主要成分是氧化铝和石英玻璃，含硅酸硼（铅、钙等）成分。导体金属化体系是厚膜金或银，导体电阻率低。得益于导体体系的天然特性，LTCC 材料主要用于高频应用和混合电路，用户可转换厚膜印刷和煅烧组装生产线用于这类产品的生产。LTCC 载板 BGA 多层结构的共烧温度约为 850℃。这类 LTCC 材料通常有很高的介电性能，且与厚膜无源元件兼容，能埋入中间层。

第二类是低温玻璃陶瓷材料，具有适当的介电性能和较低的热膨胀系数（4.4×10^{-6}/℃），介电常数约为 5。其主要成分为氧化铝和石英，具有基本玻璃态的堇青石结晶相。这类材料的导体体系是铜，现在也使用金。该体系的缺点是烧结和引脚焊接时很难控制铜的氧化，因此要注意引脚的可焊性。

LTCC 材料的优点如下：

◎ 多数低温陶瓷的介电常数接近 4，低于氧化铝的 9 ~ 10，是介电常数最低的无机材料

◎ LTCC 材料的 CTE 低，接近硅的 3.3×10^{-6}/℃

◎ 烧结温度可维持在 1000℃以下，允许使用高导电性金属

LTCC 材料的缺点如下：

◎ 机械、弯曲强度低于高温共烧陶瓷

◎ 热传导性比较差，低于氧化铝

典型的封装散热路径有两个，一是经由锡球到电路板；二是从芯片到环境，直接散入空气或媒介，或通过其他途径传导出去。PBGA 封装依靠其中心的导热孔，将器件产生的热量经封装、锡球传导到电路板的电源、接地层。CBGA 封装可有效通过陶瓷材料散热，且 CBGA 可设计成凹槽朝下（cavity down）的结构以增强散热。

9.3 塑料载板

目前用得最多的封装载板是以电路板技术制作的，也就是“塑料载板”，主要材料为树脂、增强纤维和导体材料。这类载板的厚度从 0.05mm 到几毫米不等，常用于传呼机、计算器、笔记本电脑、摄像机、收音机、影音播放器、打印机、显示器、个人计算机、工作站等电子产品中。

封装载板须符合组装工艺要求，包括 IC 组装、密封、植球、封装焊接至电路板等；必要时还须符合高密度 IC 封装要求，如良好的电气性能、可靠性。塑料封装的载板特性如图 9.2 所示。

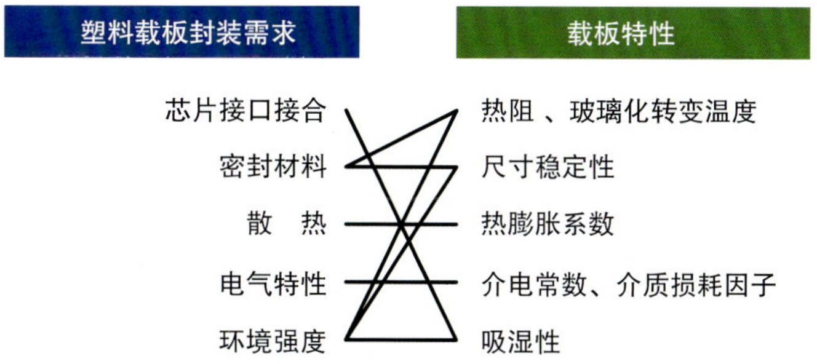

图 9.2 塑料载板的特性

芯片载体是单芯片、多芯片封装所用的电路板，是用于键合、载带自动键合（TAB）、倒装芯片封装等的载板，以高分子基材或陶瓷基材制作。高分子材料因为成本低、制作方便而逐渐成为主流。某些载板出于结构考虑，会将导体制作在 PI 或 PET 挠性膜上，采用卷对卷工艺，以图形转移技术制作高密度线路，用于消费性电子产品，如相机、光驱、移动电话等。

金属芯板以金属为基材，涂覆玻璃、高分子材料绝缘层，再在绝缘层上制作导电线路。金属芯板主要用于高温、导热、高尺寸稳定性应用，如汽车、电源设备等。

塑料载板与普通电路板在结构上类似，但细节上还是有所不同。表 9.1 给出了电路板与封装载板的性能比较。

表 9.1 电路板与封装载板的性能比较

项 目	普通多层电路板	高密度电路板	普通封装载板	高密度封装载板
线宽 / 线距	75μm/75μm	65μm/65μm	30μm/30μm	20μm/20μm
介质层厚度 /μm	60	50	60	30
介质材料的 T_g/℃	170（无铅）	170（无铅）	200	200
介质材料吸湿率	0.7%	0.7%	0.3%	0.3%
机械钻孔孔径 /μm	200	150	100	75
盲孔孔径 /μm	无	80	75	60
埋孔填孔 /μm	无	有	有	填孔加图形电镀
增层结构	无	1/N/1 ~ 3/N/3	1/2/1	1/N/16/N/6
焊盘间距 /μm	300	300	70（键合线）	135（键合线）
阻焊厚度 /μm	10	10	25	20
表面处理	可焊性表面处理	混合表面处理	键合表面处理	混合表面处理
凸块制作	无	无	无	微凸块制作

由表 9.1 可知，封装载板基本性能与普通电路板有很大的区别，参数差异明显。尤其是封装载板材料为了满足芯片接合要求，对物理特性、化学特性都有特殊要求。

封装载板除了表面处理与一般电路板不同，测试标准也不同。如可靠性测试，封装载板遵循的是 JEDEC 标准，而电路板主要参考 IPC 标准。另外，在组装方面，封装载板必须符合密封填充及底部填充需求，键合也需要符合操作的物理性能需求。某些倒装芯片载板用于微细连接时还必须制作锡、铜凸块。这些差异都是后续要讨论的。

9.4 典型的电路板制程

典型的电路板制程如图 9.3 所示。

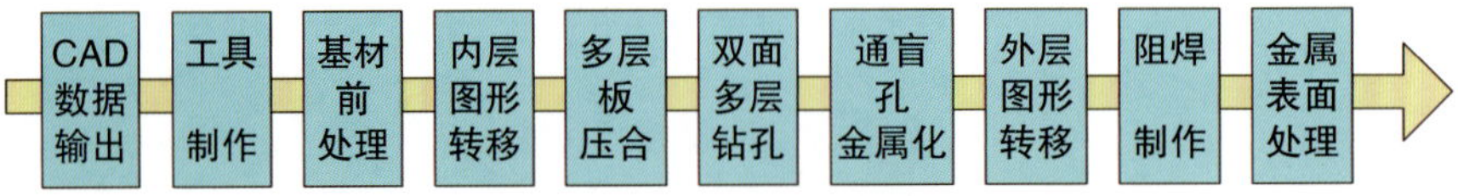

图 9.3 典型的电路板制程

图形转移

图形转移的目的是在基材面产生所需的导体线路，主要工艺流程包括感光材料涂覆、曝光、显影、蚀刻、退膜，较粗的线路可采用传统丝网印刷制作。为了使干膜稳定贴附，在图形转移前需做基材前处理，如清洁、粗化。双面板不涉及内层线路制作，其工艺流程由钻孔开始，但多层板必须先制作内层线路，经过适当粗化后，再进行多层板压合。

多层板压合

内层线路制作完成后，将层间线路对位堆叠成多层结构，再在基材间添加粘结片，而后进行热压合。传统通孔板只需一次压合，但增层板需压合多次以做出盲孔、埋孔结构。压合后的电路板，内层线路已经过树脂材料填充与黏合，形成多层电路板结构。

钻 孔

钻孔的目的是产生层间导通的通路，对传统器件而言则是产生插件、组装孔。一般通孔加工以机械钻孔为主，较先进的盲孔、埋孔板则采用激光加工盲孔及微孔。机械钻孔使用的刀具是碳化钨制品，依据孔径大小可选用不同的转速加工。要制作质量良好的孔，首先要了解钻头的类型、材料和操作参数。对于激光加工，则除了材料还要关心所用的加工模式及能量。

孔金属化

钻孔后的电路板要先以化学沉铜工艺构建孔壁导电层，再利用电镀将孔内金属加厚，形成良好的导通结构。电镀铜的一般要求如下：

◎ 高电导性

◎ 良好的机械强度

◎ 高延伸率、剥离强度

◎ 良好的可焊性

化学沉铜工艺通过孔表面催化，用甲醛等还原剂做化学沉铜。之后电镀铜，较粗的线路可采用全板电镀，后续做线路蚀刻；较细的线路可采用图形电镀制作。

蚀 刻

不论是内层线路，还是外层线路，都离不开蚀刻。一般内层线路较粗，多采用全蚀刻制作，但较细的外层线路会采用先图形电镀后蚀刻制作。蚀刻用化学品因工艺不同而不同：对于较厚的底铜，可选用氯化铁、氯化铜、氯化氨铜蚀刻液；对于非常薄的底铜，有业者选用硫酸 - 过氧化氢蚀刻液。

阻焊制作

阻焊制作的目的是在板面形成线路保护层，并暴露元件组装区域，以便焊接或键合。阻焊制作所需的涂覆技术随应用与精度不同而不同：对于线路较粗的产品，可选择丝网印刷；对于线路较细的产品，可选择涂覆后曝光、显影。完成阻焊制作的电路板要以高温烘烤，强化物理特性。目前可用的阻焊材料，仍以液态阻焊的占比最高，干膜型产品主要用于特殊应用。

金属表面处理

电路板表面所有暴露金属的区域，必须进行表面处理，以满足组装要求。目前常见的电路板表面处理包括电镀镍金、化学镍金、化学镍钯金、有机可焊性保护、沉锡、热风整平等，许多便携产品还要求组合表面处理。

9.5 传统电路板技术的限制与 HDI 技术的优势

传统电路板的焊盘与布线密度可通过增加线路层数、缩小线路尺寸来提高，但每平方厘米 20 ~ 30 个焊盘已是极限水平。目前较复杂的元件设计，已将焊盘密度提高到每平方厘米 100 个焊盘，因此，电路板必须高密度化。

为了突破传统电路板的限制，许多设计沿用半导体层间连接的理念，发展出了微孔板。这类产品有许多不同的名称，高密度互连（HDI）板是普遍接受的名称。细线、小孔是 HDI 板的关键特征。传统钻孔的成本高、产出慢，经过多年摸索，业者从感光成孔、等离子体成孔、喷砂成孔等逐渐转换到了激光成孔。

根据业者的定义，孔径在 6mil 以下，微孔焊盘直径在 0.25mm 以下，焊点密度在 130 点 /in^2 以上，布线密度在 117in/in^2 以上的电路板才被认定为 HDI 板。对于载板制造，HDI 技术有以下优点：

◎ 可降低载板层数，降低复杂连接结构的制作成本
◎ 提高布线密度，通过微孔互连可以将线路藏到下一层
◎ 可以弹性制作不同层级间的焊盘连接
◎ 焊盘与盲孔结合，可以缩短线路长度
◎ 几何结构可满足高密度焊点的组装需求，有利于先进封装技术的发展
◎ 微孔互连可减少信号反射、串扰，得到更好的电气性能
◎ 采用薄介质材料时，微孔的厚径比低，可靠性比一般通孔高
◎ 微孔可缩短接地层与信号层的间距，减少射频干扰、电磁波干扰
◎ 可改善射频干扰、电磁波干扰与静电释放（RFI/EMI/ESD）
◎ 可增加接地线数，防止元件因静电聚集导致瞬间放电而受损
◎ 微孔可提高布线弹性

9.6 增层法

增层一般是指在玻璃布 - 环氧树脂基材上堆叠介质层（绝缘材料）与导体层（铜箔）。封装载板的基材比一般电路板基材薄，导体层厚度多为 10 ~ 30μm，线宽 / 线距也很微小。典型的 HDI 工艺如图 9.4 所示。

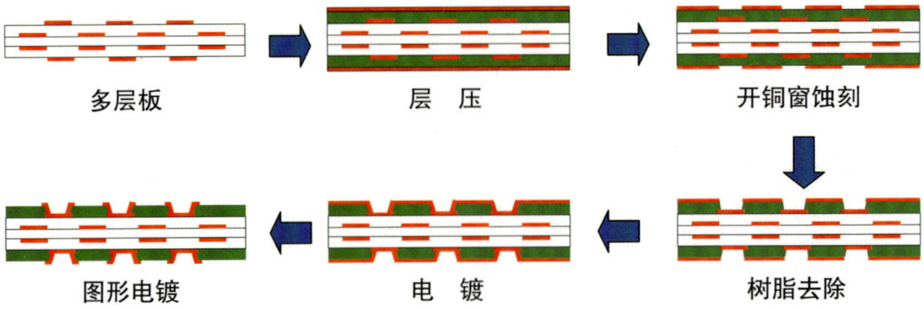

图 9.4 典型的 HDI 工艺

增层法与传统电路板工艺的主要差别在于，传统电路板多以单次热压合制作，但增层法是逐层构建介质材料，经过微孔导通、线路制作、层压等循环，直到整体载板完成。增层法可提供更高的连接及组装密度，已成为现代封装载板的重要制作方法，而这也是本章的重点。

9.7 塑料封装载板的主要技术

讨论封装载板技术，就是讨论集成电路与载板间连接的技术，必须发挥前述封装的四大功能，并符合产品设计需求。近年来，封装载板技术的发展重点依据特性要求不同而有所不同，其中较重要的技术有薄介电材料与小孔制作、细线路制作、特殊材料应用、埋入式元件制作、特殊表面处理、凸块制作等。因为本书以探讨封装为主，对载板仅简略介绍。

9.7.1 薄载板 / 薄介质层的技术

轻、薄、短、小、高密度互连是电子封装的永恒追求。为了在相同空间填充更多内部连接，需要采用较轻薄的材料。另外，在电气性能方面，使用更薄的介质材料可使信号线更接近接地层，以减小噪声。在追求薄的趋势下，部分封装载板以 PI 膜为基材。对于刚性板，如果芯板的厚度低于 50μm，就会因强度不足而易断裂。较大型薄封装载板会以挠性板材料 PI 膜制作，原因在于 PI 膜具有薄而韧的特性。但是，较小型封装（如 CSP）出于组装稳定性和成本的考虑，还是以刚性载板为主，因为面积小，强度没有问题。对于较大型封装，刚性载板会使用略厚的设计。常见芯板厚度为 50 ~ 100μm，加上金属层和阻焊后，最终成品厚度会增加 100 ~ 150μm。

虽然此类材料的基本厚度要求不高，但是因为必须经过电镀通孔、外层线路、后段阻焊等制作流程，对于习惯载板在后制程具有较大厚度的厂商是较大的挑战。面对薄板电镀、外层线路、阻焊显影等，多数专业载板厂会采用专用设备、特殊设计，否则很难有高制程效率及高良率。目前，多数简易 CSP 封装、中高引脚数简单封装都采用双面或四层镀覆孔结构制作封装载板，其典型的性能见表 9.2。

表 9.2　中高引脚数简易封装载板的典型性能

性　能	参　数
线宽 / 线距	18μm/18μm ~ 30μm/30μm
介质层厚度 /μm	60 ~ 200
介质材料 T_g/℃	200
机械钻孔孔径 /μm	75
激光成孔孔径 /μm	60 ~ 75
孔环宽度 /μm	30 ~ 50
阻焊厚度 /μm	20
表面处理	键合表面处理

某些封装载板有树脂填孔需求，但薄板本身强度不足，不适合做机械磨刷。即便是略厚的载板，磨刷也会导致全板尺寸变异。部分厂商会避开薄板填孔设计，或填孔但避开磨刷，以保证尺寸稳定性。也有厂商采用填孔油墨两段烘烤法，先将填孔树脂半硬化后磨刷，再用后烘烤恢复变异尺寸，这也是不错的办法。这些年，随着激光钻孔技术的进步，加上电镀填孔技术的成熟，封装载板的制作已经有不少利用电镀填孔，以改善油墨填孔技术的不足。图 9.5 所示为典型的双面电镀填孔范例。

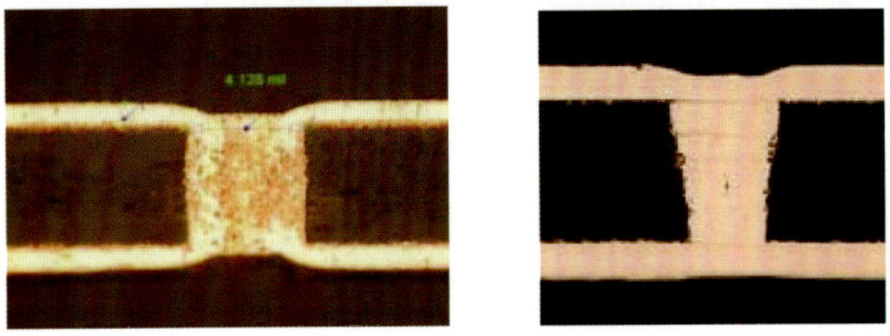

(a) 通孔填孔　　(b) 盲孔填孔

图 9.5 典型的双面电镀填孔范例

随着元件密度的增加，传统通孔已经无法满足高密度连接的需要，高密度互连（HDI）结构应运而生。所谓 HDI，就是在同一个位置利用盲孔、埋孔制作更多的层间连接，以提高连接密度。HDI 载板结构如图 9.6 所示。

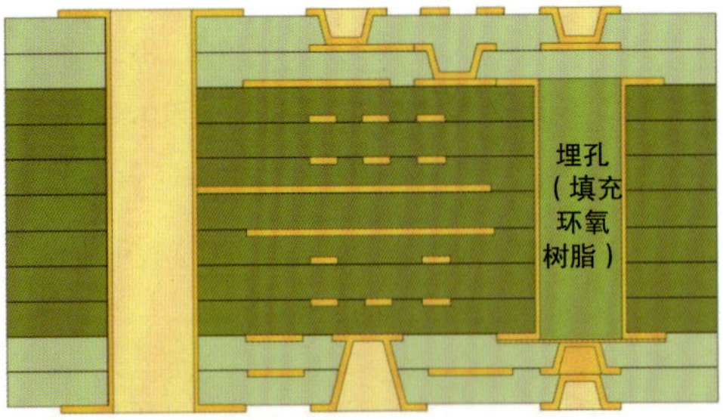

图 9.6 HDI 载板结构

和电路板相比，封装载板有更高的线路和孔密度，为了做出小孔并克服电镀困难，必须采用更薄的介质材料。为了方便制造，行业又发展出激光成孔、感光成孔等技术。介质材料必须容易涂覆，最终厚度必须十分均匀。为了做出细线，部分厂商采用半加成工艺（Semi Additive Process，SAP），需要通过特殊树脂处理增强金属结合力。薄介质层的制作涉及很多工艺选择的考虑。传统典型材料有涂树脂铜箔（Resin Coated Copper，RCC）、涂覆树脂、真空压合薄膜三种，后来又增加了涂聚合物铜箔（Polymer Coated Foil，PCF）。这些材料都是为薄介质层制作、激光成孔、细线路制作开发的。

为了避免薄板压合问题，在传统黑化工艺绒毛长度不易控制的状况下，业者逐渐转用棕化工艺，通过化学反应将铜面粗化成更适合树脂填充的表面。

目前，极细线路制作几乎都采用 SAP 工艺，首选物料为味之素黏合膜（Aajinomoto Bond Film，ABF）。也有部分厂商采用 PCF 类材料生产细线路，不过这种情况极少。薄介质层、薄载板的制作能力，已成为进入封装载板业的门槛。有竞争力的工艺、薄介质层加工能力、已有工艺的整合能力等，都是封装载板技术进步的关键。

9.7.2 小孔成形技术

机械钻孔一直是电路板层间连通的重要技术，一次可以加工多片电路板且成本较低。随着表面贴装技术（SMT）的逐渐普及，通孔的主要功能不再是插件，而是连通。如今只要成本合理，多数业者都会将孔径设计为可接受的最小值，0.1mm 孔径的机械钻孔技术已经相当成熟。这种趋势在封装载板上体现得非常明显，因为芯片靠键合直接接合在载板上，不需要通孔元件。除了特殊端子，表面几乎都是小孔结构，通孔、盲孔都是如此。

机械钻孔与激光成孔各有所长。机械钻孔可加工大厚径比孔，目前，量产的最小加工孔径是 75μm，当堆叠达到两片时，效率和成本仍可与激光成孔竞争。考虑到薄铜、电镀填孔等技术限制，机械钻孔到目前为止仍然是封装载板的重要成孔技术。

机械加工的最大短板是加工精度，优势是孔壁质量相对较好。加工位置精度及加工密度高是激光成孔的优势。激光成孔的加工速度随着激光头、光学元件等的进步而不断提高，其竞争力不断提升。随着激光技术的进步，除了加工大厚径比孔，机械钻孔越来越没有竞争力了。

封装载板的机械钻孔能力，目前已经普遍达到 0.1mm 孔径批量加工水平，主要得益于 300000r/min 机械钻机的日渐成熟。虽然有钻头厂商号称可以生产 0.05mm 直径的钻头，但实际上目前的量产能力仍然停留在 0.1 ~ 0.075mm 孔径的水平。

随着电子封装产业的发展，越来越多的先进材料被投入市场。即便是简单的机械钻孔，也面临小孔制作难度高的困扰。封装载板材料要具备高玻璃化转变温度（T_g），而厂商提供的对策之一是增加填料。另外，为了让大芯片能有更高的可靠性，业界开始强调低 CTE 特性。这些都是钻孔技术发展的重大挑战。

激光成孔技术约在 1995 年后逐渐进入载板领域。1997 年后因为移动电话需求快速增长，高密度载板制作技术逐渐成熟并正式进入量产。由于感光成孔、等离子体成孔技术都不理想，激光成孔技术得以迅速发展。快速、多头、多模式激光设备与技术的发展让人目不暇接。激光加工机的原理如图 9.7 所示。

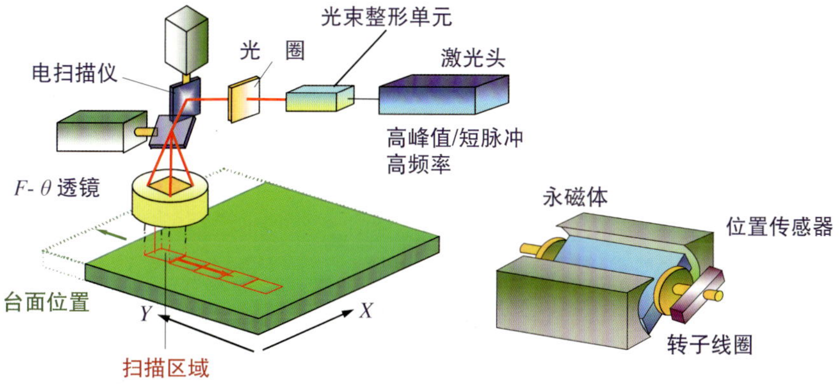

图 9.7 扫描式激光加工机的原理

激光加工机的激光源是激光发生器，经过波束整形单元之后，光路使光斑投射在板面进行材料加工。激光发生器目前的发展趋势是大功率、高振荡频率。

激光加工的原理是利用激光能量使材料分解并气化。因此，要实现良好的激光加工质量，就要了解材料的特性。不同材料有不同的光吸收率，光吸收率越高的材料越容易进行激光加工。玻璃纤维及铜的光吸收率在红外线区偏低，会产生加工速率的差异。选用不同的机械设计、激光系统、材料配方，都有助于改善材料的可加工性。对于含玻璃纤维的基材，激光加工能力仍然受到考验，提高激光的能量均匀性，对提高实际加工质量有帮助。

目前的主流激光源是 CO_2 激光，但受波长、热量等因素的影响，其加工清洁度、小孔加工能力等仍有所限制。因此，业者在发展 UV 激光、皮秒激光。专业研究表明，不论以何种参数进行 CO_2 激光加工，盲孔底部至少都会留下 1 ~ 3μm 残胶，依赖后续的除胶渣工艺去除。激光加工孔径以 60 ~ 100μm 最常见，部分特殊设计也有孔径达到 250μm 的案例。CO_2 激光束的直径较大，且景深较浅，对于非常小的孔的加工较不利，但对于盲孔则有加工速率高、成本低的优势。

激光加工方式可分为直接铜面加工（laser copper direct drill）、开铜窗加工（conformal mask drill）、开大铜窗加工（enlarge window drill）、直接树脂加工（direct resin drill）四类，如图 9.8 所示。

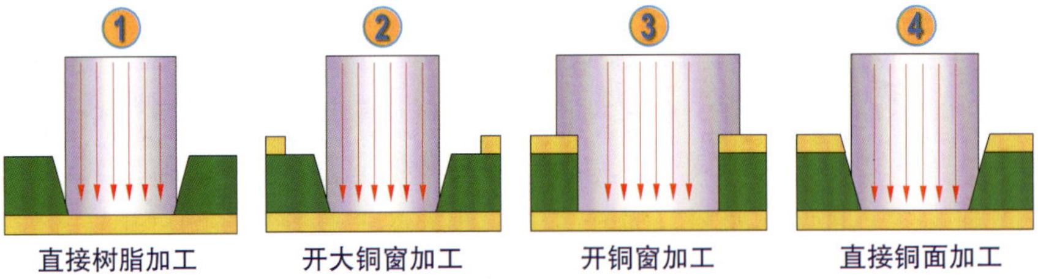

图 9.8　四种主要的小孔激光加工方式

日本在直接镀铜方面比较有经验，习惯采用无铜箔加工法，也有厂商采用树脂直接涂覆加工法。以开大铜窗加工为例，其目的是通过激光加工直接决定孔径及位置。由于没有铜箔拘束，孔形可以较倾斜，这有利于电镀。同时，也不存在全板电镀问题，铜箔剥离强度不依赖全板电镀，因此，有不少厂商使用开大铜窗加工。随着激光技术和铜面吸收层处理技术的不断进步，铜面直接加工已经普遍用于量产。但是，孔边会残留铜渣，处理时要特别注意。

开铜窗的目的是利用开窗范围限制加工区域，好处是对激光束的尺寸稳定性要求较有利，坏处是内部材料分解排出通道受铜箔拘束，容易产生内部扩大的葫芦孔。激光机提供多次加工、循环加工等模式，以减少爆孔问题。几种典型的加工模式各有优劣，采用哪种模式取决于整体制程。

提高封装密度后，不但盲孔孔径要变小，通孔上方还要镀上盖覆铜以配合盲孔的对外连接。若通孔无法制作得更小，就只好多做几层盲孔来提高外部线路层的连接密度，这对高密度、低成本的需求来说是瓶颈与挑战。如何制作较小通孔，是高密度载板必须面对的课题。除了孔径要求，还必须注意机械钻孔多少都会产生机械应力。这种应力有可能破坏载板的增强纤维与树脂结构，若孔与孔也因为设计密度而拉近，那么孔壁强度就是机械钻孔的另一项挑战。

激光成孔是非接触式加工技术，不会产生机械应力。只要平衡好加工过程中纤维与树脂的分解速率，就有机会制作距离非常接近的通孔。

激光加工材料的改良，有两种典型做法。一是在树脂中加入更多填料，以平衡树脂与纤维的强度差异，但这种做法常会提高材料的介电常数（D_k）。二是采用不同的玻璃纱结构，以降低加工玻璃纱的难度，改善孔壁质量。图 9.9 所示为几种典型的激光加工专用玻璃布，玻璃纱呈现扁平化。

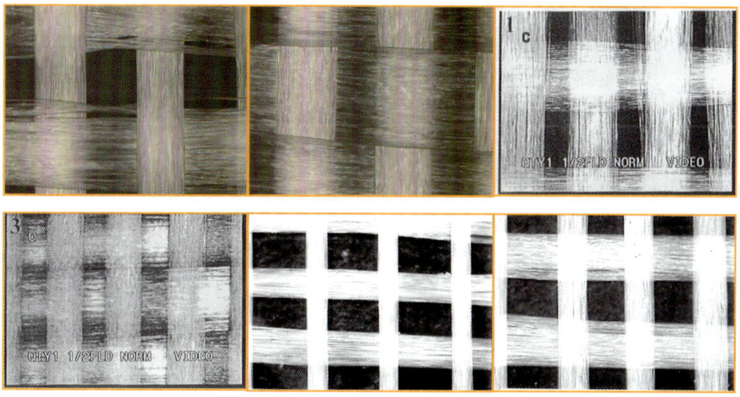

图 9.9 典型的激光加工专用玻璃布

除了机械钻孔、激光成孔技术，还有其他技术可用于成孔，如等离子体成孔、感光成孔、喷砂、化学蚀刻、凸块等。不过因为使用者较少，其效益较难评估。

9.7.3 小孔导通技术

导通的目的是让点与点顺畅连通，以传输信号及电能。以往电路板导通依赖电镀铜形成层间的通路，但出于成本、组装、设计等方面的考虑，各种导通方法、概念、材料、工艺及标准要求相继推出。虽然方法五花八门，但基本上仍离不开电镀、填孔、凸块这三种。由于多数封装载板的设计与制作都离不开芯板，因此，通孔填孔与全板电镀的做法也必须列入讨论。

出于整体强度的考虑，封装载板都会采用一定厚度的芯板制作。考虑到导通需要，多数会采用较小孔径设计，可能会形成高厚径比镀覆孔结构，这对于电镀来说是极大的挑战。对于倒装芯片封装载板，0.8mm 是常见的芯板厚度。若孔径为 0.3mm，厚径比只达到约 2.7，电镀并不困难。但若孔径为 0.2mm，则电镀稍有难度。因此，封装载板的通孔电镀问题并不严重。问题是有些应用开始要求通孔填满，这才是目前的瓶颈。

盲孔的电镀难度较高，因为其结构为单边开口，除胶渣、化学沉铜或导通处理、电镀工艺的药液交换及液体润湿都较困难。业界公认的盲孔电镀以厚径比 0.5 为指标，高于 0.5 就认为电镀较有难度。

设定这种参考指标的背景是，不少板厂仍大量使用传统的垂直电镀设备，设备的结构限制了其电镀能力。目前，多数专业厂商已采用垂直连续电镀设备（Vertical Conveyor Plating，VCP）。这类设备多采用不溶性阳极，无铜球遮蔽障碍，设备可弹性增加喷流、遮蔽、循环等机构，对盲孔电镀非常有利。图 9.10 所示为典型的垂直连续电镀设备。

图 9.10 双轨式垂直连续电镀设备（来源：亚硕官网）

封装载板的介质层厚度越来越小，主因是盲孔越做越小。另外，高密度互连应用已开始采用孔上孔设计。这种设计有两个好处，一是增层介质材料的胶量足以填满埋孔，不必增加埋孔填孔步骤；二是不必在埋孔上方电镀盖覆铜，可节省成本。对于芯板较厚的结构，粘结片没有足够的胶量填充埋孔，此时必须先填孔，再制作盲孔与线路。图 9.11 所示为有通孔填孔结构的载板切片。

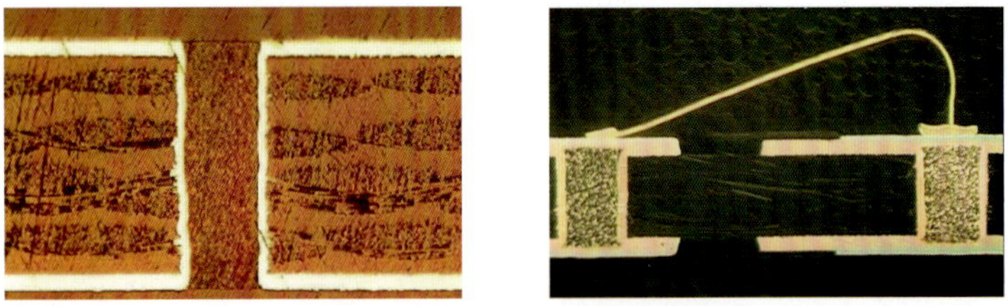

图 9.11 通孔填孔的载板切片

填孔多少都会残存气泡，而这会影响连接质量。对于允许的气泡残存量，目前还没有明确标准，但通常不会影响可靠性，也不会成为质量的致命伤。若气泡恰好落在孔口区，则出现问题的风险就会增大。图 9.12 所示为填孔凹陷造成的连接不良。

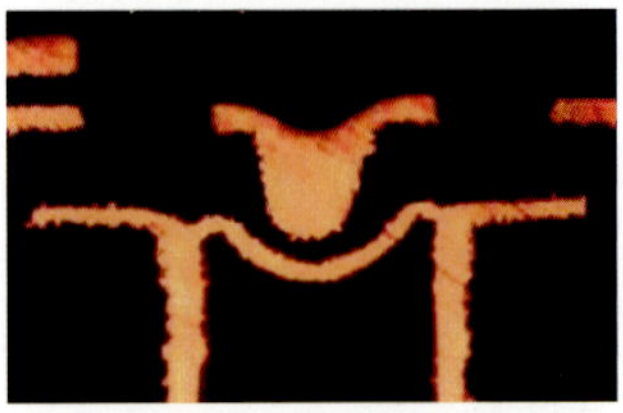

图 9.12 填孔凹陷造成的连接不良

如果孔口残存气泡，磨刷后气泡破裂产生凹陷，电镀后就会留下深陷的洞，激光加工时没有清理干净就会出现导通不良问题。对于高密度封装载板，尤其是孔上孔结构，填孔是重要的技术问题。

连接孔堆叠，不只是通孔与盲孔的堆叠，高密度结构可能会用全盲孔堆叠提高连接密度。做盲孔堆叠的先决条件是底层孔表面平整，否则无法堆叠。因此，要先将盲孔填满，以提供堆叠基础。图 9.13 所示为典型的盲孔堆叠结构。

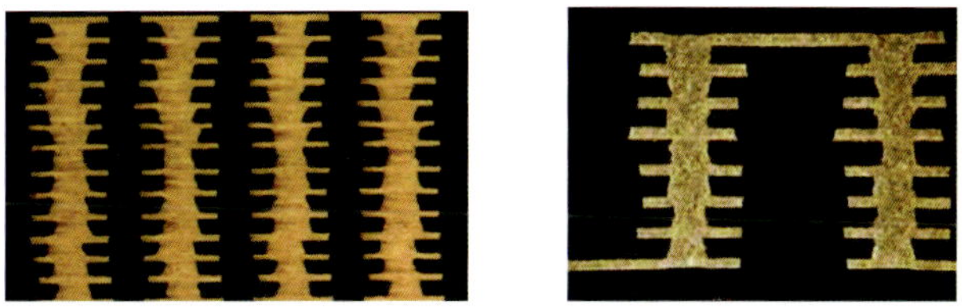

图 9.13　典型的盲孔堆叠结构

连接高密度化也直接影响着载板的设计。图 9.14 所示为孔与焊盘结合的结构趋势。对传统表面贴装焊点而言，没有焊点直接结合孔的结构，这是为了防止焊锡直接流入通孔（孔吞锡）而无法控制锡量。

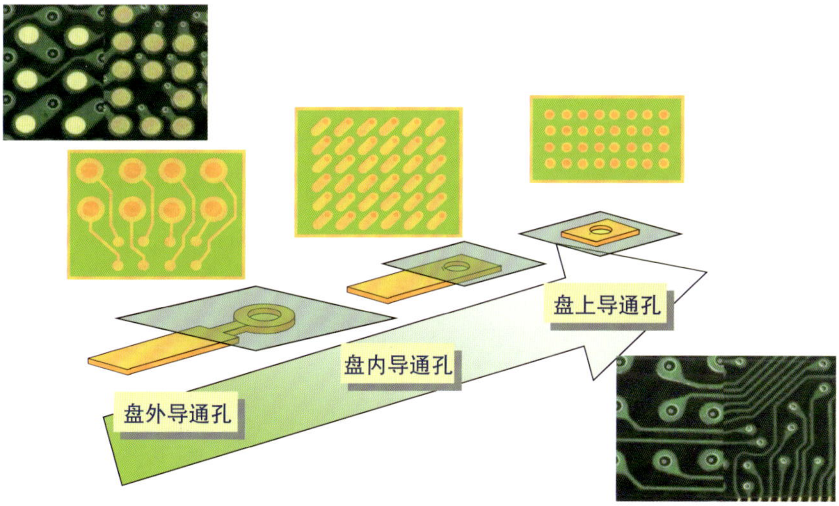

图 9.14　孔与焊盘结合的结构趋势

随着高密度时代的来临，所有载板空间都变得锱铢必较，若能孔盘合一，则可争取更多的配置空间。焊料能否稳定放置在铜焊盘上，是高密度载板的重要议题，也是高密度载板厂不断被要求要提升电镀填孔能力的根本原因。若填孔电镀能提供平整的孔面，则不仅锡膏印刷容易，回流也可以减少气泡、焊接不良的缺陷。图 9.15 所示为典型的未填孔的元件焊接情况：盲孔处残存气体无处可排，容易产生气泡问题。

图 9.15　未填孔的元件焊接情况

其他小孔导通技术

除了电镀填孔，还有导电膏塞孔、导电凸块制作等技术可用于高密度载板的通孔连接。较知名技术是日本松下公司提出的任意层导通孔（Any Layer Inner Via Hole，ALIVH）技术与东芝公司提出的 B^2IT 技术。

图 9.16 所示为松下 ALIVH 的工艺流程。其做法可从传统电路板开始往外制作，也可用芯板（core）制作。不使用芯板的制作方法被称为无芯板法。由于没有芯板，所以可以直接用激光制作所有小孔，理论上可制作出更高密度、更薄的载板。

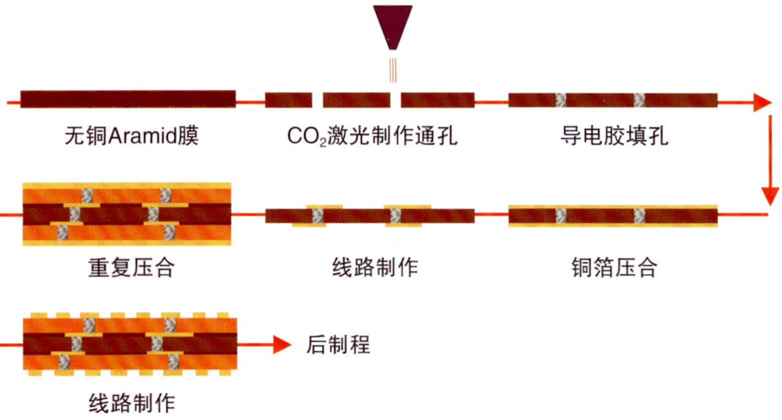

图 9.16 ALIVH 工艺流程

B^2IT 可读作“B square It”或“B-Two-I -T”，即内埋凸块互连技术（Buried Bump Interconnection Technology）。其因为制作凸块并通过压合将凸块压入连接介质内部而得名。B^2IT 的工艺流程如图 9.17 所示。

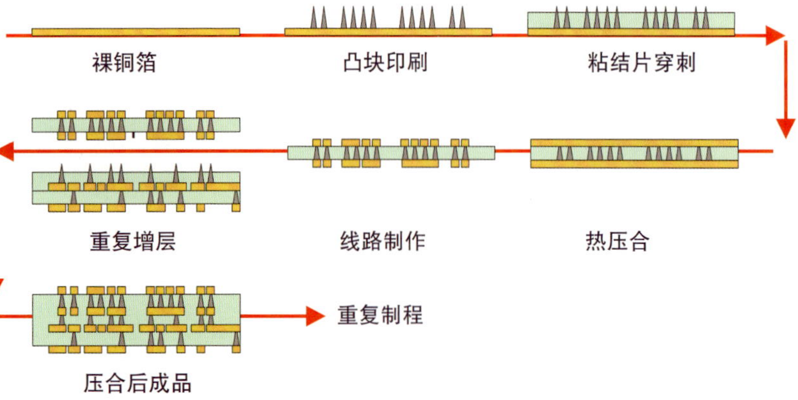

图 9.17 B^2IT 工艺流程

先印刷尖凸块，烘烤至可穿透粘结片的硬度，再进行热压合。经过压合的载板，可进行线路制作。要继续增加线路层，重复前述步骤即可。图 9.18 所示为 ALIVH、B^2IT 成品的断面。

凸块印刷的精度及工艺能力有限，其最大的优势是可以采用普通材料制作载板，但密度有待提升。

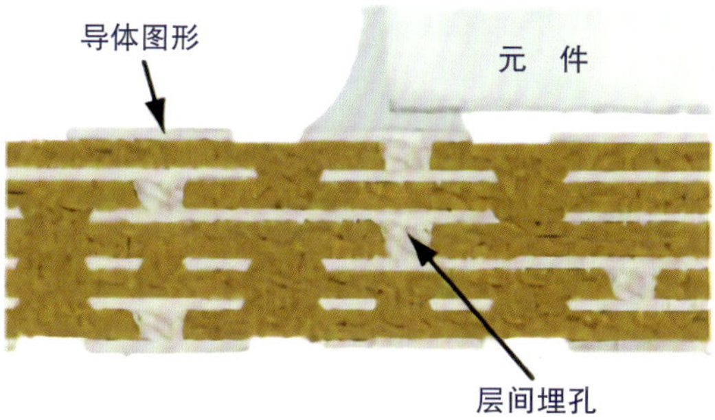

(a) ALIVH

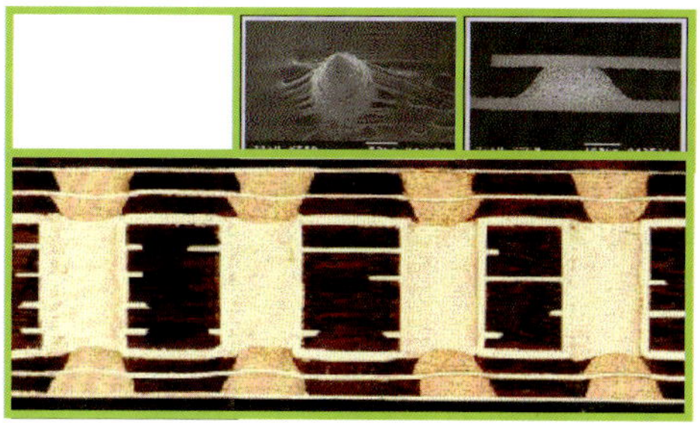
(b) B²IT

图 9.18 ALIVH、B²IT 成品切片

9.7.4 细线路制作与精密对位

制作出更小的孔、更细的线一直是电路板技术的发展目标。以往电路板技术多以英制单位密耳（mil）描述工艺能力，目前，封装载板则以公制单位微米（μm）描述工艺能力。普通刚性板的线宽以 2 ~ 5mil 为主，但对封装载板而言，10 ~ 35μm 线宽已十分常见。至于倒装芯片及特殊半导体封装载板，15μm 宽或更细的线路也在讨论之列。

电路板与多数封装载板的线路制作基于铜金属，线路厚度多数在 10μm 以上。即使是挠性板，线路厚度也保持在 5 ~ 7μm，这非常考验线路制作能力。

铜线路制作的要点是多用电镀少依赖蚀刻，以获得较稳定的细致线路。这就要求改善图形电镀能力，以免线路厚度均匀性变差。另外，线路实际宽度还会受后制程的影响，某些工艺处理会耗损或增加线宽，导致最终线路宽度变异。

细线路制作有三个重要议题，一是较高分辨率的图形转移；二是较薄底铜，以减轻蚀刻影响；三是较佳蚀刻能力，以减轻侧蚀。至于精细设计带来的对位精度要求，则应该列为第四个讨论议题。

线路制作方法不外乎四种，如图 9.19 所示。多数业者已经十分熟悉全减成法和厚膜半加成法，但这两种工艺的细线路制作能力有限，要通过减薄底铜来提升细线路能力。至于全加成法，到目前为止仍然很少有人使用。

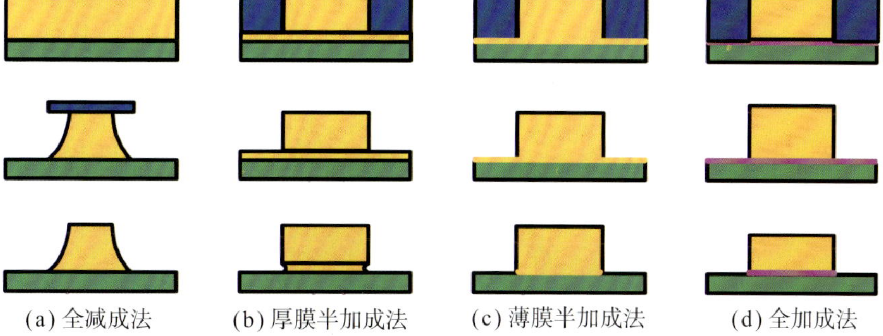

图 9.19 线路制作的主要方法

采用特殊铜箔或进行铜箔减薄蚀刻，可将图形电镀前的底铜厚度降低到约 2μm。这时要注意底铜与基材结合面的轮廓。这类技术可进行稳定批量生产的线路制作能力，多数都保持在 25μm 线宽 / 线距以上。更细的线路，目前载板厂几乎都采用化学沉铜薄膜半加成技术来制作。

对于这些方法的考量，整体工艺会比单一工艺重要得多，主要看重较薄底铜、高图形分辨率、较佳蚀刻能力。线路制作能力的下限会因为工艺细节而异，并没有标准可遵循，尤其是要求严格的产品，几微米差异就非常大了。典型的化学沉铜半加成工艺如图 9.20 所示。

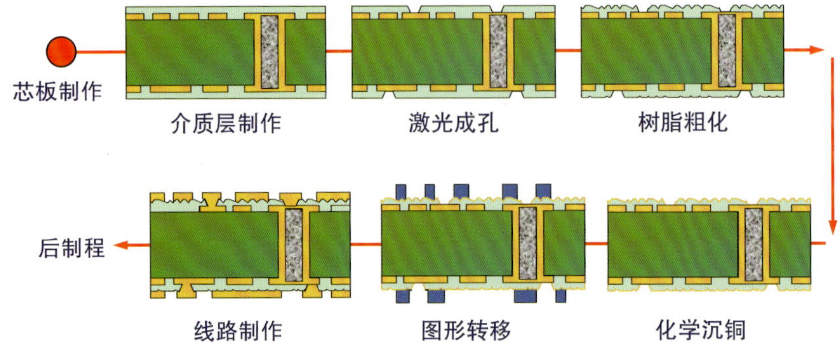

图 9.20 典型的化学沉铜半加成工艺

图形转移使用胶片型底片时，会带来平整性、透光性、保护膜、吸湿率、尺寸稳定性、胀缩系数等方面的影响。使用玻璃底片可避免大部分问题，但成本高、设备要求多。多数业者会用胶片型底片进行打样及小量生产，采用玻璃底片生产大量、高精度产品。

随着封装载板的公差要求越来越严，采用传统曝光技术的图形转移很难保证载板本身的尺寸稳定性。用以往只调整底片的方式来解决对位问题，已经力不从心。研发多年的直接成像（DI）技术和已经成熟的步进式曝光设备也逐渐受到业者重视，不但可用于线路制作的量产，还可用于阻焊制作的量产。

理论上，DI 设备才是曝光的理想选择，其市场占有量正在逐渐增多。目前常用的 DI 设备有激光扫描曝光机和数字微镜器件（DMD）成像曝光机。DI 设备已经发展多年，DMD 成像曝光机的问世加剧了市场竞争。采用多边反光镜设计的 DI 设备如图 9.21 所示。

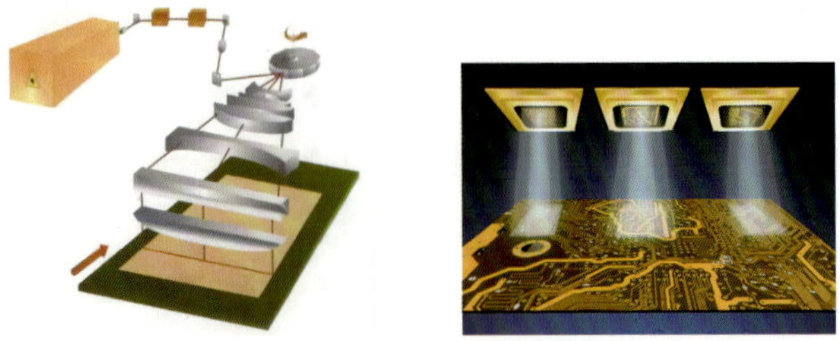

图 9.21 采用多边反光镜设计的 DI 设备

DMD 成像曝光机采用与以往背投式电视类似的设计，对 DMD 实施数字控制，其作业模式如图 9.22 所示。

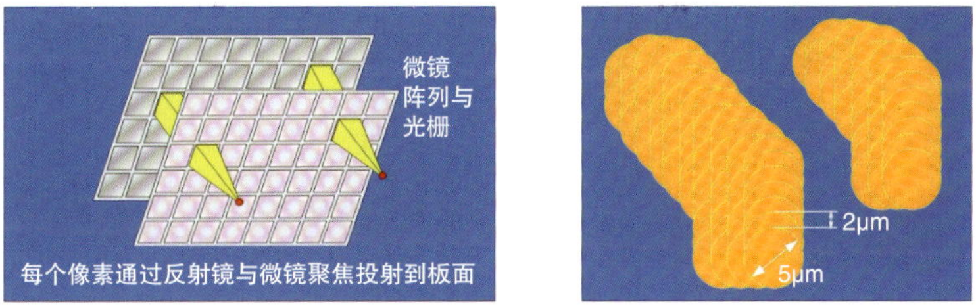

图 9.22 DMD 成像曝光机

良好的干膜分辨率是制作细线路的基本条件，有两个重要指标：一是最小可附着或可显影的线宽 / 线距，二是线宽 / 线距的稳定性。业者常用附连板进行图形转移测试，往往只关注最小线宽而不关注线宽变异。但是对于细线路，线宽变异才是决定性因素。某些号称可用于细线路制作的干膜，经过测试会发现在显影后的图形边缘呈锯齿状，这就说明其不适用于细线路制作。图 9.23 所示是线路图形转移的结果比较。

(a) 测试线路 (b) 平整的线路图形 (c) 不平整的线路图形

图 9.23 线路图形转移的结果比较

使用同样的干膜曝光，会发现较薄处的分辨率更佳，但具体厚度应视工艺需要而定。对于全减成法工艺，厚度只要达到保护线路的目的即可，过厚会阻碍药液交换，造成显影、蚀刻问题。线宽 / 线距在 35μm/35μm 以上的载板，仍可采用全减成法工艺。至于以图形电镀制作的产品，几乎都采用极薄底铜制作，对蚀刻的依赖性很低。当线宽 / 线距小于 20μm/20μm 时，业者几乎都使用半加成法工艺，此时底铜为纯化学镀铜。图 9.24 所示为线宽 / 线距为 15μm/15μm 的线路。仔细观察会发现，线路底部粗糙度非常低，这是细线路制作的重要特征。

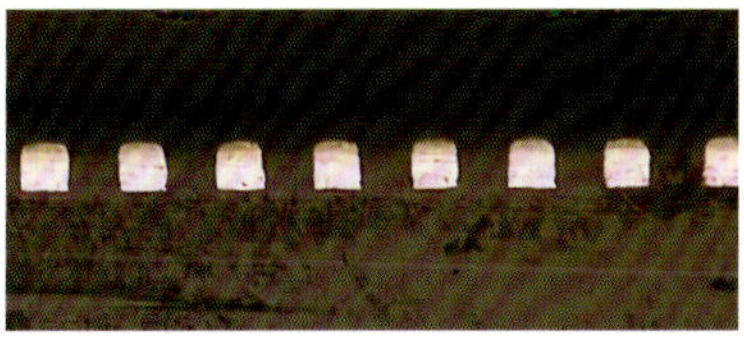

图 9.24 线宽 / 线距为 15μm/15μm 的线路

顺应产品轻薄短小趋势的细线路制作是高端产品市场的敲门砖。近年来有人引进更高端的绘图机制作图形转移底片，甚至利用玻璃底片来制作细线路。薄铜方面除了采用超薄铜箔，以往极少被国内厂商使用的半加成工艺（SAP）也大量走进市场。而在感光干膜方面，高分辨率干膜一代代推出，分辨率纵横比已到达 1 ∶ 3.5，且仍在继续进步。先进 DI 技术的持续发展势必让图形转移的未来更值得期待。

9.8 塑料封装载板的材料

电路板有三个关键成分：

◎ 有机树脂

◎ 无机增强材料

◎ 铜（或其他导电材料、金属）导体

用于电路板的基材是导体与绝缘材料形成的三明治结构，线路制作依赖蚀刻与电镀技术。导体应具有高导电性且可焊接、可蚀刻，目前普遍使用的材料是铜。

绝缘材料的主要特性要求如下：

◎ 有较高的绝缘强度及耐压

◎ 具有良好的机械强度

◎ 耐工艺化学品的腐蚀

◎ 吸湿率低，在工艺中不分解

◎ 方便钻孔

◎ 符合散热需求

常见电路板基材的特性见表 9.3。

表 9.3 常见电路板基材的特性

树脂/增强材料	T_g/℃	X-Y CTE/(10^{-6}/℃)	介电常数（1MHz）	最大吸湿率/%	剥离强度/（lbf/in）
酚醛/纸	125	14 ~ 18	4.5	0.75	> 2.0
环氧树脂/玻璃布（FR-4）	130 ~ 180	14 ~ 18	4.9	0.15	> 2.0
聚酰亚胺/玻璃布	250	12 ~ 16	4.5	0.35	> 1.4
聚酰亚胺/石英	280	6 ~ 8	4.0	0.35	> 1.2
环氧树脂/聚芳酰胺	180	7 ~ 9	3.9	0.44	> 1.7
BT-环氧树脂	185 ~ 200	13 ~ 14	4.3	0.19	> 2.0
氰酸酯	240	—	3.7	0.40	> 6.0
聚酰亚胺/聚芳酰胺	230	7 ~ 9	3.6	0.81	> 1.6

9.8.1 高端电路板材料

标准FR-4材料的成本低，但不符合高性能产品需求，特别是电子封装。它的介电常数、吸湿率都偏高，标准配方的玻璃化转变温度（T_g）为 130 ~ 140℃，难以满足电子器件的高可靠性要求。LED 模块采用的是最古老的塑料封装载板，当 LED 发光时，为避免反光，载板必须是黑色的。目前，CoB 应用也普遍采用黑色环氧树脂和黑色氰酸酯，制作直接芯片连接（DCA）塑料封装载板。

为了缩小消费性电子产品（如手表、相机和计算器）的尺寸，业者开发出了薄型 CoB 载板材料，载板的典型厚度为 0.1 ~ 0.5mm。进行热超声波键合金线时，载板要加热到 150℃，因此，载板必须能承受高温而不软化。BGA 载板多以树脂模塑成型，成型温度高达 170℃，所以载板耐高温非常重要。氰酸酯和 BT 材料正好符合耐高温需求。

键合前芯片必须固定在载板贴合垫上，先涂覆含银环氧树脂黏合剂，之后将芯片贴上并烘烤硬化。芯片和塑料载板的热膨胀系数很不匹配，要获得高可靠性，关键是借助黏合剂缓冲吸收应力。倒装芯片技术已经普及，芯片与载板的热膨胀不匹配靠选择适当的底部填充胶解决，采用低 CTE 基材也是一种方法。

9.8.2 耐高温性

用于电路板的增层材料，都必须符合电子器件组装要求，如在焊接温度下能保持稳定性，多数材料均能承受漂锡测试、回流焊测试的 260℃ /60s 测试条件。每种 IC 组装生产线的实际工艺均有差异，预期有高温组装时采用耐高温材料是较佳选择。载板储存环境有时比耐高温性更重要，当载板吸入过多水分时，温度突然升高会造成起泡。若载板用于高温环境，则较低吸湿率是关键。若载板能良好保存后使用，则多数材料都能承受组装高温。

9.8.3 介电常数与损耗因子

塑料增层板是由树脂和增强纤维组成的，其介电常数自然会落在两者之间。介电常数是电容的函数，介电常数过大会造成高速开关 IC 应用的信号传输延时及畸变，因此，介电常数越小越好。和陶瓷材料相比，树脂材料一般具有较低的介电常数及损耗因子，适用于高速应用。损耗因子是交流电场作用于介电材料时造成的功率损失，通常以 $\tan\delta$ 表示，实际应用时可向厂商索取相关数据。

9.8.4 尺寸稳定性

塑料增层板受热时，增强纤维比树脂更容易影响其平面尺寸稳定性。树脂胀缩对 Z 轴尺寸稳定性更重要，连通两面的导通孔的可靠性易受 Z 轴尺寸稳定性的影响。若 Z 轴热膨胀系数较大，则在热循环时孔铜会承受较大应力。最坏的状况是热应力会导致导通孔拐角或孔壁开裂，造成封装失效。

平面尺寸变异导致芯片与载板间产生热应力，进而使芯片贴合区或倒装芯片的接合焊点开裂。典型硅芯片的热膨胀系数（CTE）为 4×10^{-6}/℃，陶瓷的热膨胀系数为 7×10^{-6}/℃，塑料增层板的热膨胀系数为（15 ~ 16）$\times10^{-6}$/℃。选择热膨胀系数较低的增强纤维可降低增层板的热膨胀系数，这也适用于多数倒装芯片的接合。

9.8.5 吸湿率

吸湿率是树脂和增强纤维的特性，因环境湿度而异。当封装受热时，吸湿会形成水泡或导致分层，因此，选择低吸湿率材料非常重要。吸湿率常取决于无机增强纤维和有机聚合物的比例，且视增强纤维是有机物还是无机物而定。图 9.25 所示是典型树脂材料的吸湿率。

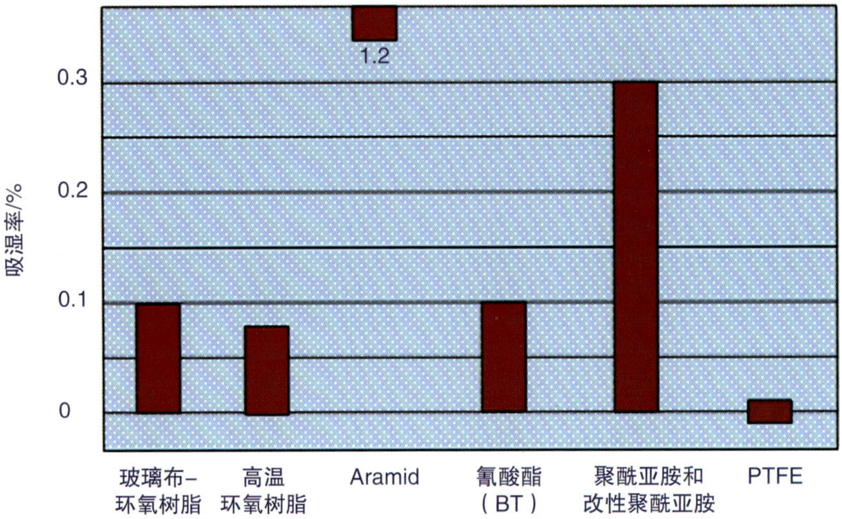

图 9.25 典型树脂材料的吸湿率

9.8.6 树脂材料

环氧树脂是复合材料，包括两种以上环氧基，由环氧氯丙烷和双酚 A 或甲酚酚醛反应而得，其化学式如图 9.26 所示。

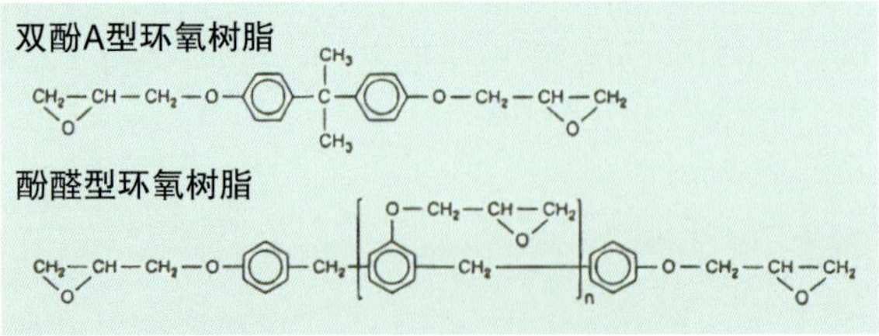

图 9.26 环氧树脂的化学式

双酚 A 型环氧树脂的 T_g 为 110 ~ 140℃，酚醛型环氧树脂的 T_g 为 150 ~ 190℃。酰亚胺基环氧树脂的高温特性较好，T_g 可达 198℃，能承受 300℃ /3min 的热循环。环氧树脂的电气性能及散热性能均较好，且与许多金属材料有良好的结合强度，非常适合用于 IC 封装。

酰亚胺基环氧树脂

酰亚胺基环氧树脂的化学式如图 9.27 所示，高分子键上有酰亚胺基，因此，也被称为聚酰亚胺树脂，有两种主要形态：一种是杜邦 Kapton 胶卷型聚酰亚胺，另一种是热烘 3D 聚合材料，封装主要应用后者。早期用于增层的 Rhone Poulene 聚氨基双马来酰亚胺树脂（Kerimide）在耐高温性和尺寸稳定性方面有优势，但机械加工性、金属结合性及吸湿率是短板，目前的聚酰亚胺已通过加入环氧树脂进行了改良。

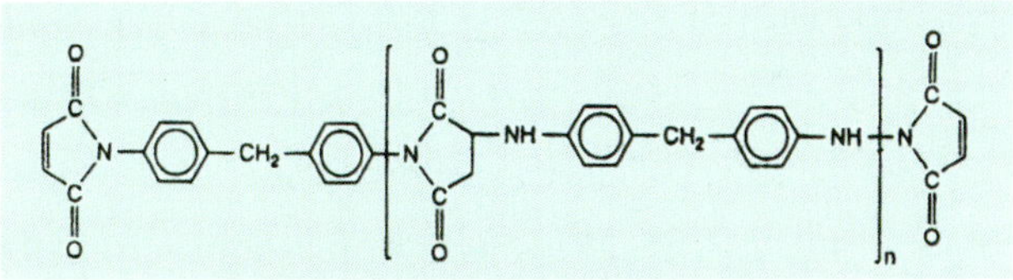

图 9.27 酰亚胺基环氧树脂的化学式

9.8.7 增强材料

填充增强材料可以改善机械性能。业内使用的增强玻璃布分为 E、S、D 三种，E 玻璃布用得最多，具有低成本、用量大的特性；S 玻璃布是较高温材料，成本较高；D 玻璃布也是高温材料，其强度较高，硬度也大，具有特殊用途。增强玻璃布广泛用于塑料载板，石英纤维、聚芳酰胺纤维对载板受热时的尺寸稳定性有贡献。

树脂材料须调整配方以满足 UL 规范，如在原子结构中加入溴或无卤材料。玻璃布表面必须以有机硅烷做结合性处理，提高玻璃布与树脂间的结合力。假设塑料材料吸湿后被急速加热，则水分蒸发会导致内部压力升高，引发分层。分层会出现在不同材料界面并延伸。为避免分层，可将封装材料储存在良好干燥的环境中，组装前先烘烤且避免加热超过 280℃。

9.8.8 环氧树脂体系的特性

环氧树脂对多层板的最终电气性能有重大影响，也关系到多层板的机械性能、物理性能。高端封装用的树脂体系在朝更高电气性能的方向发展，180℃的 T_g 是载板键合、密封的基本需求。较高 T_g 对载板可靠性也有帮助，有利于耐热冲击性能。环氧树脂的高温特性不如其他高温树脂，随着 CoB 和塑料封装的发展，有多种高温环氧树脂与混合型材料问世。提高 T_g 可提升热循环时的尺寸稳定性，且键合时可有效阻止键合头陷入载板。键合时加热载板会影响焊盘的剥离强度，要想防止键合头陷入载板，高 T_g 材料必不可少。较高端树脂体系的特性见表 9.4。

表 9.4 较高端树脂体系的特性

树脂 / 填充物	T_g/℃	介电常数（1MHz）	成本占比 /%
环氧树脂	125 ~ 135	3.5 ~ 3.6	1
多功能 FR-4	150 ~ 180	3.5 ~ 3.6	1.2 ~ 2
BT- 环氧树脂	165 ~ 200	3.5 ~ 4.0	3 ~ 6
聚酰亚胺树脂	＞ 260	3.5 ~ 3.6	10 ~ 20
氰酸酯	240 ~ 250	2.8 ~ 3.0	20 ~ 30
PTFE	327	2.03 ~ 2.09	15 ~ 20

市场上的封装载板基材种类很多，日本三菱瓦斯化学的 BT 系列材料最具代表性，其他基材厂商也积极推出了不少新材料，如日本日立化成的 E-679 系列材料、日本松下的 Megtron 系列材料、日本住友化学的 THB 系列材料等。

面对未来电子产品的个性化需求，模块化封装是重要的发展趋势。材料的价格竞争力及功能性是厂商开发材料时应该注意的。根据封装需求与策略，不同应用有不同的材料选择，如主要封装厂会策略性地使用非 BT 材料，以权衡价格及供应稳定性；日本大型企业集团会优先采用集团内的材料。若掺入策略性因素，则封装载板的材料评价难度会更高。

9.9 超薄与挠曲需求

特定应用的封装有超薄、挠曲需求，特别是便携式电子设备。挠性载板主要有三类应用，分别是 TAB、CoF、刚挠结合板。便携产品没有标准定义，主要特征需求是轻薄短小、低功耗。一些日本专家认为，便携产品必须要做到放入胸前口袋而不能感觉到有负担。站在实用技术的角度，要满足该要求，必须采用折叠结构，这也突显了挠曲的重要性。

至于封装轻薄化，0.1mm 已是刚性板的下限厚度。挠性板基材用的聚酰亚胺树脂，在极小厚度下仍能保持强度，适用于超薄封装载板制作。

目前的代表性挠性封装应用，当推平面显示器控制模块用的 TAB、CoF 载板。平面显示器十分盛行，便携产品也会用到小型显示器，这些都需要控制模块驱动屏幕显示，因此，封装载板十分重要。一台大型显示器需要多个控制模块，典型的显示器模块如图 9.28 所示。

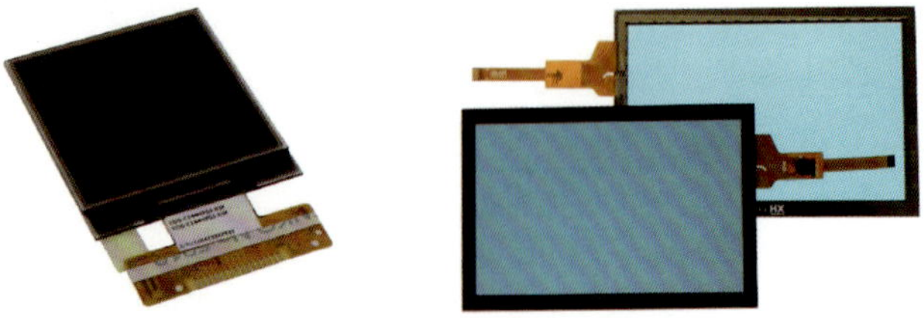

图 9.28 显示器模块

随着显示器的分辨率不断提高，控制信号线的密度也不断提高。目前，显示器控制模块封装载板存在线路密度差异，其中纵向信号控制线密度较高，设计节距已经达到 30μm 以下，未来势必会向更小节距发展。TAB 是以悬空引脚直接连接芯片的结构，节距小于 30μm 会导致引脚互碰。因此，密度更高的封装，如倒装芯片载板就被导入。对于无法容纳转接端子而必须采用折叠设计的产品，刚挠结合板是最好的选择，其中以数码相机镜头所用的 CMOS 封装最具代表性，如图 9.29 所示。

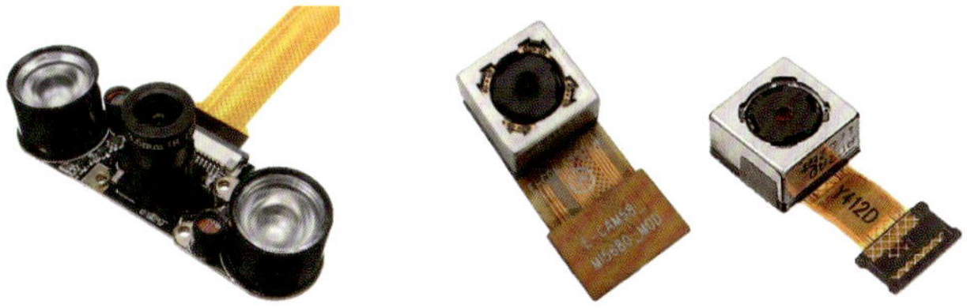

图 9.29 典型 CMOS 挠性板与刚挠结合板封装

9.10 最终表面处理

封装载板是基于电子连接需求产生互连的载体。载板组装采用的互连方式一般有焊接、端子连接、键合、硅通孔连接等，不同的连接方式需要不同的载板表面处理。

键合是连接载板与芯片接点的方法，所用载板须按键合要求进行表面处理。因为封测厂的表面处理厚度要求及表面状况接收标准不同，多数载板厂与封测厂在表面处理标准方面一直有争议。常见的金线键合载板的表面处理要求为镍厚 3 ~ 7μm、金厚 0.3 ~ 0.6μm，但也有部分业者以 2.5μm 镍厚与 0.3μm 金厚为标准。究竟采用哪种标准，怎样在实际应用中进行权衡，值得进一步探讨。

目前有许多电子封装采取混合设计，既要做键合，也要做焊接，此时表面处理就必须两者兼顾。即便许多厂家宣称化学沉金载板可稳定键合，但多数厂商仍较信任电镀金，因此，必须在载板边缘留下导电总线。这会对某些电气性能需求较严苛的产品不利。为了兼顾键合与焊接，也可采用镍、钯、金三层结构，以降低金厚，并兼顾可生产性。板边无设计总线有利于电气性能，而降低金厚、钯厚有利于焊点强度。以上这些都是理论状况，实际应用仍有赖于经验积累。

以往导线架多采用镀银处理，但许多载板封装需要经过多次工艺处理，镀银工艺不完全适用。所谓“软金”，就是高纯度金，软金表面处理会随应用不同而异。端子应用则以镀硬金为主。所谓“硬金”，就是含有杂质的非纯金。金本身的活性低，在空气中不氧化，常用于功能性表面处理。端子有耐磨需求，其表面处理必须加入少量钴、镍等金属来提高强度。用于键合的金，则必须具有柔软、致密、不氧化、纯度高等特性。

金和铜会相互迁移，因此，直接沉积在铜面的金经长时间储存后，会渗入铜而失去金的特性，在较高温度下的迁移更严重。基于保有金特性的需要，多数情况下都会先制作一层足够厚的镍层，作为阻挡层。

不论采用何种表面处理，重要的是注意满足封装的实际需要。目前的芯片封装，高密度互连已经普遍采用焊接技术，因此，要留意表面处理与焊料及助焊剂的兼容性。图 9.30 所示为不同表面处理的可焊性测试状况。

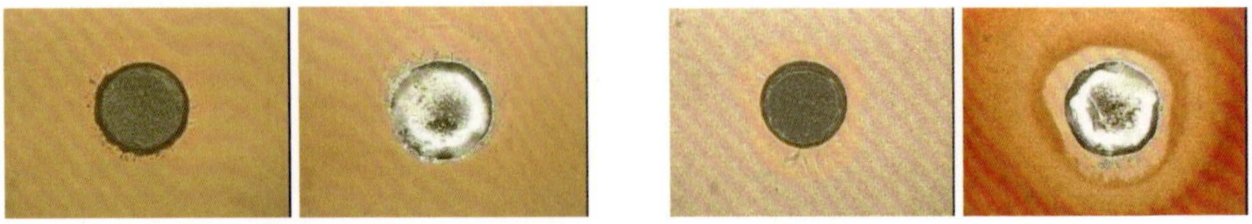

(a) 无粗化表面OSP处理 (b) 粗化表面OSP处理

图 9.30 不同表面处理的可焊接性测试状况

9.11 金属凸块的制作

以往的表面贴装技术，主要通过锡膏印刷进行元件组装。随着元件的引脚节距越来越小，焊料量的稳定性要求越来越高，以往的锡膏已经无法满足精密连接的需要。因此，微连接技术应运而生，其主要是以微凸块进行连接。

微凸块连接形式多样，各向异性导电膜（ACF）就是微凸块技术的应用范例。微凸块主要分为焊料类与非焊料类两种，焊料类微凸块会在回流焊时熔融，产生表面张力，具有自对准能力，有利于较高密度焊接。

常用的焊料凸块连接技术，包括 IBM 的可控塌陷芯片连接（Controlled Collapsed Chip Connection，C4）、凸块印刷、植微球、有机凸块制作、金凸块制作、铜凸块制作等。考虑到环保的无铅要求，很多国家都强调不再使用含铅的电子产品，因此，涉及铅金属的技术被排除在主流之外。典型的金凸块结构如图 9.31 所示。

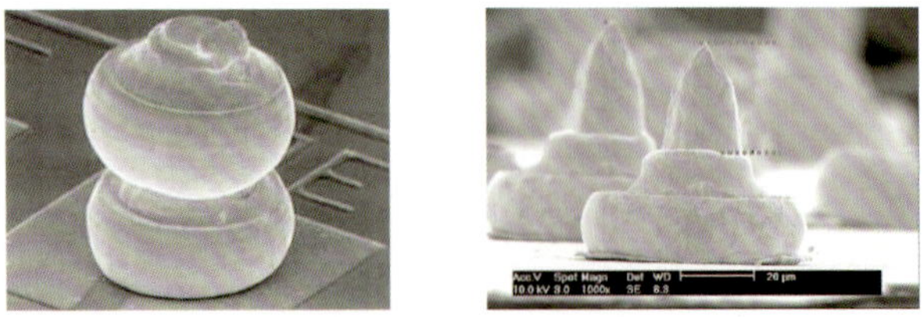

图 9.31 典型的金凸块结构

早期倒装芯片技术多使用陶瓷载板，铅含量较高时焊料较柔软而不易断裂。但高铅合金的熔点接近 300℃，这会给塑料载板带来重大挑战。目前的焊料凸块制作以锡膏印刷为主。图 9.32 所示为凸块印刷及回流焊后的凸块状态。

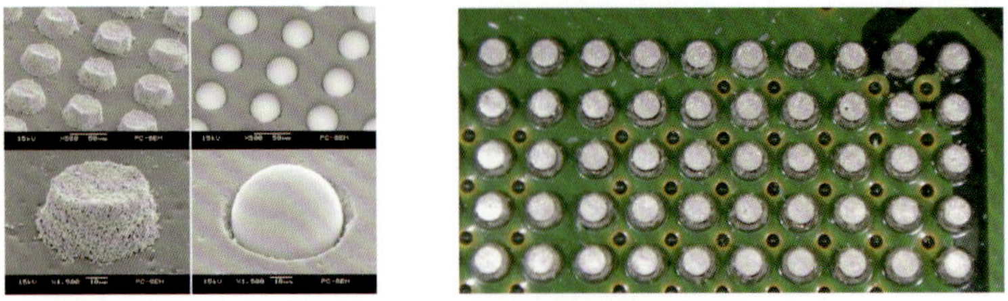

图 9.32 凸块印刷及回流焊后的凸块状态

随着凸块尺寸越来越小，印刷很难得到期待的稳定体积，因此，以往用于封装的接点端植球法又被用来制作芯片端凸块，这就是目前使用的植微球。图 9.33 所示为典型的植微球技术。

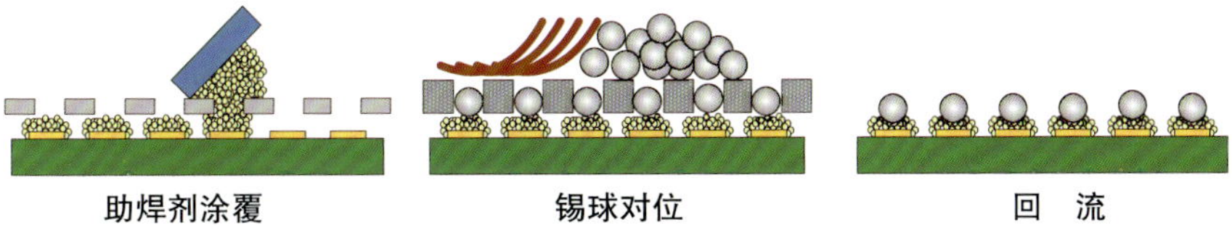

图 9.33 典型的植微球技术（来源：Athlete）

对于小节距凸块结构，倒装芯片封装仍然要有好的良率及必要的底部填充时，芯片与载板的距离就成了问题。为了提高封装的可靠性，并让底部填充顺利，业者开发出了铜微凸块结构。这种结构目前在芯片凸块制作中较普及也较成熟，如图 9.34 所示。

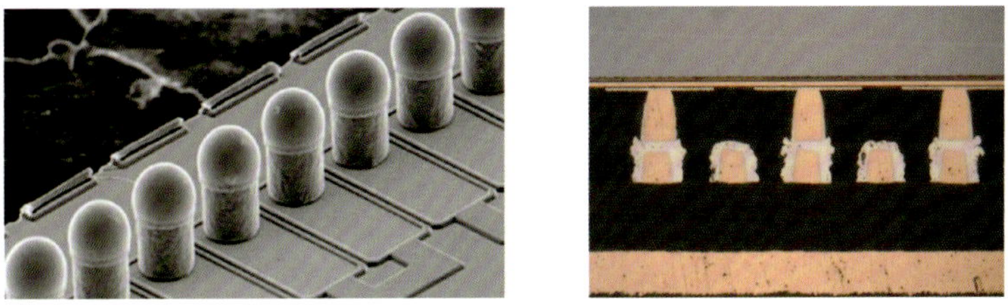

图 9.34 典型的铜微凸块结构

但是，在芯片越来越薄的情况下，要在芯片端制作铜凸块越来越困难。另一方面，对于立体封装，也有业者尝试在载板上制作铜凸块。图 9.35 所示为典型的载板铜凸块。有业者将这种铜凸块称为“铜柱”，采用电镀或蚀刻技术制作。

图 9.35 典型的载板铜凸块（来源：Tessera 论文）

9.12 塑料封装载板的可靠性

多数多芯片模块（MCM）会基于高密度互连需求而采用多层结构，但层数增加会导致载板厚度增加，而这背离了小型化的发展趋势。塑料封装的短板之一是散热性能，可通过嵌入铜散热片来改善。导热孔结构的散热效能介于无铜片嵌入结构与有铜片嵌入结构之间。

塑料封装的另一个短板是耐湿性。对此，可通过压力锅测试（PCT）来检验。图 9.36 显示了图形测试附连板的 PCT 表面电阻。此外，未涂覆阻焊的封装载板有较高故障率。

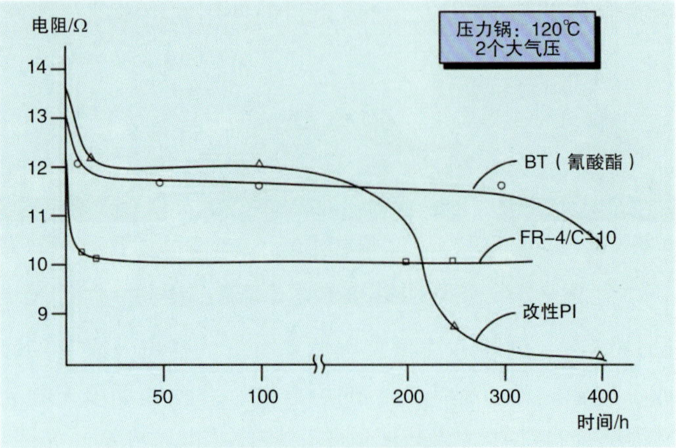

图 9.36 PCT 表面电阻

阻焊材料的选择是塑料载板封装的关键，直接影响封装可靠性。采用树脂模塑封装时，阻焊和树脂界面特别容易出问题。若该界面的结合力欠佳，封装就容易分层或吸湿。多数阻焊与封装树脂有良好的结合力，但某些阻焊必须通过等离子体处理来增加表面粗糙度、改善附着力。PCT 并不代表真实使用环境，但经常被用来验证封装的可靠性。

9.13 成品检验

载板的成品检验，除了例行的短路 / 断路测试、外观检查、尺寸检查、机械及组装性能检查之外，还有某些普通电路板产品没有的特殊检查项目，特别是有键合及密封需求的载板的检验。封装载板的成品外观有条状、单颗两种，条状载板的组装多采用键合法，外观检查重点是键合金面的完整性、键合焊盘上幅宽度。另外，载板清洁度及其与模塑料的结合力方面也有测试需求。

对于键合的检验，以测量镍金厚度、金属面平整度为主，这是非破坏性检查项目。但只检查表面无法确认键合是否有问题，因此，需要进行金线键合测试、老化测试、拉力测试等破坏性抽样检验。载板交到封装厂后，客户会先做来料检验，再进行芯片安装、黏合剂硬化、表面清洁、键合、密封、植球等封装工作。其中最担心的是键合金线抗拉强度不足。同时，也担心金线在后续的密封、烘烤和组装中脱落、剥离、断裂。另外，元件组装时出现的密封材料与载板分离或爆裂等质量问题也不容小觑。对此，封装厂都会要求载板厂做相应的检查。其中，典型检查项目是键合拉力测试，如图 9.37 所示。

拉力测试标准取决于键合金线直径及产品特性要求。进行拉力测试时，多数都希望断裂能够发生在 3 号点。如果断裂发生在 5 号点，则会判定载板表面有瑕疵，包括表面清洁度不佳、表面处理不良、金属焊盘宽度不足，当然也可能是键合力不当、键合偏位等。图 9.38 所示为载板端键合失效案例。

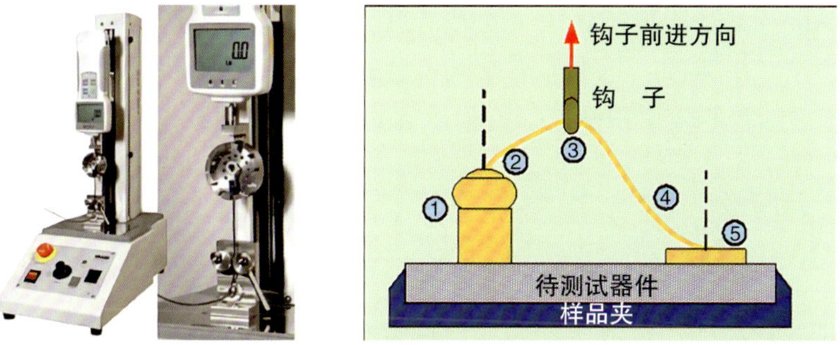

图 9.37 键合拉力测试

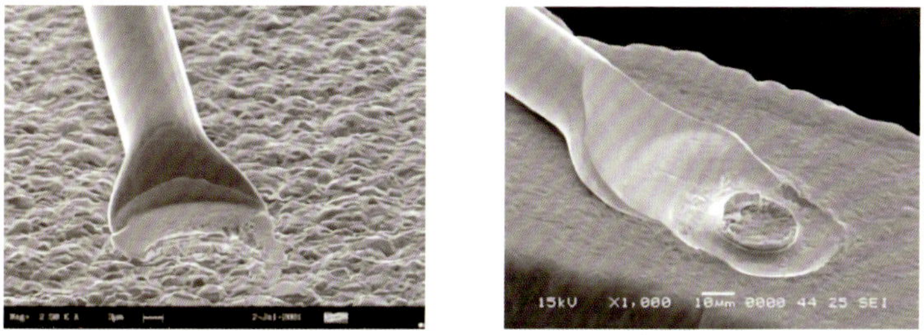

图 9.38 施力过大的载板端键合失效案例

封装厂会要求载板厂做密封材料结合力测试。典型做法是直接对密封后的载板做机械拉力测试，若分离出现在密封材料与阻焊界面，则认定载板质量有问题。密封材料经过完整聚合后，其表面活性剂已经消耗完毕，确实不容易与阻焊产生键结力。载板商都会针对阻焊制作过程及配方下功夫，但这并不能彻底解决结合力问题。多数封装厂的做法是在密封前做等离子体清洁，以加强表面清洁度及结合力。不过用于载板的阻焊中的某些材料不适合进行等离子体清洁，因为会发生白化。这些眼睛看不到却又与后续质量相关的特性，值得厂商注意。

多数单芯片封装载板都是高密度 TAB 或倒装芯片封装载板。TAB 封装仍属于引脚型封装，引脚质量是质量检验的重点。倒装芯片载板除外观以外的质量检验重点是芯片端的可焊性与完整性。多数凸块或球引脚的焊盘都会采用所谓阻焊限定法制作，如图 9.39 所示。

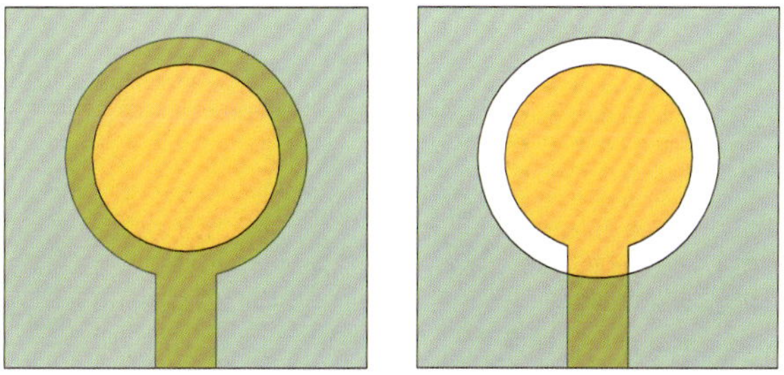

图 9.39 阻焊限定与焊盘限定

阻焊盖在铜焊盘上对焊点可靠性有帮助，不容易产生应力集中导致的断裂问题，是倒装芯片载板的重点检查项目。至于有焊料凸块的载板，不论是否做过整平，都要检查其共面性，以维持良好的组装良率。此外，封装载板的组装连接点非常细小，对表面微瑕疵非常敏感。以往载板厂几乎都需投入大量的人力进行目视检验，这对载板制造构成了沉重的负担。随着经验累积及光学检验设备的引入，表面缺陷检验已有自动化方案。

9.14 小 结

随着便携式产品的快速成展，芯片级封装、球栅阵列封装逐渐普及，高端微处理器与 ASIC 封装也开始采用高密度载板。为此，业者在 HDI 板材料、工艺设备和技术上投入了大量资源。这个趋势不会停止，整体 HDI 板与封装载板的市场占比会越来越大。

过去几十年的电子产业发展，使得 IC 接点密度快速提高，这固然满足了封装密度需求，但给电路板业也带来了重大挑战。微孔技术如何进一步与半导体技术结合仍考验着业者。当纳米时代来临，技术又将如何发展还有待观察。

第 10 章

封装工程

芯片封装是晶片加工完成后，将晶粒构建成可用器件的工程，主要目的是实现芯片 I/O 焊盘与载板焊盘之间的电气连接。封装可以是单芯片、多芯片或系统级的电路构建，包含三种主要的接口处理方法：芯片金属焊盘接口、载板金属焊盘接口和两者间的电气连接，如图 10.1 所示。

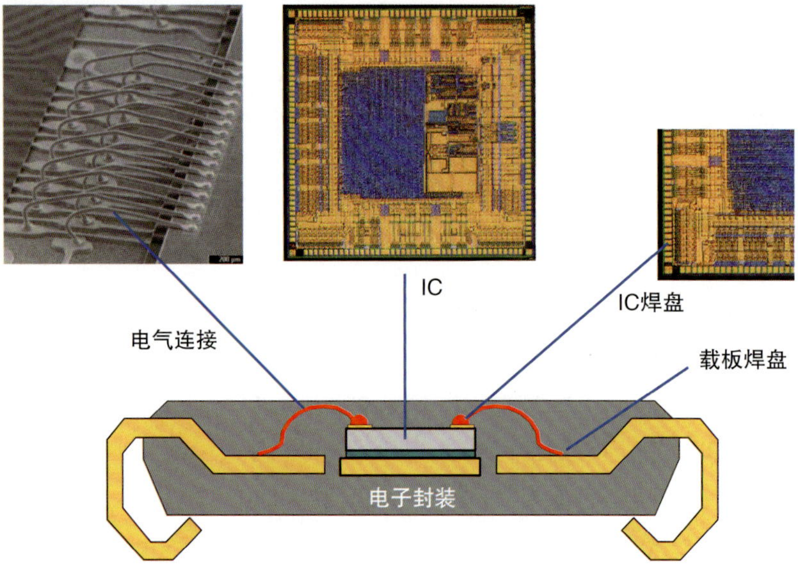

图 10.1 芯片封装的主要接口

载板焊盘底材因封装类型而异，芯片焊盘底材以铝、铜为主。金属焊盘处理要重点考虑金属相互扩散的特性及其后续影响，如热机械稳定性、电气稳定性、脆性、腐蚀性等。结晶材料的原子排列具有一定的对称性，会出现原子移动与重排现象。要了解原子扩散，应先建立两个概念：一是固态物质的原子排列存在缺陷，二是原子扩散基于原子与相邻缺陷位置的交换。

可能的扩散机制包括原子跳到邻近空洞产生扩散、结晶中较小的原子通过间隙扩散、原子从原来位置被推进间隙、相邻原子直接交换位置、邻近四原子环状移动等。晶粒与封装材料间的相互扩散，会影响接口质量与封装可靠性。焊盘常会做多层金属化处理，如连接层、扩散阻挡层、润湿促进层、抗氧化层等。常见的金属焊盘处理以镀金为主，因为金具有良好的抗氧化性与连接性。

芯片封装的主要要求

（1）具有可接受的电气性能与机械特性（如电容、电阻、电感等），能承受一定程度的热冲击与机械冲击。有些封装还有键合长度、导线距离、电阻高低、信号延迟等方面的特殊要求。

（2）适合低成本量产，不需要采用特殊方法或付出额外成本。

（3）可以快速大量生产，如细节距引脚、载带自动键合封装。

（4）具有高可靠性，如倒装芯片连接加底部填充胶填充。

（5）可修补更换，提供芯片移除、返工的可能。

10.1 封装类型

粗略地说，电子封装其实就是一连串电子元件的连接程序。采用精密工艺将元件配置在芯片的适当位置，是封装的开始，通常发生在晶片代工业。芯片与载板连接，经过封装、测试、质量检验后交给系统厂商组装，通常发生在电子封装业。系统厂商会将完成封装的器件安装在模块或电路板上，再进行下一个程序，直到完成系统。典型的封装类型如图 10.2 所示。

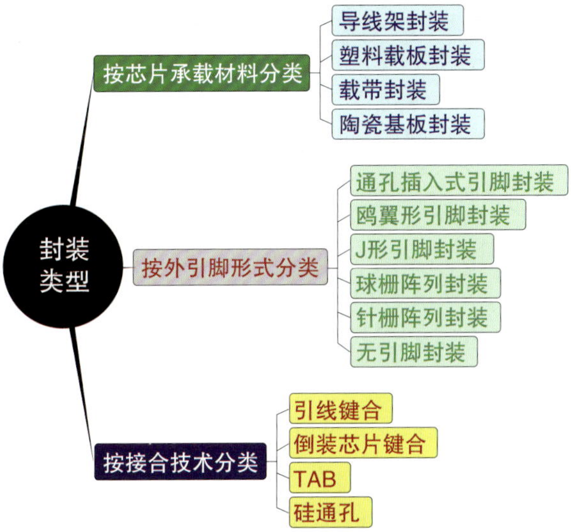

图 10.2 典型的封装类型

芯片封装的连接端子，分为外引脚与内引脚，如图 10.3 所示。其中，外引脚是芯片封装预留的与下一级封装连接的引脚，内引脚是芯片与封装载板或导线架连接的接点。外引脚形式取决于封装结构需求，如球栅阵列（BGA）、针栅阵列（PGA）、盘栅阵列（LGA）、

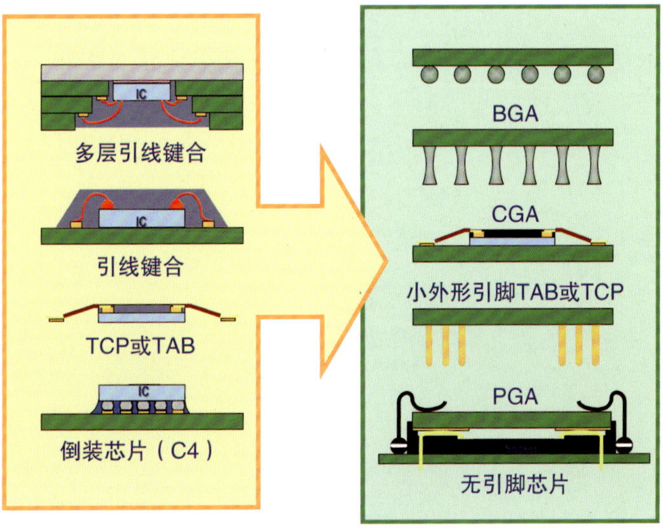

图 10.3 电子封装的内引脚与外引脚

柱栅阵列（CGA）、无引脚、引脚等结构。

芯片到封装载板的连接技术主要有四种，包括引线键合、载带自动键合（TAB）、倒装芯片、硅通孔（TSV）等，如图 10.4 所示。

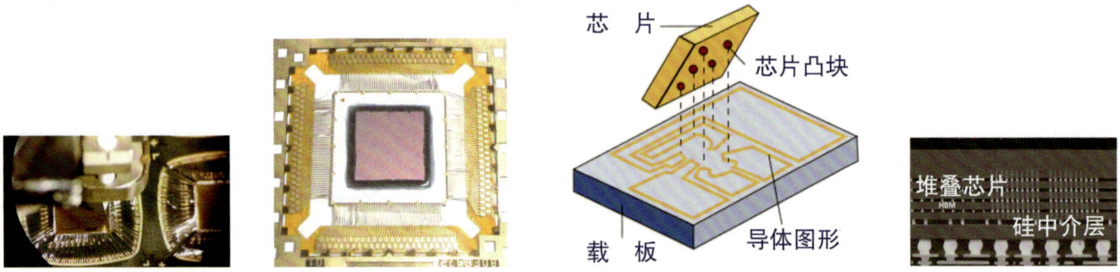

(a) 引线键合　(b) TAB　(c) 倒装芯片　(d) TSV

图 10.4 芯片到封装载板的连接技术

集成电路厂商根据接点数采用不同形式的导线架与封装。导线架只有一层金属，引脚只能配置在四周（周边引脚），难以提升密度。假设引脚节距为 0.02in，那么每平方英寸只能配置 196 个引脚。但若使用阵列引脚封装，则相同面积可配置超过 2000 个引脚。即使将引脚节距加大到 0.05in，阵列封装仍可配置约 400 个引脚。可见，两者的引脚密度差距十分明显。

实际应用中，内外引脚互相搭配，可以形成所谓的“阵列到阵列”（A to A）、“阵列到周边”（A to P）、“周边到阵列”（P to A）、“周边到周边”（P to P）等组合结构。不过，随着引脚密度的快速提升，周边阵列封装已不能满足需要，内外引脚都有阵列化的趋势。

10.2 键 合

键合线以圆线为主，通常为 15 ~ 25μm 直径的金线，用于芯片焊盘与载板焊盘的连接。这种点对点连接有一定的自由度，可根据需要修正位置、距离、长度、方向。量产用的键合形式主要有球形键合和楔形键合两种，前者占绝对主导地位，也有部分厂商采用铝线键合。因此，下面主要基于球形键合进行讨论，加入部分铝线键合内容。

主要优点

◎ 连接弹性高

◎ 缺陷率低［（40 ~ 1000）$\times 10^{-6}$］

◎ 容易设置、更换程序，可连续作业

◎ 可靠性高

◎ 既有资源丰富

主要缺点

◎ 点对点，连接速率低

◎ 连线长，不利于电气性能
◎ 封装面积略大
◎ 密封时有键合线漂移风险

10.2.1 键合焊盘的表面处理

键合的 IC 焊盘以铝、铜为基底，铝焊盘不需要做表面处理，而铜焊盘需要进一步做表面处理。键合载体有金属化载体（如导线架、载板）、有机层、高分子膜、电路板等。常见的导线架材料是铜合金，如 Cu-Fe、Cu-Cr、Cu-Ni-Si、Cu-Sn，有时也用 Fe-Ni、Fe-Ni-Co 合金。镍、金、银都是常见的表面处理材料。

10.2.2 键合流程

以常见的塑料封装为例，键合的基本流程如图 10.5 所示。

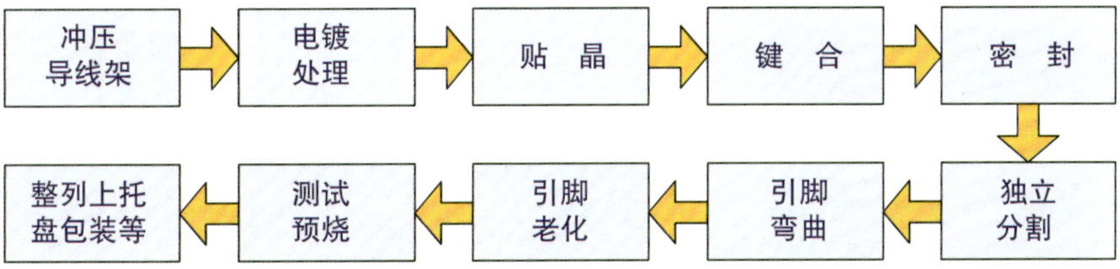

图 10.5 塑料封装的键合流程

塑料封装的导线架主要以冲压、电镀制造，通过贴晶将晶粒固定到载体上。贴晶使用高速精密贴晶机，是高度自动化工艺。贴晶所用的材料很多，常见的是导电胶、焊料。贴晶后用细金属线连接芯片焊盘与导线架焊盘。超声波热压、超声波接合是常用的键合工艺。传统热压工艺已经很少使用，在此不进行讨论。

超声波热压球形键合是目前常见的键合技术，其主要优点是线嘴为圆形，键合线可从任何方向拉出，快速运动，从而实现高效率键合。具体做法是先在芯片金属焊盘上以 150 ~ 200℃进行球形接点成形，通过线嘴提供约 100g/cm^2 的接合压力，并施以 60 ~ 120kHz 的超声波振荡。图 10.6 所示为超声波热压键合的基本流程。

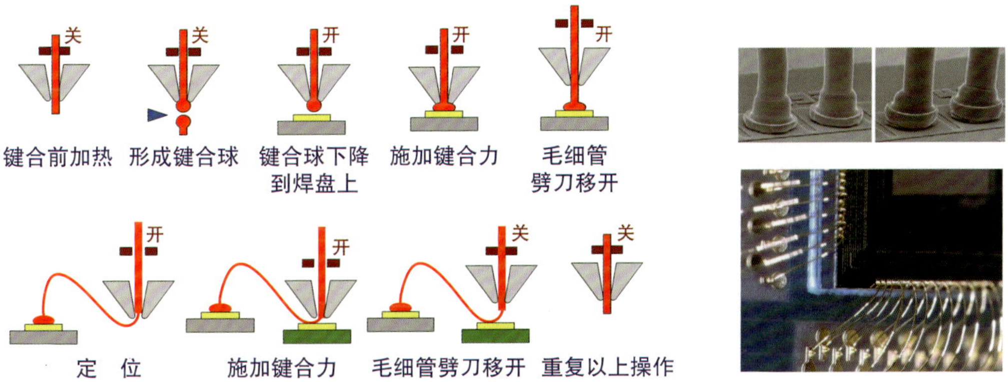

图 10.6 超声波热压球形键合的基本流程与球形接点

接着，从线嘴拉出金线并压在导线架或载体焊盘上，形成半月形接点。之后抽出金线，并进行电弧放电（EFO），使金线尾端形成球形，作为下一次键合的起始球。整个超声波键合流程的典型循环周期小于 20ms。键合前通过视觉系统确认晶粒与导线架的相对位置，键合机就可以精确计算键合路径。BGA、CSP 等先进封装的键合机具有多重弯曲、循环等辅助功能，必须控制线嘴、键合头的立体动作路径。

楔形键合的变形量仅为线径的 25% ~ 30%，而球形键合的变形量达到线径的 60% ~ 80%。因此，楔形键合具有细节距能力。此外，楔形键合的良率也高于球形键合。楔形键合的主要缺点是必须精确控制键合头方向。为了防止键合金线打结、破坏，键合必须以扇形向外拉出。图 10.7 所示为楔形键合的基本流程与接点外形。

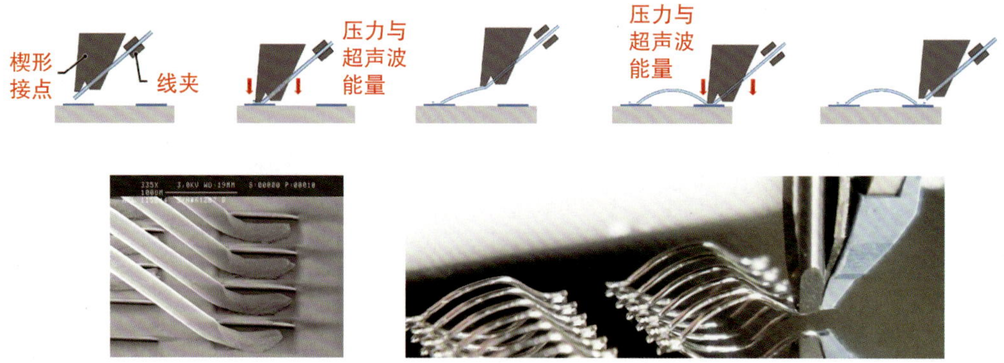

图 10.7　楔形键合的基本流程与接点外形

楔形键合的具体做法是，在 125 ~ 150℃温度下，对线嘴施加 60 ~ 120kHz 超声波振荡，在控制接合压力下形成接点。接着将键合头上移，将金属线从线嘴拉出，形成连接线。之后，通过楔形线嘴将金属线下压在导线架或晶粒载体的特定位置，再施以超声波能量与适当压力形成楔形接点。在金属线夹住的情况下旋转楔形夹具，可将金属线在楔形接点的根部拉断。此后，进入下一个键合循环。每个超声波辅助楔形键合的循环周期约为 80ms。

10.2.3　超声波键合的基础知识

超声波辅助键合尚无完整的理论体系，但形成了一些共识。例如，由线嘴与键合头施加的超声波会提高金属线与焊盘间的金属位错密度；金属线的弹性、塑性形变会影响金属线与焊盘间的扩散速率；与只提供热压能量比，超声波可让材料在较低应力下变形。图 10.8 所示为典型键合头的外观。

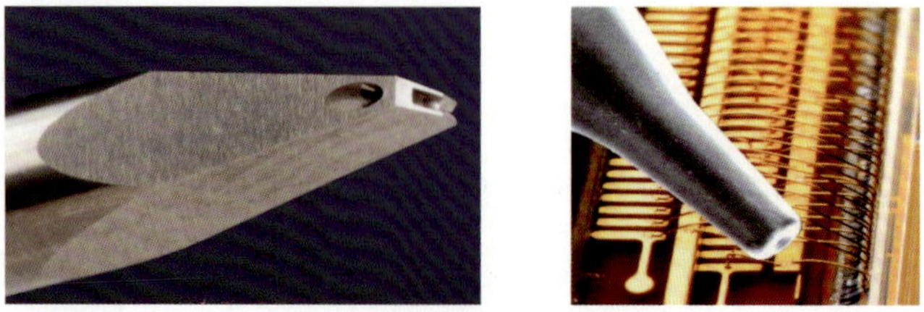

图 10.8　典型键合头的外观

当金属线与焊盘间产生塑性变形或流动时，微观滑动平面彼此交错，形成新的金属界面。新界面干净、无氧化物，有利于焊盘与金属线间原子的扩散，形成金属线与焊盘金属间的扩散连接。持续施加超声波能量，可持续加大结合面积。提高超声波频率可加速变形，让线嘴至金属线与焊盘的能量传输更有效率。

大型芯片会根据需求采用不同操作电压，封装必须采用电源区隔离的多阶设计。这种多阶结构有以下三个特色：

◎ 不同电压分配在不同电源层，符合多电压设计需求

◎ 可将接点交错排列，并利用高度差达到提升密度的目的

◎ 挖空底部并加上金属散热片，可应对高功率、高热芯片的散热问题

图 10.9 所示为多阶键合封装的结构，这种结构可以归类为周边到阵列封装结构。

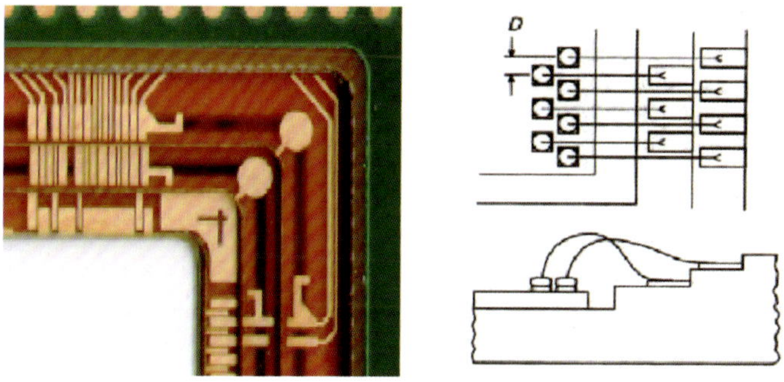

图 10.9 多阶键合封装的结构

球形键合常用金线，楔形键合则常用铝线。了解键合金属材料的性质十分重要，特别是标准应力 - 形变图中的破坏强度（BS）与伸长量（EL）。 典型的键合金属材料如图 10.10 所示。

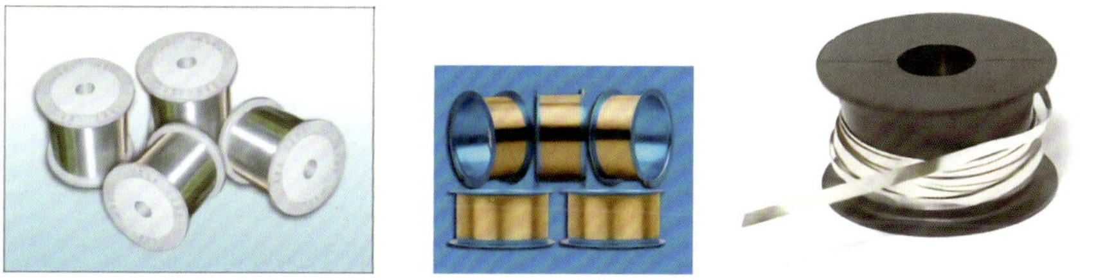

(a) 铝 线　　(b) 金 线　　(c) 带状线

图 10.10 典型的键合金属材料

金线通常掺有（5 ~ 10）$\times 10^{-6}$（质量分数）铍（Be）与镓（Ga）的合金，且会在抽线后做热处理，以提高延展性。铝线常会掺入硅（1%）或镁（0.5% ~ 1%），以改善抽细线（直径小于 50μm）的能力。不过，室温下硅在铝中的溶解度小于 1%（20℃时为 0.02%），因此，铝线在室温下会产生硅固相析出，而硅颗粒的存在会影响产品可靠性。

贴晶所用的材料以焊料、导电胶、玻璃等较常见。焊料贴晶的主要优点是具有良好的耐高温性、抗疲劳性等。主要缺点是缺少塑性流动，材料的热膨胀系数不匹配，晶粒上容易产生较大应力点。常见的焊料类型包括纯金属、二元及三元合金。

掺入贵金属颗粒的高分子导电胶在塑料封装、低端封装中极有市场，因其可在较低温度下连接，可减小应力，又提供了晶粒导线架与载板间的热、电通路。导电胶的明显缺点是热稳定性不足，吸湿率较高，不能用于气密封装。传统导电胶需数小时聚合，先进配方的导电胶已具备快速硬化能力，环氧树脂可在几分钟内聚合。含银颗粒的特殊玻璃材料也可用于贴晶，其热稳定性好，也可产生无空洞连接，具有高可靠性与耐高温性，可以用于高温（不超过 400℃）连接。

10.2.4 BGA 封装的组装流程

BGA 封装是高引脚数、高效能 IC 的主要封装类型，常用于芯片组、图形处理芯片、ASIC、微处理器等。不论是何种内引脚结构，完成内引脚连接与密封后都要进行植球，以制作外引脚。BGA 封装的典型组装流程如图 10.11 所示。

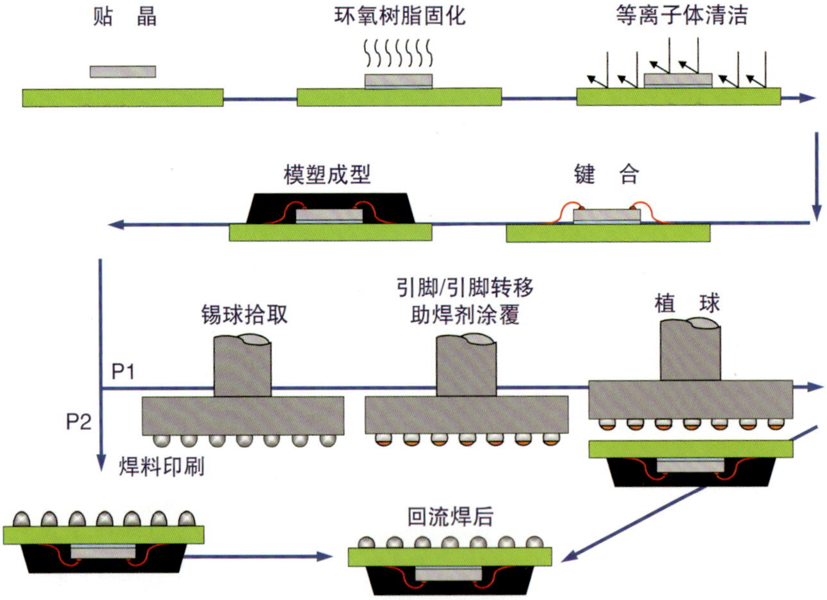

图 10.11 BGA 封装的典型组装流程

BGA 封装的前制程与传统封装类似，但最终会做外引脚的植球，之后将条状或片状载板分割成独立器件。成品采用专用的载盘承载，经检验合格后交货。成品状态如图 10.12 所示。

图 10.12 BGA 封装成品

10.2.5 电气性能与可靠性

在几种芯片封装连接技术中，键合的电气性能最差，主因是长连接带来了电阻、电感干扰。因此，键合无法用于高速产品。高速 ASIC、高速内存及 RF 产品都倾向于使用倒装芯片、TAB 连接，主要是出于电气性能的考虑。键合结构十分可靠，常用于要求高可靠性的产品，如医疗设备、航天设备、汽车等，以及低价电子产品，如玩具、智能卡、RF 定位器、AM/FM 收音机等。图 10.13 所示为典型的键合应用。

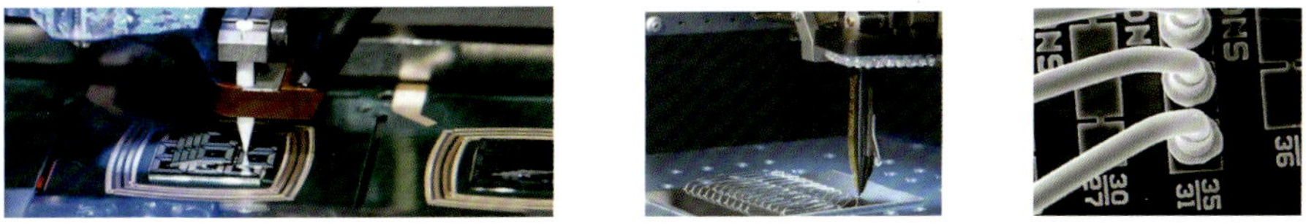

图 10.13 典型的键合应用

键合塑料封装的常见失效模式为封装材料或贴晶分层，其次是局部高应力导致的键合接点疲劳。另外，晶粒破裂也可能导致产品失效，背面研磨 / 抛光缺陷、贴晶抓取划痕、切割微裂都有可能从晶粒边缘延伸。芯片与封装材料的热膨胀系数差异产生的残留应力，也可能导致产品的快速失效。残留应力加上热膨胀系数差异产生的应力可能会导致晶粒沿着最大应力结晶面破裂。典型的芯片破裂如图 10.14 所示。

图 10.14 典型的芯片破裂（来源：半导体技术天地）

晶粒保护层常是脆性的玻璃膜，如二氧化硅等，会因封装材料剪应力而破裂。保护层破裂多数出现在器件边缘处，其分布与封装后晶粒残留应力分布相似。由于 I/O 焊盘与保护层开口、高应力晶粒边缘十分接近，故键合接点拉力、剪切力常会导致保护层破裂。

晶粒的局部金属化腐蚀也会引起电气失效，如漏电、短路、断路等。引起腐蚀的原因很多，典型影响因素包括系统酸性、金属成分、封装材料、保护玻璃膜、离子污染、温度、吸湿、偏压等。其中，封装材料吸湿引发的离子污染是腐蚀的主要原因，水分会沿着封装材料、接口扩散，在电场作用下产生氯等腐蚀性离子，与金属发生腐蚀反应。减少焊盘裸露可减轻腐蚀，不过键合一定会露出部分金属化层，这个问题随着电子级高分子材料离子含量的降低已大幅改善。

密封高分子材料流动容易引发键合变形、线漂移等缺陷，影响因素包括高分子材料的黏度、局部高流速、空洞卷入、填料颗粒碰撞等。楔形接点的足根部、球形接点的颈部较脆弱，足根部破裂可能是成型、热循环过程中键合线打结导致的。金属线颈部断裂可能是金属间化合物扩散与金属间化合物脆化所致。接点松脱、封装破坏常与热应力、封装材料流动产生的应力或剪应力有关。

塑料封装的接口分层也是重要的可靠性问题，主要原因是封装材料与晶粒及其保护层、键合线与载体接合不良。残留应力、热机械应力会加速接口微破裂延伸与分层，湿气更会恶化分层问题。在结合良好的状况下，湿气会在封装材料中扩散。若结合不良，则湿气会沿着接口扩散，并有可能引发高分子水解，降低封装材料与导线架、载板的结合力。

封装破裂可能是封装材料疲劳或所谓的“爆米花效应”引起的。高分子材料疲劳的常见原因是热梯度、温度剧变，爆米花效应是回流焊、高温作业中的温度剧变引起的。封装材料、导线架、载板、晶粒间的温差，可能会产生足够的接口应力而引发分层问题。若高分子材料吸湿膨润，则会让应力增大。组装温度高于封装材料的玻璃化转变温度，导致接口结合力弱化，也会引发分层问题。吸收的水分受热汽化在接口处产生巨大压力，会加剧分层。爆米花效应常发生在封装材料与导线架接口、封装材料与晶粒接口处。典型的封装爆米花效应如图 10.15 所示。

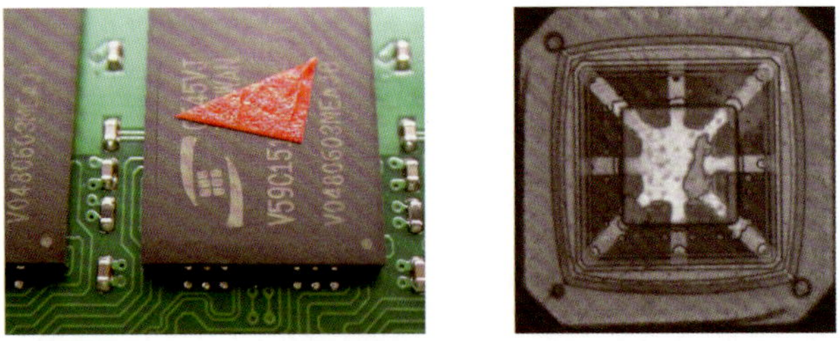

图 10.15　典型的封装爆米花效应

10.3　载带自动键合

载带自动接合（TAB）是将芯片与制作在挠性板上的金属线路进行连接的封装技术。具体做法是，将铜线的一端接芯片，另一端接其他封装或电路板。TAB 由 Frances Hugh 在硅谷发明，并于 1966 年由 General Electric 实现商业化，用于小规模集成电路（SSI）的封装。研发 TAB 的目的是取代键合，实现低成本、高速自动化、卷对卷的丛连接，用于批量、低引脚数器件的封装。20 世纪 70 年代，除日本以外，TAB 封装技术只有少量应用。随着表面贴装技术的发展，TAB 在 20 世纪 80 年代被工业界接受。由于支持高密度引脚，适用于高速超大规模集成电路（VLSI）封装，TAB 开始被用于民用、医疗、安防、计算机、通信、汽车、航天等领域，目前的代表性应用是 LCD 显示器驱动芯片的连接。

优　点

◎ 兼容小节距引脚的焊盘

◎ 可减小大键合循环的电感

◎ 可用于薄型封装

◎ 散热性能、电气性能良好

◎ 支持高密度引脚与轻量化

◎ 组装前可基于载带做老化测试

缺 点

◎ 属于周边引脚连接，线路制作能力有限

◎ 封装体积随引脚数增加而变大

◎ 载带制作设备、工艺都缺乏弹性，且投资大，材料与设备特殊

◎ 产业结构不完整

◎ 凸块制作需要额外工艺

◎ 从连接对大芯片不适用，必须以单点热压取代

◎ 组装返工困难

◎ 引脚共面性需求高

图 10.16 所示为 TBGA 封装与 TAB 封装。

图 10.16 TBGA 封装与 TAB 封装

10.3.1 TAB 的 IC 焊盘接口

TAB 连接 IC 必须先制作凸块，提供内引脚接合所需的金属，如图 10.17 所示。凸块可以隔开晶粒与载带上的导线以免短路，同时保护晶粒焊盘以免腐蚀污染，还提供键合缓冲。

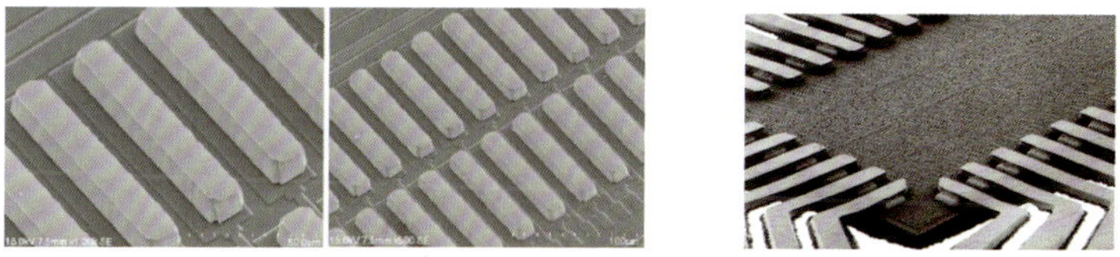

图 10.17 TAB 连接用的金属凸块

凸块生长在晶粒连接垫的金属化层（UBM）（通常是铝或铜黏合层）上，确保高结合强度和低电阻。之后增加阻挡层，防止金属扩散及离子污染腐蚀等问题。封装焊盘接口包含 TAB 内引脚金属层，为了提高内引脚的超声波键合良率，表面应镀软金，某些应用选择电镀镍锡。金凸块、锡引脚在热压中会生成金锡金属间化合物，也会在晶粒、载带导体间形成金属键结。完成内引脚凸块连接、密封处理的封装，就可以进行电气性能测试与老化测试了。为了检验封装成品，可用热压组装与电路板做外引脚连接。典型的 TAB 内外引脚连接如图 10.18 所示。

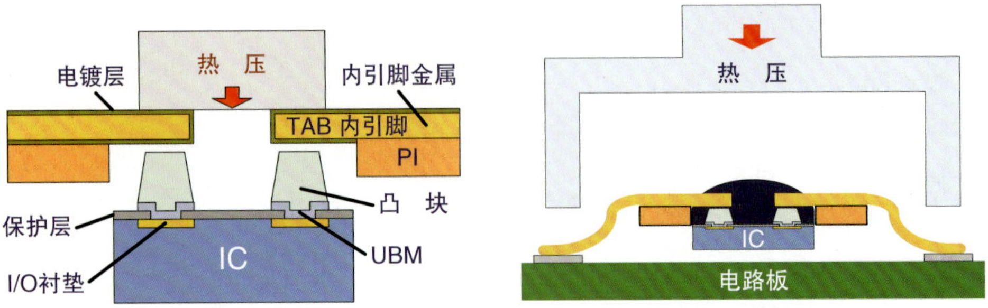

(a) 内引脚连接（从压）　　(b) 外引脚连接

图 10.18　载带自动键合的内外引脚连接

10.3.2　TAB 的结构与制作

图 10.19 所示为典型的 TAB 结构及制作流程。TAB 的主要材料是镀锡铜引线与金凸块，一种制作方式是以热棒加热金锡界面，以产生金属间化合物；另一种制作方式是在铜引线上电镀金镍后再热压结合。热压方法有单点与多点之分，其中，多点热压也被称为“从压”，单点热压的共面性要求较有弹性。

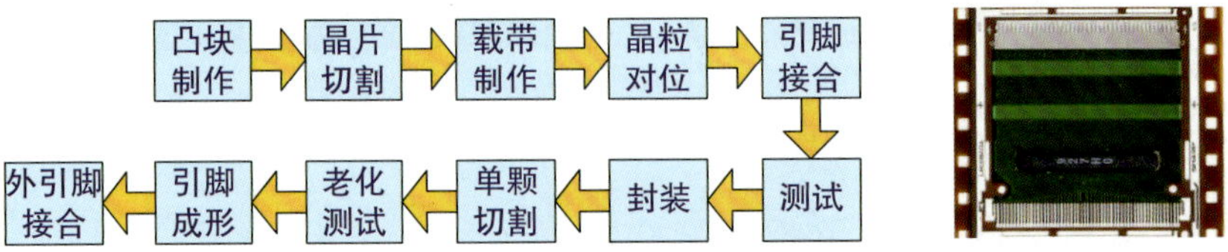

图 10.19　典型 TAB 工艺

在晶片上长出凸块后，将晶片贴附在切割胶带上做切割，使用钻石切刀将晶片切割成独立的具有凸块的晶粒。TAB 的目的是连接凸块晶粒与载带导线的内引脚（ILB），让晶粒与载带间形成稳固的机械与电气连接。有多种连接方法，较大间距的应用使用热从压连接，晶粒、基材间所有接点以热压头加压升温一次完成，此法适用于卷对卷制造，但要求设备具有自动对位功能。此外，有些应用也会采用单点连接、共晶焊料热风连接、激光连接、激光超声波连接等方式。单点连接非常接近键合连接。典型的 TAB 键合头如图 10.20 所示。

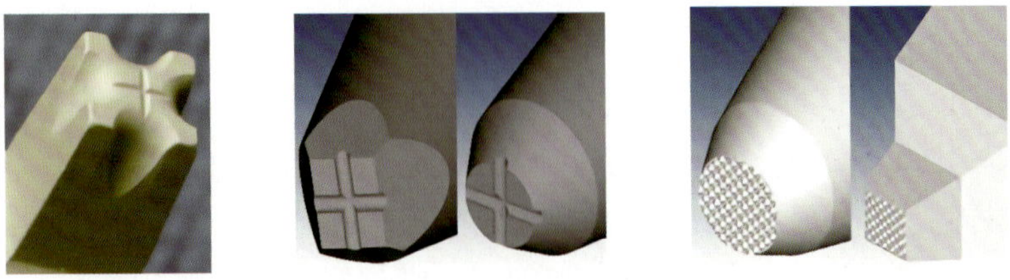

图 10.20　典型的 TAB 及特殊楔形键合头（来源：SPT 网站）

影响 ILB 连接效果的因素包括凸块金属化厚度、凸块硬度、凸块平整度、载带金属化厚度、内引脚硬度、载带平整度、UBM、热压头特性、载带晶粒对位精度、作业温度、连接压力等。机械硬盘的接点连接类似于 TAB 单点键合，如图 10.21 所示，故也可采用这类键合头。

图 10.21 类似于 TAB 单点键合的机械硬盘接点连接（来源：SPT 网站）

挠性载带有多种形式，如单面、双面、三层等，一般为宽 35mm 的卷式挠性板（含两侧边缘传送孔），针对低价量产也有 70mm 以上宽度的挠性载带，厚度则与层数有关。铜是常用的导体，铝、钢铁、42 合金等导体也会出现在特定应用上，高分子材料一般是聚酰亚胺树脂。典型的 TAB 挠性板如图 10.22 所示。

图 10.22 典型的 TAB 挠性板

10.3.3 封装测试与组装

TAB 电路可用探针测试，然后做单双面封装，工艺与键合类似。密封常以液态高分子黏合剂点胶为主要手段，所用的材料多为含无机颗粒的环氧树脂。点胶后高温聚合就可以产生性质匹配的连接。密封的主要目的是保护晶粒、凸块、引脚，以免外在损伤。此外，这种封装的芯片背面裸露在外，可以加装散热片，以增强芯片散热。

封装成品从载带上裁切下来后，可通过测试找出组装缺陷，采用老化测试确认器件可靠性并筛除异常封装。单芯片封装引脚会以弯曲方式成形，常见引脚形状为鸥翼形。弯曲引脚的目的是将引脚从芯片平面牵引到供外引脚连接的基材平面，提供热压所需的一致平面。TAB 的最后程序是外引脚（OLB）连接，将完成内引脚连接的封装连接到下一级封装的电路板。类似于 ILB，OLB 可采用丛连接或单点连接。目前可用连接方式有热压、烙铁焊接、激光焊接、超声波焊接、红外线焊接、热风焊接、导电胶粘接等。

10.3.4 封装的电气性能与应用

与键合相比，TAB 具有较好的电气性能，因为导线距离短，电感低、电阻低、信号延迟低。目前典型的 TAB 应用是显示器驱动 IC 封装与喷墨打印机的打印头封装。随着显示器分辨率不断提高，传统 TAB 结构已无法满足需求，倒装芯片（CoF）将会取而代之。图 10.23 所示为两种典型的显示器挠性板封装。

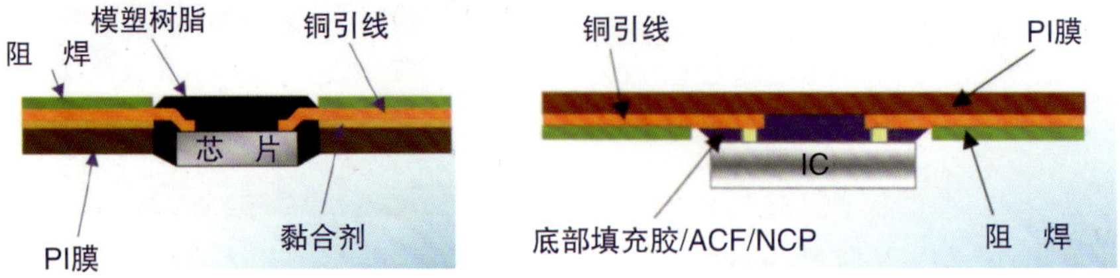

(a) TAB　　(b) COF

图 10.23　两种典型的显示器挠性板封装

针对阵列封装，IBM 开发了载带球栅阵列封装（TBGA）。它以面阵列做第 1 级封装，以获得低电感、低信号延迟。之后用增强材料支撑挠性板，得到第 2 级封装所需的共面性。增强材料使用镍镀铜材料，可减小芯片、卷带、基材间的热膨胀系数差异。OLB 采用球栅阵列结构，而 ILB 还是用传统周边引脚做单点连接或丛连接。完成连接的器件，可采用液态环氧树脂密封并聚合。典型 TBGA 器件的高度为 1.4mm，质量不到 5g。这类挠性板封装曾经在特定阶段被业者采用，最风光的时候曾经被英特尔用作 CPU 封装。

10.4 倒装芯片

倒装芯片最早由 IBM 在 1962 年提出，并采用陶瓷载板制作固态逻辑器件。1970 年，IBM 将其升级为可控塌陷芯片连接技术，即有名的“C4”技术。由于其以先进的表面贴装技术进行连接，再将芯片反转，使线路面朝下与载板连接，故被称为“倒装芯片技术”。典型倒装芯片封装的断面结构如图 10.24 所示。

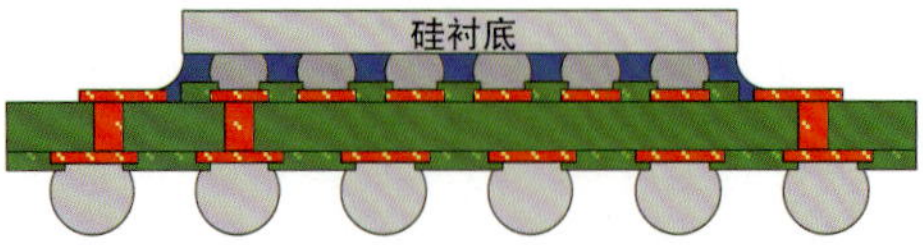

图 10.24　典型倒装芯片封装的断面结构

焊料凸块倒装芯片技术的开发初衷是克服人力成本高、键合成本高、稳定性差、生产力低的问题。键合是一种周边引脚连接技术，接点必须一点一点形成，而倒装芯片技术可一次性完成所有引脚的连接。倒装芯片技术早期也用于周边引脚连接，不过很快就发展到适合阵列封装的水平，用于大节距、高引脚数的芯片封装。倒装芯片需要的封装面积较小，焊料凸块可布满整个线路区域。以传统 C4 技术为例，高铅焊料（$Pb_{93}Sn_7$）凸块生长在芯片端的金属焊盘上。回流焊过程中，熔融焊料的表面张力会使晶粒凸块与对应的载板焊盘自动对正。这种自对准能力提供了一定的芯片安装宽容度，如图 10.25 所示。

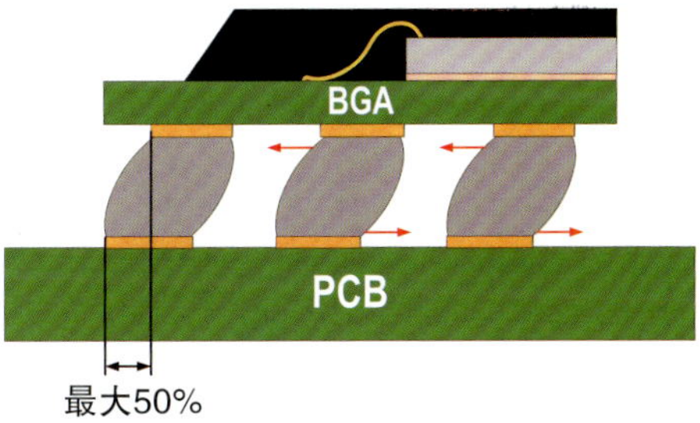

图 10.25 焊料的自对准能力

倒装芯片技术以导体连接芯片与载板，虽然也可用导电胶做连接，但是倒装芯片封装仍以焊料凸块连接为主。倒装芯片封装的基本结构包括芯片、连接线、基材，芯片材料可以是硅、砷化镓（GaAs）、磷化铟（InP）、锗化硅（SiGe）等，载板材料可以是陶瓷、环氧树脂、玻璃、挠性板、硅、液晶高分子等。

10.4.1 芯片焊盘的表面处理

连接涉及四个功能性区域：凸块下金属层（UBM）、晶粒凸块与黏合材料、封装材料、基材金属化层。UBM 是凸块与芯片最终表面金属间的匹配层，常见的芯片最终表面金属为铜（Cu）、铝（Al），但在砷化镓（GaAs）应用中也使用金（Au）。UBM 可阻挡封装材料、周围环境扩散带来的污染性离子，这些离子会导致芯片金属腐蚀，包括芯片金属化连接层、阻挡层、润湿层、抗氧化层等。连接层可提升凸块、芯片金属化层、芯片保护层、其他介质保护层的结合强度。芯片保护层提供硅芯片表面元件的隔绝，还可作为应力缓冲层（如聚酰亚胺）。典型连接层材料有铬（Cr）、钛（Ti）、镍（Ni）、钨（W）、钛 - 钨（Ti-W）、锌酸盐等。阻挡层可避免金属与离子污染扩散到芯片金属化层、连接层，可防止金属间化合物生成、晶粒 / 连接层腐蚀，避免降低系统的可靠性。阻挡层的常用金属为铬（Cr）、钨（W）、钛（Ti）、钛 - 钨（Ti-W）、镍（Ni）、铬 - 铜（Cr-Cu）等。

阻挡层上会加一层润湿层，作为消耗层与金属凸块发生湿润反应。凸块成分扩散到润湿层会生成金属间化合物，如共晶锡铅。典型润湿层材料为铜（Cu）、镍（Ni）、钯（Pd）、铂（Pt）等。如有必要，最后要进行抗氧化处理，常使用非常薄的金层。用薄金的目的是避免生成金属间化合物，导致 UBM 凸块界面脆化，例如，以锡 – 铅凸块作业时，金会很快溶入液态锡中，产生影响可靠性的脆性金属间化合物。金层薄且无孔隙是抗氧化层的基本要求，也是确保 UBM 可焊性的关键。典型的凸块底部金属化层结构如图 10.26 所示。

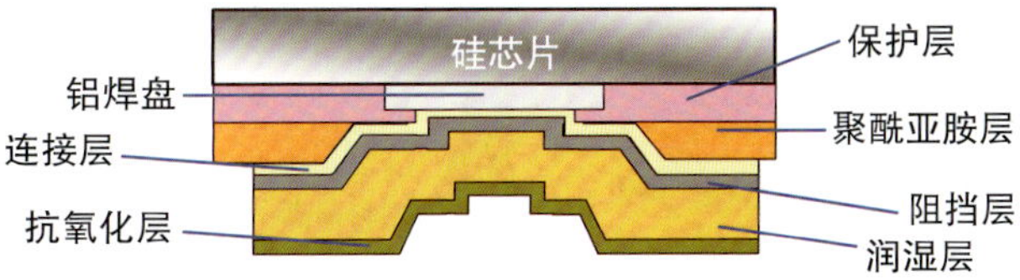

图 10.26 凸块底部金属化层结构

UBM 制作技术不少，其中以蒸镀最有历史，也是 IBM 最早用于倒装芯片接合的技术。蒸镀是指将金属化合物在真空腔中气化，沉积在硅衬底上，形成蒸镀层。实际应用中要设计屏蔽或使用剥离方法，有些案例会在整个晶片上先蒸镀金属层再做蚀刻。溅镀是以蒸镀靶材在真空腔阴阳极间做金属等离子体沉积。为了连续作业、减轻氧化，溅镀会用到多种金属靶材。虽然溅镀的腔体积较大，设备也昂贵，但仍是普遍应用的 UBM 镀层技术。

UBM 也可以通过电镀与化学沉积制作，其中磷镍镀越来越受欢迎。进行磷镍镀后，芯片 I/O 焊盘上会留下磷镍。镍镀层会对焊盘及其下方的硅产生应力，导致微结构不稳定。从自由能方面看，镍会朝着能量最低的结晶态移动，或者反应生成稳定结晶——金属间化合物。UBM 工艺非常耗时，金属化要在大面积洁净真空环境下进行。除了必要的倒装芯片金属层，芯片与连接载板间会填胶。为此，回流焊与所有返工修补都必须在填充前完成。芯片、焊点、基材的热膨胀系数差异会产生接口应力，而底部填充胶可分散应力、提升可靠性。倒装芯片接合的凸块有 4 种主要功能：芯片与基材的电气连接、散热、环境保护、机械连接。倒装芯片连接用的材料与工艺决定了倒装芯片的结构表现，常用于倒装芯片的凸块有焊料 / 金属短钉凸块、高分子凸块等，如图 10.27 所示。

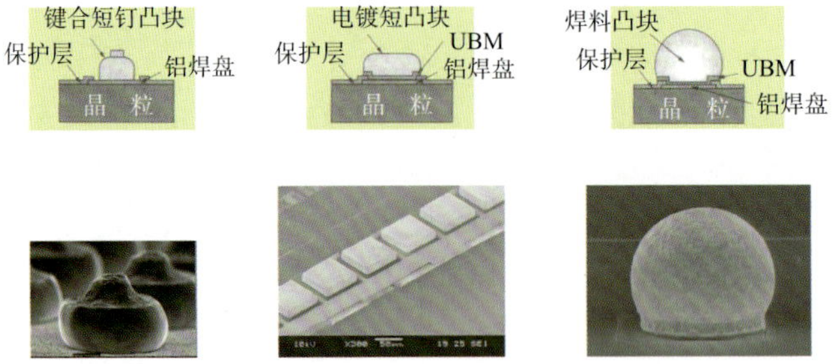

(a) 键合短钉凸块　(b) 电镀短凸块　(c) 焊料凸块

图 10.27 倒装芯片凸块

焊料主要有以下 4 种类型：

◎ 熔点高于 250℃的高温型（如 $Pb_{95}Sn_5$）

◎ 熔点为 200 ~ 250℃的中温型（如 $Pb_{95.5}Ag_{3.5}Cu_{1.0}$）

◎ 熔点低于 200℃的低温型（如 $In_{88}Pb_{12}$）

◎ 无铅焊料

典型的倒装芯片焊料凸块如图 10.28 所示。

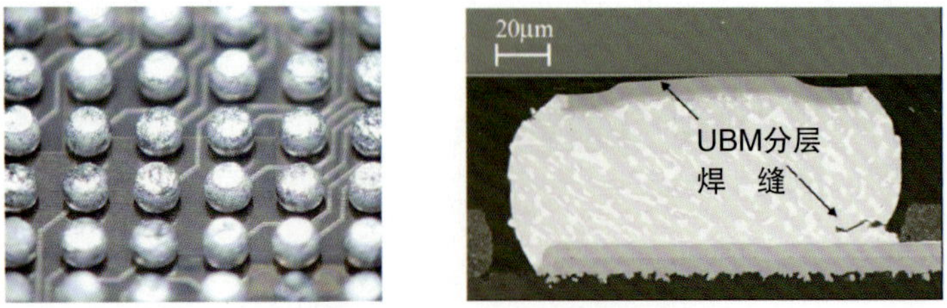

图 10.28 典型的焊料凸块面阵列倒装芯片

焊料凸块的制作方法有很多，早期 IBM 以蒸镀工艺在 UBM 上制作凸块，通过特殊屏蔽做选择性处理。也有业者使用焊料电镀技术，用干膜产生选择性，控制生长体积的均匀性，电镀后做回流焊成球。典型的电镀焊料凸块的简易流程如图 10.29 所示。

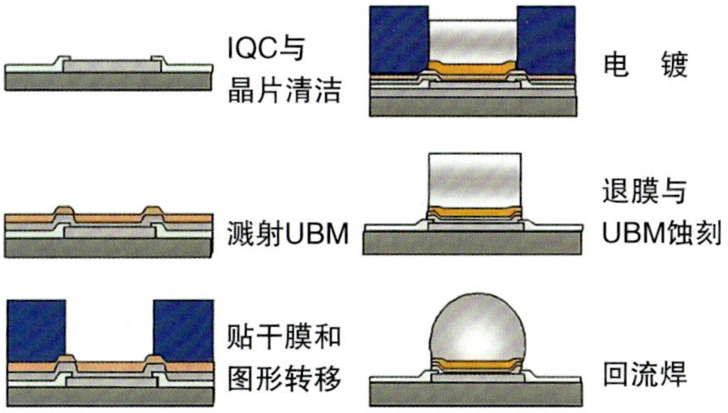

图 10.29　在 UBM 上电镀焊料凸块的简易流程（来源：www.megic.com.tw）

也可以用精密网版印刷锡膏来制作凸块。凸块印刷对于细节距应用会较困难，不过目前已有晶片业者声称具备 100μm 节距的凸块印刷能力。100μm 节距的晶片凸块印刷范例，如图 10.30 所示。

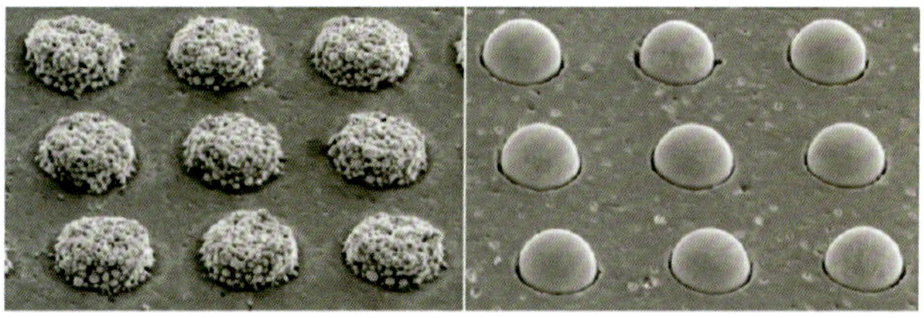

图 10.30　100 μm 节距的晶片凸块印刷范例

短钉凸块可采用键合或电镀制作，利用键合技术做出球形接点后拉断线材，将断面压平就可获得良好的共平面短钉凸块，这是简单、成熟的技术。常见的键合短钉凸块是用 25μm 直径的金线制作的。典型金短钉凸块的制作方法与外观如图 10.31 所示。

图 10.31　典型金短钉凸块的制作方法与外观

高分子凸块有多种形式，常见的是含有导电金属颗粒的高分子弹性体，导电高分子凸块通常以丝网印刷做在处理过的晶片 UBM 焊盘上。典型的高分子凸块如图 10.32 所示。

图 10.32　典型的高分子凸块（来源：www.flipchips.com）

10.4.2 倒装芯片的接合方式

倒装芯片接合是指用连接材料连接凸块、基材金属层，提供机械、电气连接。通常，凸块与连接材料采用相同的材料，如共晶锡铅焊料、各向异性导电胶等。典型的倒装芯片凸块连接如图 10.33 所示。

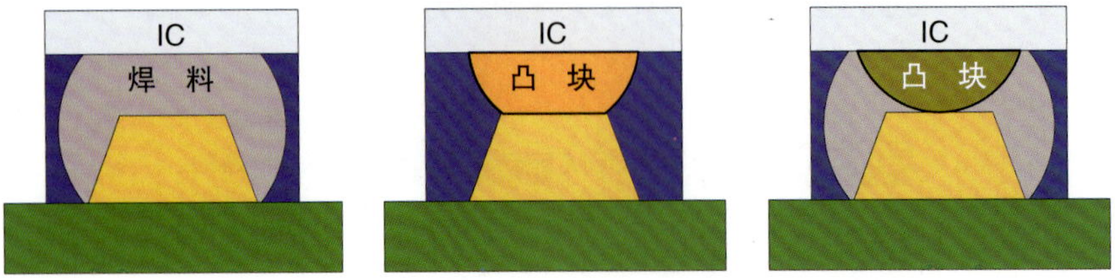

图 10.33 典型的倒装芯片凸块连接

（1）完全润湿可控塌陷连接：将焊料凸块加热到熔点以上，使焊料熔化并湿润基材金属化层，产生金属间化合物，IBM 的 C4 技术是这方面的代表。

（2）凸块与基材金属固相连接：虽然有测试案例，但尚未见到商用化应用。这种连接方式依赖于热压、超声波的作用，与 TAB、键合技术类似。

（3）双层回流焊：以高温凸块与基材低温焊料连接，目前常见于塑料载板封装应用。基于助焊剂与回流焊，共晶焊料熔化并与基材金属及高铅凸块发生润湿反应，形成稳固连接。芯片离板高度（即与基材的距离）可由凸块高度控制。这种连接方式常用于微处理器、ASIC 倒装芯片封装，已有厂商提供了无铅方案。

导电胶连接也常用于倒装芯片接合。导电胶有各向同性、各向异性两种类型，连接结构如图 10.34 所示。

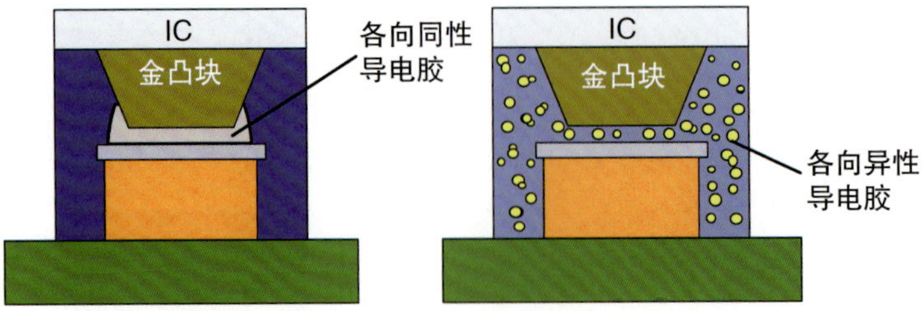

图 10.34 各向同性、各向异性导电胶连接结构

各向同性导电胶为填充了导电粒子的热塑性高分子材料，通常是填充银颗粒的环氧树脂。聚合后各方向都具有导电性，可形成电气连接。各向同性导电胶可印刷在载板焊盘上，或涂覆在凸块上。封装过程中，导电胶使凸块与金属层产生连接，常用于金线短钉凸块连接。基材表面镀金可以降低连接系统的腐蚀风险。与焊料连接相比，导电胶仅产生电气接触作用，但对许多应用来说已经足够。腐蚀失效是这类连接技术的最大困扰。

除非凸块、基材金属化能做到无针孔，否则凸块 - 导电胶或导电胶 - 基材的电阻会随时间增大。各向同性导电胶不会如焊料般具备自对准能力，因此，元件放置精度必须较高，速度则会较慢。这类技术常用于平面显示器、玻璃载板倒装芯片接合等。各向异性导电胶也是填充了导电粒子的高分子材料，呈薄膜或膏状。只有被挤压在凸块与线路间的导电粒子会导电，其他部分并不导电。为防腐蚀，凸块与基材金属层也需使用贵金属材料。使用各向异性导电胶组装时，需要高精度的打件设备。另外，各向异性导电胶要有较大的接合力，才能产生电气性能良好的接点。

10.4.3 塑料载板的倒装芯片接合

早期 IBM 及其他公司推出的倒装芯片技术都是基于陶瓷载板的。20 世纪 90 年代初期，塑料载板开始发展，成为比陶瓷载板更好、更便宜的选择。塑料载板的问题是，其热膨胀系数（CTE）为 17.22×10^{-6}/℃，远大于氧化铝的 7×10^{-6}/℃及硅的 3×10^{-6}/℃，所以倒装芯片接合在塑料载板上的可靠性很差。

IBM 与日立是倒装芯片塑料载板实用化的主要推动者。日本 IBM 的 Tsukada 先生，基于 20 世纪 70 ~ 80 年代的高分子材料封装经验，发现在倒装芯片与塑料载板的间隙内填胶，会大大改善封装可靠性。1988 年，日立宣布使用高分子底部填充胶可提升封装可靠性。IBM 的数据显示，共晶焊料比高铅底部填充胶的可靠性高。后来，IBM 高密度塑料载板倒装芯片技术使用的 IC 端凸块材料是 $Pb_{97}Sn_3$ 焊料，而电路板端凸块材料是 $Pb_{37}Sn_{63}$ 焊料，以共晶焊料与高铅凸块连接。如此，转换到陶瓷载板，IBM 也不需更改晶片级的凸块，这种技术就顺理成章地进入了塑料载板倒装芯片封装领域。

图 10.35 所示为 C4 技术用于一般塑料载板的双球结构。芯片和载板间隙填胶的目的是补偿热膨胀系数差异。对于电路板上制作倒装芯片的应用，硅的 CTE 约为 3×10^{-6}/℃，而塑料载板的 CTE 约为 17.22×10^{-6}/℃，比在陶瓷载板上封装的差异大得多。因此，陶瓷载板上的小 IC 封装可以不填胶，但塑料载板就无法省略了。底部填充胶将整个芯片与载板黏合成一体，整体 CTE 介于晶粒与载板之间，可靠性明显提升。底部填充胶的效用与晶粒、载板间的 CTE 差异有关，填胶的倒装芯片陶瓷载板比有底部填充胶的倒装芯片塑料载板的可靠性高。

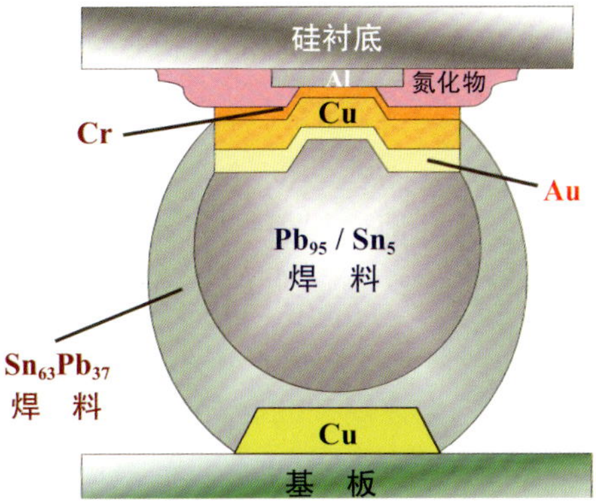

图 10.35 C4 塑料载板倒装芯片封装接合的双球结构示意图

底部填充胶可保护接点免于环境危害，并可吸收焊料发出的有害 α 射线，减少逻辑电路信号错误。利用毛细现象流动是底部填充胶的主要填充方法。底部填充胶的关键特性包括 CTE、T_g、储存寿命、黏度、填充颗粒大小、α 射线吸收量、可溶出离子等，在室温低剪切速率下的典型黏度为 10 ~ 30kcP①，实际流动性受黏度、温度、表面张力、流动时间、空隙高度及表面湿润性的影响。图 10.36 为底部填充胶的填充方法。

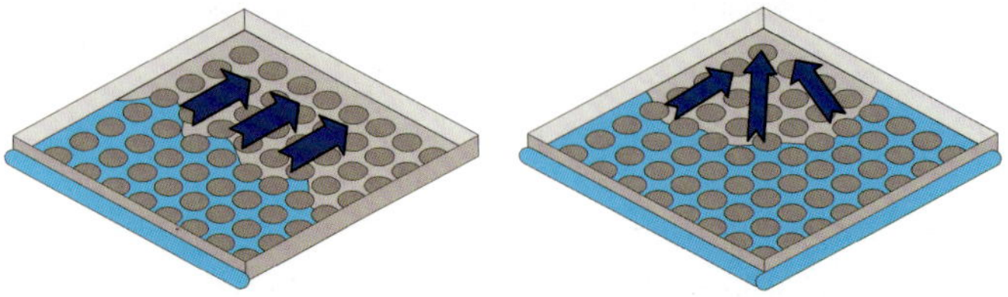

图 10.36 底部填充胶的填充：点胶、毛细现象流动

底部填充胶填充的常见问题有空洞、分层、湿气渗入。空洞可能是点胶过程中芯片与载板间包入空气导致的，分层可能是底部填充胶湿润不良导致的，空洞与分层都有可能引发焊料破裂与湿气渗入。

10.4.4 封装作业

典型的电路板倒装芯片接合流程如图 10.37 所示。

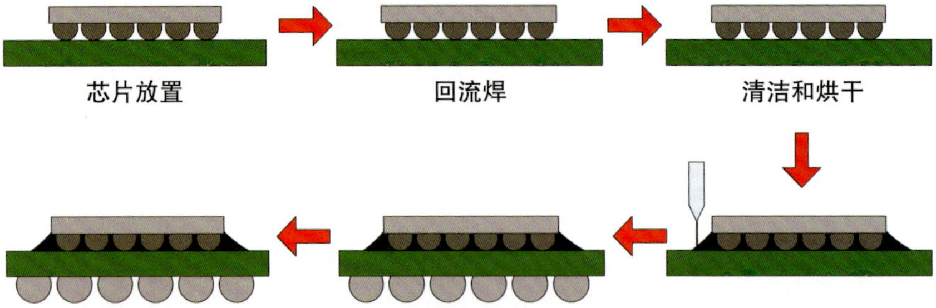

图 10.37 典型的倒装芯片接合流程

倒装芯片封装的第一道工序是在电路板上印刷锡膏，细节距表面贴装元件需要用光学对位设备放置。倒装芯片也可适当涂覆助焊剂，对准后放置在载板上。典型凸块芯片可采用凸点引脚转移法涂覆助焊剂，采用的助焊剂应为低固体含量、免洗型。可以借助助焊剂的黏性将芯片临时固定，并在回流焊过程中帮助移除氧化物并防止金属层氧化，缺点是助焊剂残留会对产品可靠性产生负面影响，回流焊后必须将助焊剂清理掉。使用免洗型助焊剂时，材料特性必须与芯片保护层、阻焊、底部填充胶兼容。

载板越来越薄，平整性越来越难控制，回流焊出现缺陷的风险也越来越大。图 10.38 所示为典型回流焊过程中出现的冷焊现象。可能的原因是焊料熔融过程中芯片与载板间没有顺利接触，冷却后又恢复了原有的距离。有时还会出现接点不接触的状况，可能是焊料体积不足以补偿枕头效应所致。

---

① 1 cP = 10^{-3} Pa · s。

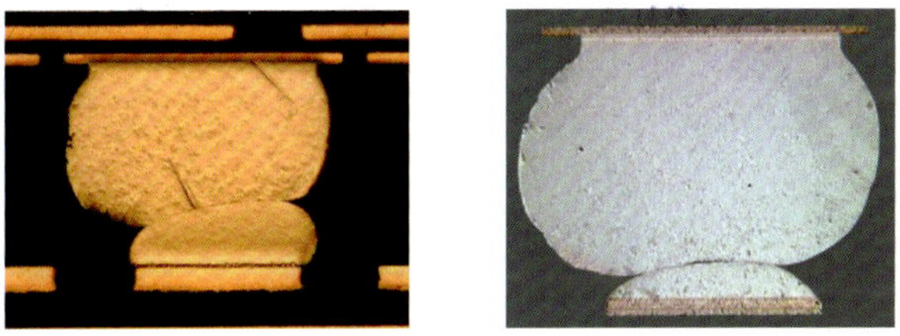

图 10.38 焊接的枕头效应

有些文献中提出的枕头效应产生机理如图 10.39 所示。在回流焊升温过程中，锡膏与锡球分离，冷却后又回到原有接触状态，就可能出现这样的结果。

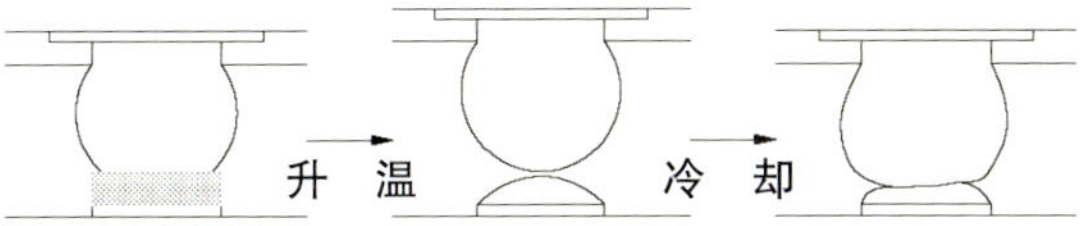

图 10.39 枕头效应的产生机理（来源：2010 ECTC 论文）

在回流焊过程中，焊料熔融并润湿基材金属层，表面张力促使芯片自对准，芯片与载板间会产生金属间化合物。晶粒的离板高度由凸块结构、芯片质量、焊料体积、芯片焊盘尺寸、载板焊盘尺寸决定。回流焊后用点胶机填胶，然后以 100 ~ 175℃聚合。常用的底部填充胶是含二氧化硅颗粒的环氧树脂，它可以调节芯片与载板间的热膨胀系数差异，也可提升接点的环境承受能力。图 10.40 所示为典型的倒装芯片接点。

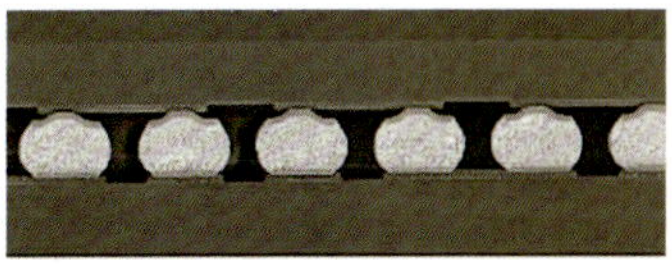

图 10.40 典型的焊料凸块倒装芯片接点（来源：www-rhvd.fnal.gov）

较复杂的封装可能需要做第二面处理、再次键合等，完成后可对器件做功能测试。有缺陷的器件可做表面贴装器件更换，但芯片无法返工。虽然业者在持续开发填胶后返工的新材料、新技术，但还没有成熟方案。因此，提高填胶前后的良率非常重要。

10.4.5 电气性能与可靠性

倒装芯片接合的芯片封装线路极短，因此有低电阻、低电容、低电感等优势，电气性能良好。倒装芯片封装的电气性能与连接设计、选材有密切关系，连接材料、底部填充胶、载板金属层、载板阻焊、芯片保护层等在设计时要考虑周全。倒装芯片封装的可靠性范围非常宽，陶瓷载板封装有非常高的可靠性。倒装芯片封装可有效保护芯片的金属，承受多数使用环境的考验。热循环导致的焊点疲劳是倒装芯片封装可靠性的最大问题。底部填充胶可大幅改善疲劳寿命，但接口分层问题会加速疲劳破坏。

底部填充胶可弥补胀缩差异。热循环中接点会产生很大的剪应力，这是引发塑性破坏、疲劳破坏、电气性能失效的主要因素。底部填充胶在芯片与载板间产生薄而强的结合层，提升了倒装芯片封装承受热冲击、应变的能力，也限制了芯片与载板间 CTE 差异的破坏性。倒装芯片有多种常见的失效模式，对塑料、陶瓷倒装芯片载板同样适用。不过，由于载板材料的CTE差异较大，这些失效模式主要还是发生在塑料载板封装上。较常见的失效模式如下：

◎ 底部填充胶、芯片保护层之间分层，引发焊点快速疲劳断裂

◎ 芯片破裂，沿着晶粒边缘开始延伸

◎ 底部填充胶破裂、焊料疲劳破裂、焊料迁移

倒装芯片封装接口分层是常见的失效模式，通常发生在芯片保护层与底部填充胶之间，或底部填充胶与阻焊层之间。分层也可能发生在底部填充胶-焊点接口、阻焊层-载板接口间，结合力不足是根本原因。结合力不足可能来自不洁、助焊剂和底部填充胶不匹配、底部填充胶和保护层不匹配、底部填充胶和阻焊层不匹配等，各种污染也可能引起底部填充胶结合不良。图10.41所示为芯片与底部填充胶的接口分层。

图10.41 芯片与底部填充胶的接口分层

倒装芯片封装的芯片破裂是脆性半导体承受过大应力所致，它会伴随着半导体芯片表面缺陷出现，这类表面缺陷会大大降低芯片破裂强度。芯片破裂是有源元件的致命失效模式，一般有两种模式：一是边缘破裂，主要源于晶片切割产生的局部缺陷；二是中央破裂，破裂可能由表面下延至底部填充胶接口，或者从表面开始，下延较小深度后转成平行延伸。中央破裂是致命失效模式，可能源于芯片与载板的材料CTE匹配性太差。

虽然利用毛细现象能完整填充，但还是可能会发生底部填充胶破裂问题。破裂多是热循环引起的，主要模式有三种：芯片边破裂、板边破裂、全破裂。芯片边破裂是由芯片和底部填充胶的接口微裂，沿着胶体须状扩展形成的破裂。板边破裂是短破裂，扩展到胶体并沿着平行边延伸。芯片边破裂会引起底部填充胶与芯片间的小区域分层，板边破裂会引起底部填充胶与载板间的小区域分层。全破裂是从胶体顶端到载板的极端破裂，底部填充胶与芯片分离，完全丧失应力缓冲功能，会直接引起底部填充胶与芯片快速分层。

焊料疲劳破裂也是倒装芯片封装常见的失效模式，是焊料经受高应力重复循环引发的破裂现象。其最终结果如图10.42所示，会形成穿越接点的破裂。

焊料疲劳破裂也可能是其他失效模式引发的。底部填充胶、芯片保护层间的分层会产生应力集中，常引发焊料疲劳破裂。焊点疲劳破裂并延伸，最后会导致电气断路。焊料疲劳破裂通常发生在晶粒边而非载板边，在空气中发生的破裂延伸通常会比液体中快得多。焊料迁移可能发生在倒装芯片封装工艺或可靠性测试中，可能是焊点附近的空洞、

分层引起的，常见于高温聚合不足或热制程后。对于需要较长时间进行高温聚合的底部填充胶，较容易出现这种问题。而焊料迁移也常见于经历多次回流焊的器件。

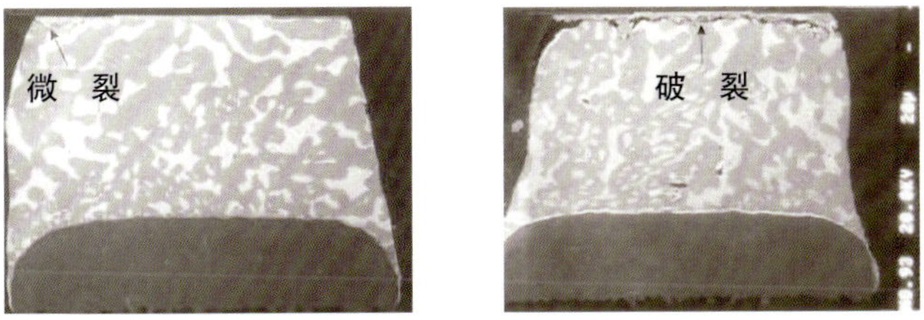

图 10.42 典型的焊料疲劳破裂缺陷

焊料迁移可能是高温膨胀焊料被挤入空洞中导致的，也可能发生在熔融状态、塑性固态下。焊料迁移会缩短器件寿命，减少或去除焊点边的空洞、分层，改善底部填充胶、载板设计、聚合条件等都是对策。若焊料迁移已形成桥连，则可通过短路、断路测试得知。典型的焊料迁移桥连如图 10.43 所示。

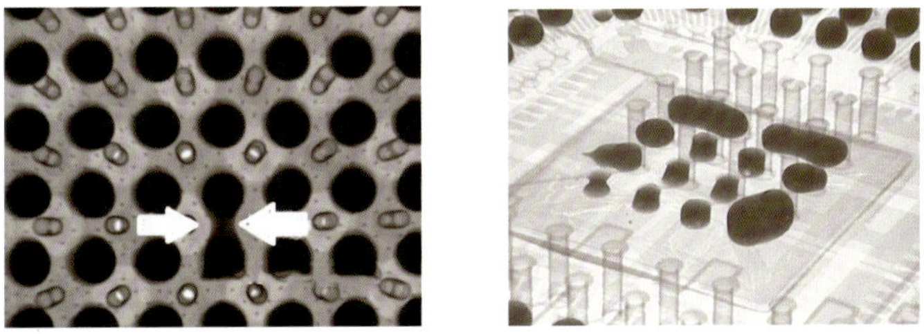

图 10.43 底部填充胶分层导致的焊料迁移桥连

10.4.6 倒装芯片技术的应用

倒装芯片技术已广泛应用于高密度接点与高频应用，图 10.44 所示为塑料载板倒装芯片应用案例。随着芯片接点节距的缩小与密度的增大，这类技术将持续发展。

图 10.44 塑料载板倒装芯片应用案例

10.5 小 结

芯片封装是半导体应用的重要一环，键合仍是使用最多、弹性最大的连接技术。对于轻薄、小节距产品，倒装芯片与 TAB 是封装技术选项。对于 I/O 密度高、作业频率高、非周边引脚封装，倒装芯片是唯一可用技术。结构单一的大容量内存，可采用较成熟的硅通孔连接技术。这四种芯片封装连接技术相互没有替代性。倒装芯片虽然可提升电气性能、接点密度，但对于需要多级连接的产品，键合更有弹性。TAB 在特定显示器及周边引脚芯片应用方面仍有价值，因此，各种技术继续保有自身的发展空间。

第 11 章

封装材料与工艺

封装提供了电子器件的多项功能，如 IC 间信号传输、系统构成、机械及环境保护、散热等。这些功能都依赖于封装材料与工艺。陶瓷材料如氧化铝、玻璃陶瓷等，对空气及水分具有密封性，能提供良好保护；有较好的散热性能，有较低的热膨胀系数与硅材料匹配。虽然如此，塑料封装因廉价、方便射出成型，目前几乎完全取代了陶瓷封装。此外，塑料封装的低介电常数也有利于高速信号传输。

许多 IC 封装的芯片与载板连接依赖金属线，这种导线应有良好的导电性、抗氧化性，与焊盘有良好的机械结合力，且耐潜变、耐疲劳。铝、金等都是常用的键合材料，因为它们具有较高的电导率及耐腐蚀能力。键合工艺依赖热、压力、超声波三种能量，某些较小节距封装则宜采用载带自动键合（TAB）工艺。

TAB 采用高分子载带承载的延伸线路做芯片热压连接，通过芯片 I/O 连接构成传输通路。若融合 BGA 结构，则形成球栅阵列封装，没有弧状键合线，可降低电感并缩短线路。倒装芯片封装直接连接可大幅度降低信号延迟。电气及机械连接是通过适当数量的焊料凸块完成的，芯片面朝下接合到焊盘上，因此，要应对膨胀系数匹配、应力影响等问题。另外，无铅、无卤可能带来的问题也要面对。

系统封装需要提供系统内所有元件的线路连接，而承担这些功能的就是电路板。电路板需要提供最终系统的机械性能，为了实现高密度化，不得不降低层厚并采用多层结构，这些变化会影响介质材料的选用，这关系到信号传输速率、特性阻抗等。低介电常数材料可最小化信号的耦合电容。陶瓷厚膜技术可满足高密度线路与多层结构设计的需要，若搭配低介电常数高分子材料，则可构建厚膜 / 薄膜混合封装。目前，多层陶瓷封装（MCM-C）主要用于军事、航天、大型服务器、超级计算机等领域，这些应用的可靠性要求较高，采用塑料封装的风险相对较大。

11.1 封装材料

了解封装材料的特性及适用范围，是发挥封装性能的必修课。材料的电气性能、散热性能、热膨胀系数、介电常数、玻璃化转变温度、杨氏模量等都是重点，实际应用中的热稳定性、密着性、湿润性等也会影响封装性能。封装材料特性需求趋于复杂化，很难以单一材料满足多样需求，如何合理搭配复合材料，是发挥产品性能的关键。

11.1.1 电气性能

电导率

给导体提供电场，导体内的电子便会定向流动并形成电流。电导率是电流密度与施加电场的比值。

$$\sigma=\frac{J}{E}$$

式中，σ 为电导率（S/m）；J 为电流密度（A/m^2）；E 为电场（V/m）。

电导率的倒数是电阻率，与材料种类、温度有关。电子封装期待的材料是最佳绝缘体与最佳导体，但是实际选用材料时还必须考虑制造与使用中可能受到的相关影响。材料电导率与量子力学中的能带、能级有关，不过讨论封装技术并不需要进入该领域，多数情况下从材料特性表中就可以查得电导率。

介电常数与介质损耗

当电场跨越介质材料或绝缘体时，介质材料两侧的正负电荷会相互吸引。在相同电场下，不同材料有不同的电通量。介电常数是材料电通量与真空电通量的比值。电通量大，说明材料有较大的电荷容量，即在同样电压下有较大的电容。

电容 = 材料的电荷容量 / 施加电压

介电常数 = 材料电容 / 真空电容（同电压下）

介电常数是电子封装材料的重要特性，它会影响信号传输延迟、传输速率等重要电气性能。

$$\upsilon = \frac{C}{\sqrt{\varepsilon_r}}$$

式中，υ 为信号传输速率（m/s）；C 是光速（m/s）；ε_r 为介电常数。介电常数会随频率变化而变化，评估材料时要注意参考数据的适用频率。某些封装结构内需要较大的电容，如埋入式电容，此时也可采用介电常数较高的材料。研究发现，粒径约 1μm 的 $BaTiO_3$ 的介电常数非常高。

介质损耗对电压传输损失有明显影响，特别是较高频率或较长、较窄导体或接点上的电压传输。介质损耗可查表获得，或要求供货商提供。高分子材料有较大的介质损耗，这也是高频产品常采用无机材料的原因。表 11.1 所示为典型介质材料的高频介质损耗。

表 11.1 典型介质材料的高频介质损耗

材料	石英	BeO	钛白	氧化铝	AlN	苔青石	PTFE	氰酸酯	聚酰亚胺	BT
介电常数	3.75	6.6	20 ~ 10000	9.2	8.3	4.9	2.05	3.8	4	4
$\tan\delta \times 10^{-4}$	1.5	2.0	1.5 ~ 3	2	3 ~ 10	10	4	90	150	150
类型	陶瓷						聚合物			

11.1.2 物理性能

导热系数

导热能力常以单位时间内材料的热通量表示，它与温度梯度成正比。单位面积的热通量与温度梯度的比例被称为导热系数。

$$\frac{Q_x}{A} = -K_x \frac{dT}{dx}$$

式中，Q_x 为热通量（J/s）；A 为导热介质的面积（m^2）；K_x 为导热系数 [W/（m · K）]；dT/dx 为沿 x 轴方向的温度梯度。

导热系数对于 IC 散热非常重要。芯片的发热量从移动系统的单片 1W 到大型系统单片几百瓦不等，高导热系数材料有利于散热。

■ 热膨胀系数

热膨胀系数（CTE）为单位温度（T）变化导致的长度量值（l）变化：

$$\mathrm{CTE}=\frac{\mathrm{d}l}{l\mathrm{d}T}$$

式中，l 为材料原始长度（mm）。

电子封装含有各种材料，不同材料间的 CTE 差异会导致高应力，造成热机械可靠性问题。CTE 的单位为 1/℃，典型值为（100×10^{-6} ~ 200×10^{-6}）/℃，业内习惯表示为（100 ~ 200）$\times10^{-6}$/℃。大部分材料受热膨胀呈现正 CTE，特定材料会呈现负 CTE。对特定应用，可以用玻璃布调整 CTE。例如，在高分子材料或底部填充胶中添加二氧化硅可减小 IC 与载板的 CTE 差异。

■ 玻璃化转变温度

玻璃化转变温度（T_g）是非晶态高分子材料由高弹态转变为玻璃态或玻璃态转变为高弹态所对应的温度。在 T_g 前后，材料的体积、比热、强度等物理性能会发生巨大变化。如图 11.1 所示，在 T_g 以下，热膨胀较小且模量较高；超过 T_g 之后，高分子材料产生极大的热机械应力，尺寸稳定性极差。

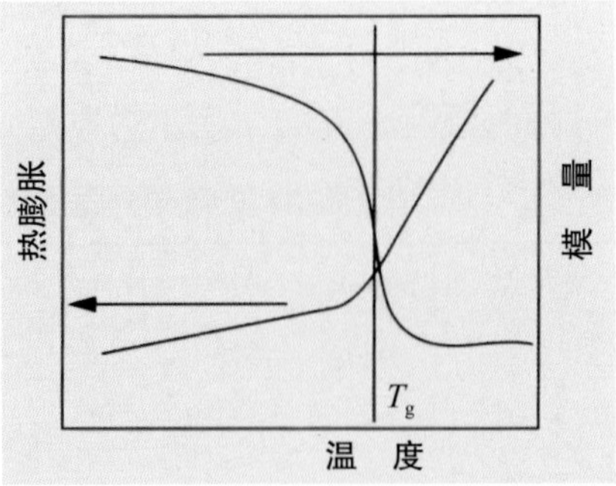

图 11.1 高分子材料的玻璃化转变温度

封装的热机械可靠性可通过采用高 T_g 材料提高。T_g 可通过热机械分析（TMA）、动态机械分析（DMA）等得到。商用高分子材料中，聚酰亚胺有较高的 T_g（约 350℃），封装中广泛使用的环氧树脂的 T_g 为 120 ~ 200℃。T_g 与高分子聚合程度有关。

11.1.3 机械性能

电子封装在制作或使用中经受冲击或热膨胀所产生的应力，可能会导致机械性故障，如芯片龟裂、分层、翘曲等。因此，进行封装设计时必须将材料的机械性能列入考虑。

杨氏模量

应力是单位面积上的内力，应变是材料受力而变形的程度。根据材料的应力 - 应变曲线，当应力达到材料的屈服强度时就会产生塑性变形。杨氏模量是应力与应变之比，通常表现为应力 - 应变曲线的斜率。

电子封装所用的高分子材料具有较低的杨氏模量，而陶瓷因具有较高的杨氏模量呈脆性，复合材料则在不增加脆性、质量的情况下提升了杨氏模量。电子封装普遍使用的复合材料是环氧树脂与二氧化硅填料、玻璃纤维制作的电路板。

疲劳故障是 IC 载板中常见的失效模式之一，受有源元件散热的影响，接点和连接结构因热膨胀而产生应力，这些应力会让接点产生瞬间弹性、塑性应变，进而形成疲劳破裂并延伸。焊料固化后一般会做热处理，以提升疲劳强度。焊料的机械性能在一般操作温度范围内有较大变化，焊料与其他材料的热膨胀系数不匹配所产生的机械应力不会在一定时间内排除，可能会导致疲劳故障。

表面张力及润湿性

表面张力以单位面积上的能量（J/m^2）或单位长度上的力（N/m）表示，此表面能量与物质表面特性及周围介质的表面能量有关。熔融焊料的润湿性与焊料、载板金属化的表面能量有关。实际焊接工艺中，固态金属及液态焊料被气体包围，暴露固体面、液体面、固液界面的结合面能量趋向最小化，这个趋势会影响焊接行为。

如图 11.2 所示，润湿状态的力平衡，导致润湿液滴及固体间形成了所谓的“接触角”。接触角较小，说明润湿性较好。固体金属受氧化物或有机残留污染时，其表面能量将远小于焊料表面能量，促使焊料顶部收缩成球形以最小化其表面积。可使用助焊剂来清除表面污染，提升润湿性。

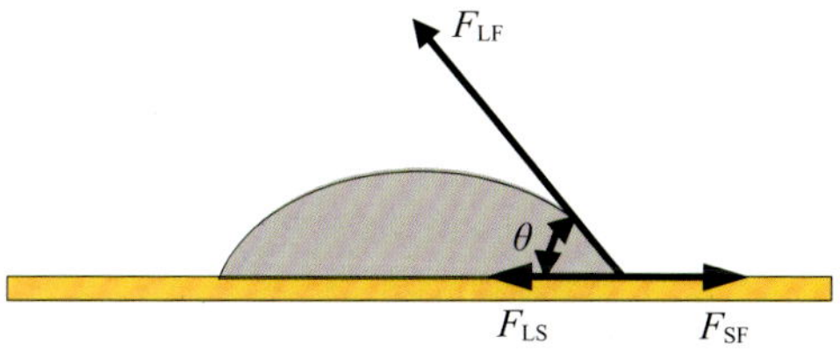

$$F_{SF} = F_{LS} + F_{LF} \times \cos\theta$$

F_{SF}：金属和助焊剂的界面张力

F_{LS}：熔融焊料和金属的界面张力

F_{LF}：熔融焊料和助焊剂的界面张力

θ：焊料和板面的接触角

图 11.2 接触角 θ 的定义

11.1.4 密着性

不同材料表面间通常只能产生微弱的化学力，如范德瓦尔斯力。这种力与共价、离子键形成的化学力不同，不易产生密着性。物理力确实可以提高材料间的密着性，不过会受材料表面状态及表面积的影响。金属、高分子材料可以通过表面粗化来提高密着性，也可以靠表面处理剂提升密着性。

环氧树脂与金属、陶瓷材料有良好的密着性，故可广泛用于载板封装。铜与环氧树脂的密着性较好，常用于多层板、半导体封装制作。纯铜与高分子材料载板的密着性差，因此，铜面要做氧化、粗化处理，以提升结合力。为了满足精细线路制作及平滑表面贴合的需求，有厂商开始研发提升界面结合力的特殊化学品。

11.2 封装工艺

电子封装的层间厚度多为 6 ~ 100μm，传统陶瓷及塑料载板封装认定构建 20 ~ 100μm 膜厚的工艺为厚膜工艺，以刮刀成形、生坯或粘结片压合为主，用于单芯片或多芯片多层载板的制作。薄膜工艺则用来构建介质层、线路等，如高分子材料涂覆、电镀、溅镀、化学气相沉积（CVD）等。

11.2.1 陶瓷厚膜工艺

得益于可靠性高、CTE 低及损耗低等优势，陶瓷被认定为高性能封装材料。单芯片陶瓷封装有多种形式，如 DIP、QFP 等，一般采用生坯或干压工艺制作。对于复杂线路内部连接，如多芯片模块，会采用多层陶瓷载板。它由印制金属线路及打孔共烧堆叠陶瓷生坯构成，孔内会填充金属膏。在 1500℃以上烧结的陶瓷被称为高温共烧陶瓷（HTCC），高温、高介电常数、高 CTE 是它的劣势。

玻璃陶瓷是以玻璃为基底制作的晶态材料，可通过调整成分来调整 CTE、介电常数等，有更多导电膏可用于内层线路制作。由于可在较低温度（< 1000℃）下烧结，故玻璃陶瓷也被称为低温共烧陶瓷（LTCC）。玻璃陶瓷一般含有玻璃、氧化铝或氧化硅混合物，玻璃在低温下熔解有助于氧化铝润湿，完成烧结。采用 LTCC 制作的器件在通信行业的高频 /RF 应用上广受重视。

11.2.2 有机材料

除了少数导电高分子材料，多数有机物都是良好的绝缘材料，成本低、介电性能好、机械强度适当、可加工性高，广泛用于电子封装。常用于电子封装的有机材料见表 1.2。

表 11.2 常用于电子封装的有机材料

高分子 / 高分子复合材料	介电常数	热膨胀系数 /（$\times 10^{-6}$/℃）
环氧树脂（x-y 平面）（60%）	3.6	6
聚酰亚胺 - 石英（x 轴）	4.0	12
FR-4（x-y 平面）	4.7	16
聚酰亚胺	3.5	50
苯并环丁烯	2.6	35 ~ 60
三氮杂苯双马来酰亚胺	3.5	60
聚降冰片烯	2.47	80
氰酸酯	2.8	62
聚四氟乙烯	2.2	20

早期的 IC 塑料封装采用树脂射出成型，树脂因受热与压力被挤入放置键合芯片及导线架的模穴内。使用载板的封装一般采用转移模塑成型，主要有以下 4 个步骤：

◎ 以预热机加热塑料，使其软化，便于流动

◎ 将完成芯片接合的载板装入模具，并封闭凹槽或空腔

◎ 利用油压机构推挤预热后的塑料，通过流道及料口填充凹槽成型

◎ 利用烤箱做热固型材料的进一步聚合交联

随着半导体芯片高密度化，基于封装载板的内部连接日趋复杂。为了实现高密度堆叠及布线，高端封装载板厂商导入了超细线路及填孔电镀技术。为了提升强薄板制作能力并兼顾载板强度，基材厂商采用开纤更均匀的玻璃布制作基材。图 11.3 所示为典型的高端封装载板所用的玻璃布。

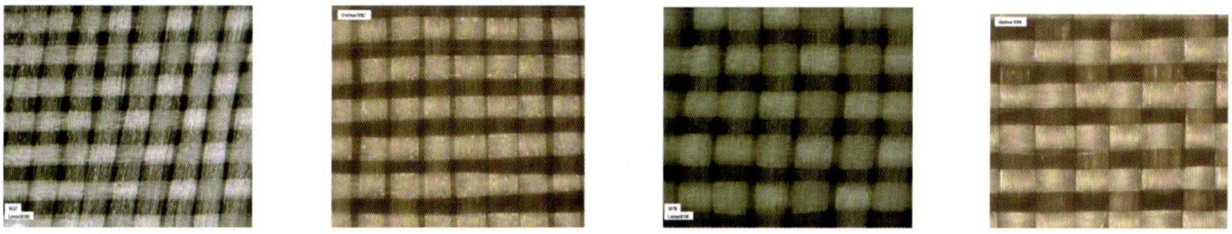

图 11.3　典型的高端封装载板所用的玻璃布

多层载板早期采用薄铜箔制作细线路，之后导入全板化学沉铜半加成工艺，但这些做法都受限于强度问题而无法用于较薄载板的制作。这些年来，铜箔业者不断推陈出新，尝试开发超低轮廓、可化学沉铜的铜箔，希望在细线路制作上走出另一条路，目前在薄载板制作方面已有所成就。

11.3　薄膜技术

薄膜与膜相结合提供了更大的设计弹性，有利于电气性能优化。薄膜技术可以提高细线路制作能力。物理气相沉积（PVD）在 10^{-6}torr① 的高真空度腔体内作业，要点如下：

◎ 增加蒸发粒子平均自由运动路径，可提高沉积效率及均匀性

◎ 达到特定沉积速率后，仍可在较低蒸气压及温度下作业

◎ 排除大气及其他污染源

沉积金属（如镍、铝等）被装在船形容器内，容器通过大电流加热，在真空腔体内实现金属蒸发、分子向上扩散，让粒子撞击安放在夹具上的载板。受热金属可利用电场驱动加速撞击。为了提升密着性，可在载板底部以钛、铬、镍铝合金等打底，这样容易氧化并与底部陶瓷材料等形成化学键结。

溅镀是低压工艺，以带能量的正离子撞击“靶材”，当靶材接收能量时便会激发出金属粒子。这些被激发出来的粒子撞击载板，就可形成覆盖。工艺可在 10^{-3} ~ 10^{-1} torr 的压力下以氩气等离子体操作。气体在靶材、阳极间受 1000 ~ 2000V 强度的电场驱动，

① 1 torr = 1 mmHg = 1.33322×10^2 Pa。

通过辉光放电分解产生正离子与自由电子，正离子被加速朝靶材运动，借助能量释放分离靶材并沉积到载板上。溅镀、真空沉积薄膜的厚度一般限制在微米级。溅镀多用于金属沉积，如电阻膜 Ta_2N、TaSi、CrSi、TaN、NiCr，电容膜 Ba（Zr，Ti）O_3、氧化铝、铜导体膜等。

化学气相沉积(CVD)是指利用气相化学反应在工件表面形成固体膜,反应过程如下:

◎ 反应物扩散、吸附至表面

◎ 催化剂辅助表面反应

◎ 副产物脱除或扩散

◎ 形成完整的结合固体膜微结构

这类工艺主要用于光电半导体（GaAs）应用的薄膜生长，如金属硅化物、氮化物等。目前，无法用其他工艺制作的薄膜都依赖 CVD 技术。

11.3.1 有机高分子材料涂覆

多数高分子材料的涂覆厚度都受其密度、黏度、表面张力、重力等的影响，高黏度、高表面张力涂覆可以得到厚膜，高密度、重力涂覆可以得到薄膜。常见涂覆厚度为 10μm，常见涂覆方法有机械涂覆、浸涂、胶体沉积三种。

旋转涂覆、滚涂、挤压涂覆等技术可产生 1 ~ 40μm 厚度。采用不同的涂覆技术，得到的高分子材料膜特性也不同。旋转涂覆使液体材料以 300 ~ 10000r/min 的高速旋转达到摊平的目的，依据经验，涂覆厚度与转速的平方根成反比。这类技术常见于晶片及显示面板制造。由于材料浪费大，且略厚膜的制作相对困难，在一般电路板、载板中的应用较少。

滚涂是利用滚筒凹凸面携带液体材料实现涂覆，高分子液体量受基材与滚筒间隙的影响,也决定了最终涂覆厚度。主要工艺参数包括载板行进速度、滚筒间隙、溶液固含量等。

挤压涂覆是利用精准控制的涂覆刀具实现涂覆，通过均压控制将液体材料均匀涂抹到载板上。主要工艺参数包括表面张力、黏度、载板行进速度、液体固含量等。

浸涂是将工件浸渍在充满液体涂覆材料的槽体内，然后使工件垂直移动。涂覆厚度与黏度的平方根、升降速度成正比，也与密度、重力的平方根成反比。

胶体沉积是低成本的薄膜涂覆方法，在低温下作业，在材料兼容性、能量损耗等方面有优势。原材料可以是有机金属化合物、悬浮胶体等，目前多数液体材料的固含物是纳米级粒子,溶胶经反应后暴露在大气中会形成网状凝胶。这种技术的涂覆厚度影响因素,根据材料与工艺有很大差异。

11.3.2 电镀沉积

化学沉积、电镀都是典型的金属沉积技术，利用特定水溶液内的金属络合离子、特定金属化合物的化学或电化学反应达到涂覆目的。化学沉积常常要在工件表面涂覆特殊催化剂，之后浸渍在含有所需金属盐溶液中做沉积。若使用金属阳极、导电基板，依赖通电进行表面沉积，则被归类为电镀。

电镀是一种低成本低温工艺，广泛用于薄膜金属化应用，特别是铜、镍等工业常用的金属膜。在绝缘体上做金属沉积，首先要做催化金属的化学沉积。可用的催化金属有铜、金、铂、钯等，常用的是钯。相较于真空沉积，电化学沉积具有沉积面积大、成本低的优点，这对于低成本电子封装应用非常重要。

11.4 小 结

铅、特定重金属、卤素等因严重影响人类健康而被逐步禁用，无铅焊料、导电高分子材料成为未来封装的主要互连材料。锡具有无毒、便宜、储量高、熔点低等优势，又可与多种金属（如铋、铜、银、锌等）形成合金，具有长期使用潜力。不过纯锡不适合用作焊料，主要原因是会产生锡须。

多数高分子材料是不导电的，但可以通过填充金属颗粒产生导电性。当导电胶的金属填料体积分数达到一定值时，电导率会明显提高。依据填料的量及特性，导电胶可分为各向异性导电胶和各向同性导电胶。

导电胶连接的优点是接点屈服强度小、工艺温度低、芯片应力小。某些导电胶的电导率已提升至焊料水平，但仍只适用于低温组装。由于可靠性、组装良率仍不理想且成本高，导电胶连接尚无法完全取代传统 SMT 焊料组装。此外，由于填料含量高，导电胶也不如一般焊料具有高表面张力，不具备自对准能力，无法提升组装良率。

为了提高信号传输速率、减小耦合及内部串扰，低介电常数材料不断推陈出新。一般层间材料的介电常数为 3.0 ~ 3.3。掺杂有机 / 无机混合物可改善材料的热稳定性、强度、介电常数，有机会在未来封装上看到。

封装的主要挑战包括超高密度线路、倒装芯片技术、埋入式元件等。载板材料的发展，仍然以高性能、低成本为要求，氰酸酯类耐高温高分子材料等正在逐步导入应用。理想的基材应该具有以下特性：

◎ CTE 与芯片匹配

◎ 高杨氏模量、低介电常数与介质损耗因子

◎ 低吸湿率

◎ 低成本

◎ 高热稳定性（260℃）

◎ 高导热系数

◎ 与微孔工艺相兼容

◎ 良好的尺寸稳定性与平整性

倒装芯片技术是未来封装的主流技术。底部填充胶可降低芯片、载板间的剪切应力，可以提高疲劳寿命、减少机械冲击损伤，与多种有机、无机载板兼容。其缺点是，利用毛细现象填充的速度较低，如何发展可靠、廉价、快速的填充技术还有待努力。

第 12 章

CBGA 封装与 CCGA 封装

表面贴装技术发展于 20 世纪 70 年代末，当时已具备低成本和高效率的组装模式、工具、工艺。到了 20 世纪 90 年代，ASIC、微处理器的封装需求推动了高密度封装的发展，0.5mm 以下节距的周边引脚封装器件的组装良率都已达到不错的水平。为了实现高密度连接，就需要使用更细节距（如 0.3 ～ 0.4mm）的周边引脚封装。这时，传统引脚封装已无法满足高引脚数封装的需要。球栅阵列封装支持 0.8 ～ 1.5mm 节距的高引脚数、高密度应用，在引脚数大于 200 的应用中优势明显。为此，PBGA、TBGA、CBGA、CCGA 等新的封装结构逐渐走到台前。

CBGA 封装可直接用于多层陶瓷单芯片与 MCM，支持标准表面贴装。CCGA 是 CBGA 的延伸，以锡柱取代锡球，热疲劳强度得到了改善。图 12.1 所示为 CBGA 封装与 CCGA 封装的断面图。

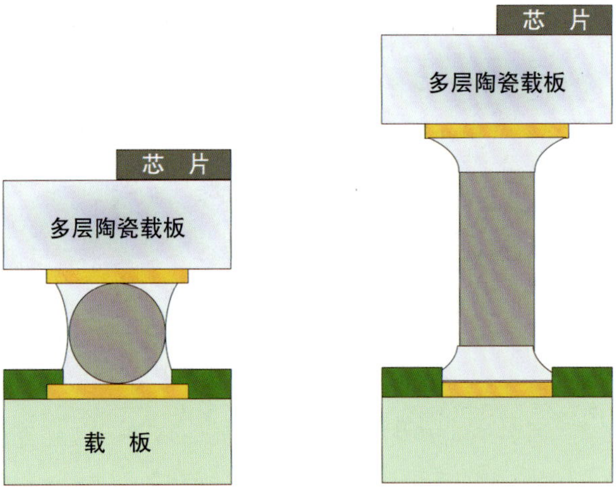

(a) CBGA封装　　(b) CCGA封装

图 12.1　CBGA 封装与 CCGA 封装的断面图

图 12.2 所示为高低熔点双球结构接点。球内耐高温金属不会熔融，以保证陶瓷封装的离板高度均匀一致。这种结构可承受较大的材料间热膨胀系数不匹配导致的应变，如正常开关机导致的机械应变等。这种结构提供了更好的封装热疲劳强度，也提供了电路板组装后的清洗空间。

图 12.2　CBGA 高低熔点双球结构接点

CBGA 是倒装芯片（C4 芯片）面阵列的延伸，IBM 在这方面已有多年经验。倒装芯片和CBGA/CCGA 封装皆有高连接密度、焊点自对准、接点熔焊、热疲劳强度高等优点。此外，面阵列封装有较短的信号、电源路径，可获得较好的电气性能。

少于 200 个引脚的封装，除了电源和信号分配，电气性能要求也比较宽松。若没有接地层要求，最好采用标准塑料 QFP 或单层 BGA 封装，这应该是低成本方案。需要接地散热或引脚超过 200 个时，多层 BGA（如 CBGA、CCGA）封装是不错的选择。当引脚超过 400 个时，应优先选择 CBGA/CCGA 封装；对于引脚数超过 600 的高功率应用，最好选用 CCGA 封装。

12.1 封装技术

CBGA 和 CCGA 两种封装都采用氧化铝陶瓷载板，以耐火导体材料制作线路和通孔，经过生坯增层、高温烧结后，再进行镀镍金处理。陶瓷芯片载板与芯片采用键合、倒装芯片、TAB、TSV 等接合技术，辅以封盖、密封技术，可制作出各种封装。

陶瓷载板耐高温，可承受较严苛的环境。对于较复杂的结构，如果不具备细线路制作能力，就要适当增加层数。标准镀金技术适合所有芯片接合法，层厚要求视键合、焊接需求而异。氧化铝陶瓷的热膨胀系数约为 6.5×10^{-6}/℃，与硅芯片的（3 ~ 4）$\times10^{-6}$/℃相匹配，可提供高可靠性和兼容性。

CBGA/CCGA 是用于倒装芯片封装的有利选择，具有电气性能、互连密度两方面的优势。陶瓷载板的高密度互连，虽然必须采用多层结构，价格较高，但是整体性能优越性明显。键合芯片可直接接合到陶瓷载板的电镀焊盘，接合材料有掺银聚合物、掺银玻璃、金硅共熔合金等。常见的接合形式有金线球形键合、金线楔形键合、铝线楔形键合等，可以根据芯片键合焊盘节距、生产工具等做单排或多排键合。

芯片可以与键合面在同一平面，也可以构建在陶瓷载板的中空处，以便芯片背面贴合散热片——散热性能比塑料封装高得多。载带自动键合芯片可通过熔焊、热压接合到 CBGA/CCGA 封装载板，对于单芯片封装和多芯片模块同样适用。电容及其他无源元件可用焊料或导电聚合物接合，多次接合必须采用不同熔点的接合材料与工艺。

芯片接合及密封后，再把锡球植到陶瓷载板上。高温加速老化测试可以在植球前通过接触载板焊盘执行，以免伤害锡球并减轻封装累加影响。高温加速老化测试也可伴随模块测试执行。业者将 $Pb_{90}Sn_{10}$ 锡球以低温焊锡接合到直径 0.86mm 的焊盘上，评估的结论是球径应尽可能大，以承受陶瓷载板与标准树脂基材的热膨胀系数不匹配造成的应变，实现高良率封装。使用大锡球可以得到较大的离板高度，确实能提升可靠性，但要考虑阵列节距的约束。对更小封装节距的器件也可采用同样方式评估。

完成封装的 CBGA 可用射出成型的 JEDEC 可叠式承载盘包装，以备自动组装设备使用。这种承载盘是为特殊尺寸封装设计的，盘底可用发泡海绵保护锡球。CCGA 类似于 CBGA，结构上也用高低温焊锡进行锡柱接合。由于 CBGA 锡球和 CCGA 锡柱在电路板组装时会再熔融焊一次，因此，修补电路板组件、拆除 CBGA 或 CCGA 封装时，可将锡球、锡柱一并移开。CCGA 封装组装到电路板上的焊点如图 12.3 所示。

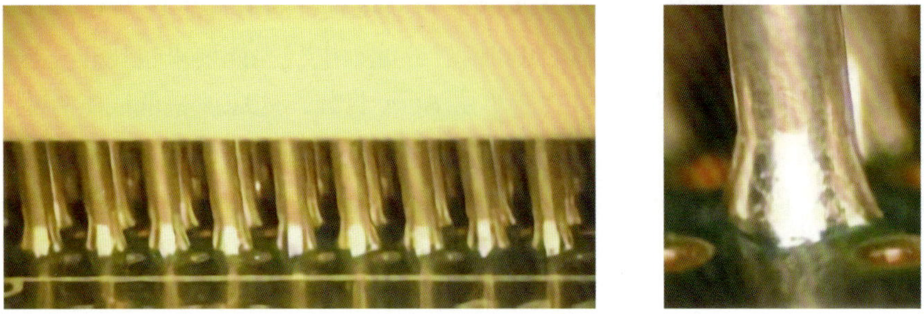

图 12.3 CCGA 封装组装到电路板上的焊点

12.2 电路板组装

CBGA/CCGA 封装器件的组装工艺近似于标准表面贴装，主要工序包括锡膏印刷、定位、熔焊、清洗、检查。各道工序间可能会设置检查、工艺控制等，目的是提高良率和可靠性。对于 1.27mm 节距的 CBGA/CCGA 封装，翘曲应小于 6mil，焊盘半径误差应小于 3mil。这类封装的组装定位，可采用定位能力在 50mil 节距的设备。封装的允许偏移量为焊盘尺寸的 50%，熔焊时会产生自对准效应。

CBGA/CCGA 封装的电路板组装可用红外线、热风、气相回流焊等执行锡球 / 锡柱熔焊。陶瓷载板的平整度要保持在 1.5 ~ 2.5mil/in，熔焊期间不能产生过度的翘曲变形，以维持共面性。高温锡球或锡柱在熔焊时不会熔化，这样可以提供器件高度一致性。回流焊中可依据锡膏成分及焊料颗粒大小使用氮气。陶瓷封装对湿气不敏感，较少出现“爆米花”、封装剥离现象。两种封装都能承受最高 260℃的温度。由于离板高度较大，故组装后清洗方便，且不怕吸湿产生剥离问题。

CBGA、CCGA 封装的返工可采用标准 SMT 返工方法。先用专用热风枪拆除封装，接着用清洁工具清理表面残留，之后重新涂覆锡膏或助焊剂并焊接。典型的热风枪及重装工具如图 12.4 所示。重新涂覆锡膏及安装新封装之前，必须确保残留焊料极少。可用简单的钢网印刷将锡膏印到更换封装的位置，也可先用点胶机补胶，最后再用热风枪熔焊。

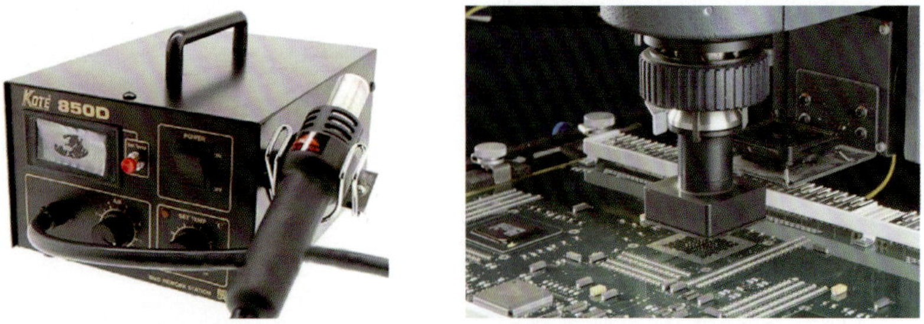

(a) 热风枪　(b) 重　装

图 12.4 典型的专用器件拆除工具与重装工具

12.2.1 CBGA 器件的可组装性

CBGA 封装支持多芯片、高引脚数，通常组装在 4 ~ 12 层的多层板上。节距为 1.27mm 的 CBGA 器件，每平方厘米的引脚数可达 62，比一般导线架 QFP 器件的引脚多出许多。CBGA 载板的焊盘有两种设计形式，一种是孔、焊盘分离的狗骨式设计；另一种是盘中孔设计，通孔须进行填孔和覆盖铜处理。后者可增加表层布线率，降低焊锡桥接的风险。图 12.5 所示是两种不同设计的焊盘。通常，盘中孔设计有较大的焊盘和较开阔的布线空间，比狗骨式设计的电气性能好。CBGA 器件的外形有矩形、正方形两种，边长为 18 ~ 44mm，JEDEC 有相关数据可查。

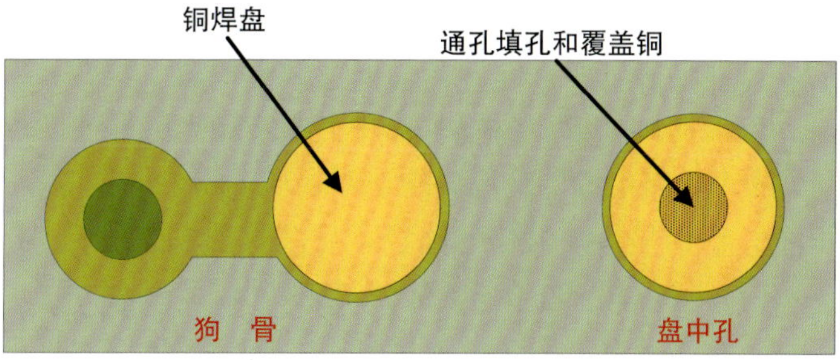

图 12.5 CBGA 封装的电路板焊盘形式

通常会利用附连板确定组装工艺的参数，但附连板模拟的是最糟的状态，也就是器件密度和复杂度最高的状态，以考验可组装性。CBGA 的熔焊，可采用气相、红外线、热风式回流焊等。气相回流焊可让助焊剂与凝结液体脱离电路板，对高热容量 CBGA 有较好的均温能力。红外线回流焊也有应用案例，不过目前多与热风焊混用。

虽然电路板两面都可放置 CBGA 器件，不过多数只放在上表面。这类器件的典型组装工艺与传统表面贴装类似。对位不准是表面贴装工艺的常见问题，但 BGA 封装器件的容许对位偏差较大，因为锡球具有自对准能力。只要对位偏移在球径一半以内，都可以靠锡球自对准。

相较于传统的表面贴装器件，CBGA 器件有较大的离板高度，有利于清洗。清洗不净会导致表面绝缘电阻及电子迁移等问题。这些年，为了降低成本与响应环保要求，业界大量采用免洗组装工艺与无铅焊料。用直流电压对网络做偏压监控，观察漏电状况，可评估清洗效率。

12.2.2 CCGA 器件的可组装性

CCGA 是 CBGA 的延伸，主要用于尺寸在 32mm 以上的封装。当封装可靠性不理想时，可通过增加离板高度来改善。CCGA 器件的典型锡柱为直径 0.5mm、高度 2.21mm 的高熔点焊料，其主要组装方法有两种：一种是用低温焊锡将锡柱焊接到载板上；另一种是将锡柱嵌入载板。

0 ~ 100℃加速热循环测试显示，CCGA 较 CBGA 的耐温高、破坏发生速率低。焊料接合可靠性与器件性能、载板性能及组装过程密切相关。由于 CCGA 器件有较大离板高度和引脚节距，因此，几乎不存在腐蚀及电子迁移问题。与可靠性相关的因素有锡膏量、锡球平整度、载板平整度、熔焊状态等。

12.3 电气性能

传统芯片载板的主要电气功能是提供芯片的信号、电源通路，将较密I/O转换成适合下一级组装的接点。随着ASIC、微处理器、高端逻辑芯片的器件密度持续增长，芯片的密度与频率也快速增长，促使芯片中的驱动器数量增加，开关电压逐步降低。从封装的角度看，芯片功能的增加必然导致封装引脚数增加。

电气性能主要体现在信号完整性、开关延迟、噪声控制、多电源接地等方面，应用上的明显挑战是接点数增加。一般应用的封装并不需要强化电气性能、散热性能，但在意信号完整性、开关噪声、多电源的应用必须选用多层BGA封装。获得较好电气性能的主要方法是降低电感，特别是封装的信号路径（从芯片到电路板），以及电源/接地、信号线等的电感。不同几何结构产生的电感大不相同。较简单的方法是，根据路径长短及信号通路截面积来评估，通路越短、截面积越小，产生的电感就越小。这样，倒装芯片封装、球栅阵列封装的电气性能更优。

12.4 散热性能

半导体器件顺利工作的前提是散热良好。CBGA、CCGA载板是理想的陶瓷封装材料，采用昂贵的铜钨散热器可以更好地散热。多种内外部热传递增强结构，如有盖、无盖封装结构，都可根据需要改善散热性能。相较于周边引脚封装，陶瓷封装的散热设计可做得更完善。

陶瓷封装及载板提供了低热阻的热传递通路，键合芯片可通过芯片黏合剂传热，倒装芯片可通过阵列锡凸块传热。当然，在芯片背部贴合散热器可提高散热能力。当封装完成后，铝盖提供均温大表面，通过自然对流、强制对流等方式散热。

12.5 应用优势

与传统QFP相比，CBGA封装的电气性能占优——芯片到电路板的信号路径非常短。芯片到电路板的信号路径，受封装布线、接点密度等的影响。较短信号路径的寄生电容和寄生电感较小，信号传输速率较稳定。QFP为长引脚结构，常会因为共面性差而出现引脚碰撞或组装缺陷。而BGA封装为阵列引脚结构，组装缺陷率相当低，退货率几乎为零。

高密度、高性能封装需求的不断增长，促进了电子业一级封装与二级封装接合变革。通过提高布线、接点密度等，可以更有效地利用电路板面积。随着便携式产品的风行，不但200个以上引脚的封装采用BGA，轻薄低引脚数封装也大量采用BGA。这些低引脚数封装 BGA 与方形扁平无引脚 QFN（Quate Flat No-Lead）封装存在竞争关系。典型的 QFN 封装如图 12.6 所示。

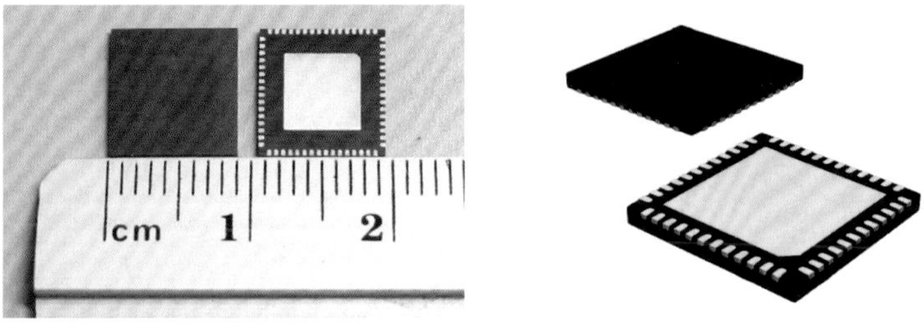

图 12.6　典型的 QFN 封装

CBGA 和塑料封装相比，具有电感低、散热性能好等优点。采用面阵列封装的好处在于，可用低层级组装技术组装器件，且电路板面积利用率也较高。陶瓷材料在强度与尺寸稳定性、耐候性等方面的优势，都使得 CBGA 在特定应用中的表现优于一般塑料封装。

12.6　故障模式及检测

封装的热循环加速老化测试温度有几种，如 40 ~ 125℃、0 ~ 100℃、20 ~ 80℃等，每小时的测试循环数取决于测试设备的性能。焊点完整性及可靠性是 CBGA 器件组装最重视的部分，通常会在工艺研发时建立破坏机制，并通过热循环加速测试检查焊点状况。组装后的切片分析，可用于特定锡球的疲劳破坏分析。可以用光学及电子显微镜对疲劳破坏点的全部裂缝做全面观察。

疲劳破坏通常是焊点经过多次热循环后发生，陶瓷封装双球结构接点的裂缝会先出现在低温焊料区，之后开始延伸。接点完全断裂的状况常发生在电路板锡球侧，如图 12.7 所示。裂缝路径不是沿着接点界面延伸的，而是顺着高铅区向锡球延伸，但锡球本身不会有任何破坏。

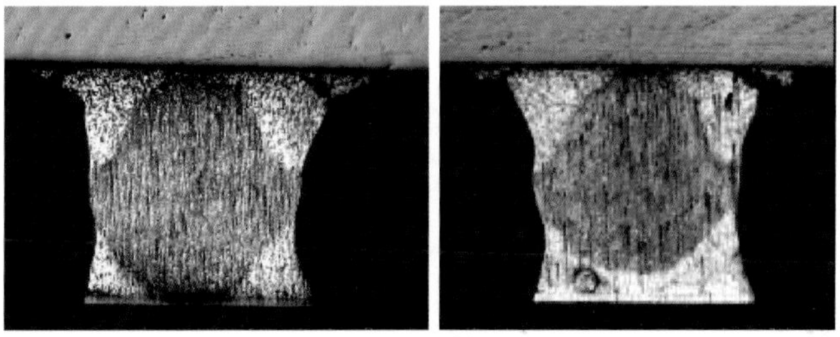

图 12.7　典型的 CBGA 锡球接点疲劳破坏

在潜变过程中，锡球会沿着焊料移动到新位置，因此，每个热循环中锡球都会出现些许微移动，移动量与锡球到中位点的距离有关。这种应力造成的锡球移动被称为棘轮效应。裂缝在冷却过程中的生长速率比在加热过程中大，实际应变包含剪应变、弯曲应变。

CBGA 器件组装到电路板后，两者间会填充环氧树脂，在 40 ~ 125℃条件下的破坏机制与 0 ~ 100℃条件的不同。裂缝发生在接点器件侧的低温焊料区，可能原因是填充树脂与器件黏合剂失效。良好的锡球接点状况如图 12.8 所示。

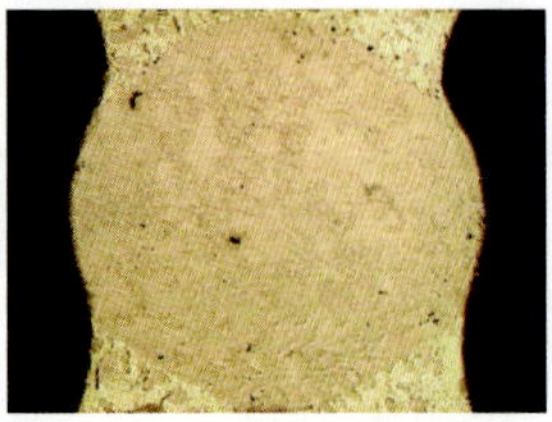

图 12.8 良好的锡球接点

CBGA 器件被组装到电路板上后，所有锡球接点都被器件本身遮蔽而无法以视觉检测，因此，必须使用 X 射线检测设备。X 射线设备既可用于产品检验，也可用于工艺开发。

组装工艺控制有助于减少检测问题，否则熔焊后内部锡球看不到也碰不到就麻烦了。典型控制项目，如锡膏量，应该考虑以 3D 检测设备精确控制。另外，电路板上的阻焊厚度与开窗尺寸也会影响焊料高度。一般用于工艺开发的锡球接点检验设备，有 X 射线断层扫描仪、光束断层扫描仪等。

典型焊接缺陷有桥连短路、气孔、断路、空焊（冷焊）、锡珠、污染、偏位等。其中，断路的发生原因有二，一是焊盘不可焊，二是锡膏量不够；短路则可能是偏位或 SMT 工艺中熔焊控制不当造成的。

第 13 章

PBGA 封装与 TBGA 封装

电子产品的低成本制造是未来的发展趋势，而高引脚数、高速、单芯片多功能、小尺寸等需求促使封装能力大幅提升，已经成为复杂芯片封装主流的 PBGA 封装也出现了多种结构。图 13.1 所示为典型的 PBGA 封装。

图 13.1 典型的 PBGA 封装（来源：cpu.linuxmania.net，www.samsung.com）

PBGA 封装目前被大量用于 PC、便携式电子产品等。与传统周边引脚塑料封装相比，这种封装有明显的表面贴装优势，锡球焊点缺陷率非常低。摩托罗拉最早开始大量使用这类封装，缺陷率低于 20×10^{-6}。相比之下，208 脚、0.5mm 节距的 PQFP 器件的焊点缺陷率为（500 ~ 2000）$\times10^{-6}$，某些专业厂的 BGA 器件的焊点缺陷率低于 1×10^{-6}，而 0.5mm 节距 QFP 器件的焊点缺陷率为（20 ~ 100）$\times10^{-6}$。低缺陷率意味着返工成本低。PBGA 器件的允许放置偏差较大，非常有利于组装良率的提升。

PBGA 封装的这些优势，主要源自以下三个方面的原因：

◎ 不存在导线架扭曲、引脚共面性差的问题

◎ 加大引脚节距可降低桥连短路风险

◎ 可降低放置偏差造成的短路、断路

不过，PBGA 封装还是有封装翘曲、板面翘曲、锡球尺寸变异导致良率降低的风险，只是细节距 PQFP 封装的风险相对较低。PBGA 封装的熔焊自对准能力比细节距 PQFP 高，这大大增大了封装的允许放置偏差。鉴于此，业者可用标准工艺、设备做表面贴装，而不至于增加太大的新设备投资。

20 世纪 90 年代之后的电子产品，在满足电气性能的前提下开始追求经济效益，朝着轻质、倒装芯片、高密度键合、高散热性能的方向发展。低成本 MCM 式 PBGA 封装符合这一趋势，许多公司开始迅速扩张这类产品的市场。对 MCM 而言，PBGA 封装的优势是球栅阵列引脚的电路板面积需求比周边引脚小。由于基材外露，MCM 的封装高度比 QFP 小 30% ~ 50%。图 13.2 所示为典型的 PBGA 封装 MCM。

如果采用有引脚封装，则具有 300 ~ 500 引脚的 IC 需要非常大的电路板面积，随之而来的是成本增加与电气性能降低。而 PBGA 是采用较先进的电路板制作的，结构设计相对容易，可缩短设计、分析时间，有利于快速上市与减少设计错误。

多数 MCM 需要额外的测试步骤，PBGA 封装减小了高引脚数封装的良率损失与引脚检测成本。有不少制造商能提供老化测试座与标准测试设备，图 13.3 所示为典型的老化测试座。

图 13.2 典型的 PBGA 封装 MCM

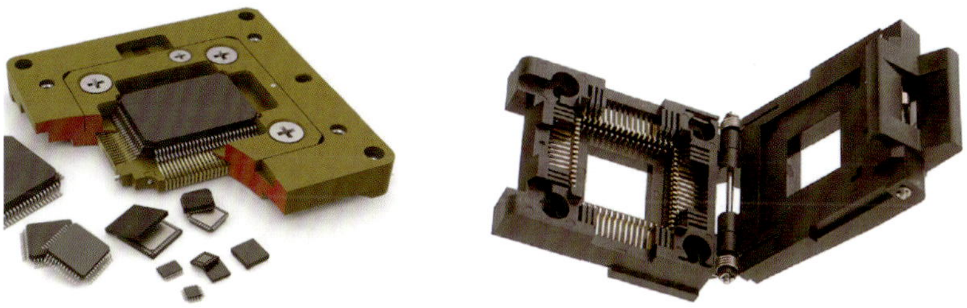

图 13.3 老化测试座

13.1 PBGA 封装的应用

应用 PBGA 封装的典型母板焊盘设计如图 13.4 所示。焊盘是以阻焊开窗限定的。印刷锡膏的钢网开窗需结合母板的阻焊开窗尺寸设计，根据阻焊对位能力设计焊盘边缘的覆盖范围。

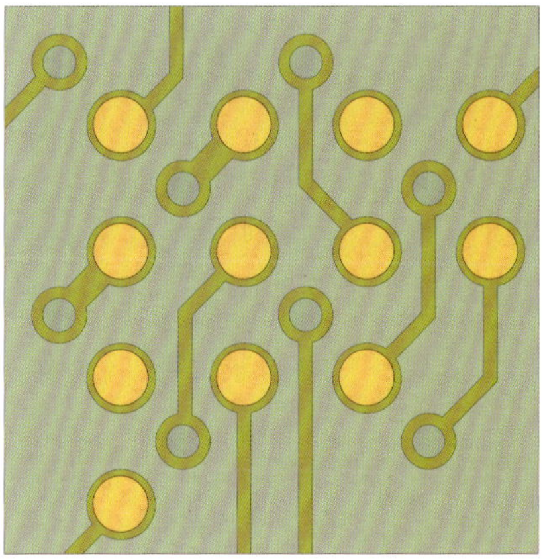

图 13.4 应用 PBGA 封装的典型母板焊盘设计

母板焊盘的表面处理必须依照最终使用者的需求而定。典型的表面处理技术包括裸铜有机可焊性保护处理、热风整平处理、电镀金、化学沉金、化学镍钯金等。PBGA 封装对既有表面贴装设备的适应性强，标准 PBGA 器件都可用传统 QFP 器件贴装设备组装，不需要使用细节距放置设备。以往 PBGA 贴装会使用 $Sn_{63}Pb_{37}$ 锡膏，不过目前已改用无铅焊料体系。PBGA 器件是从标准 JEDEC 卷带或平盘抓取、定位、放置，可以通过机械、光学组合机构定位，熔焊通常用红外线、热风回流炉完成。若使用免洗助焊剂，则具备氧气控制功能的回流焊炉比较好。

13.2 PBGA 封装的制造流程

PBGA 封装由 BT 树脂或高端耐高温材料载板制作，芯片组装至载板所用的工艺与 PQFP 类似，具体流程包括器件贴附、键合接合、模塑成型等，可沿用传统 IC 封装的参数，只需对温度、材料、治具等做微调。

PBGA 封装载板也是含有增强玻璃纤维的有机基材，一般会在组装前成条，并针对每个单元做电气测试、视觉检验等。条状载板送上组装线后，先用含银粉树脂进行点胶，之后进行芯片贴附与树脂硬化。树脂硬化通常要在 175℃热风循环烤箱内烘烤 1h。

键合接合是以超声波键合金线，在芯片焊盘与载板焊盘间构成通路，键合温度通常比 QFP 键合温度低。载板焊盘金属一般是铜镍金，其表面处理的稳定性会直接影响键合效果。键合后的载板会进行树脂转移模塑成型，之后在热风循环烤箱内硬化。硬化完成后制作表面字符，通常以紫外光、热固化油墨或者激光打标来制作。

最后进行植球，先将助焊剂印到载板上，接着将整列锡球移转到载板焊盘上，以红外线回流焊进行接合。要注意锡球高度以确保共面性，满足最终的表面贴装要求，主要变量包括锡球直径、熔焊温度 / 时间、载板焊盘阻焊开窗大小等。目前，多数厂商都采用免洗工艺。若情况特殊，必须清洗，则须注意清洗效果及环保要求。清洗后，条状载板会被分割为独立单元，然后放置在标准托盘中，包装、出货。

13.3 PBGA 封装的散热性能

PBGA 封装有大量球接点可将热传导到母板，因此，母板扮演着散热器的角色。当器件被安装到母板后，PBGA 封装的散热性能明显受母板表面气流的影响。在理想结构中，母板能减少 50% 或更多的封装发热。为了改善标准 PBGA 封装的散热性能，母板设计有以下几个优化原则：

◎ 母板上使用较厚铜层、大铜面设计

◎ 接地层等有效热传导体，应尽可能接近 PBGA 器件

◎ PBGA 器件到母板的连接，用尽可能多的通孔做电源、接地连接

◎ 若设计允许，母板的器件焊接区可留下较大的电源、接地或散热面积

◎ 利用尽量多的通孔将热从一层传导到另一层

◎ 将通孔填实、镀满，以进一步加强热传导

当然，复杂 PBGA 封装的散热考虑明显不同，设计者必须针对不同结构做检讨。典型封装材料的导热系数见表 13.1。

表 13.1 典型封装材料的导热系数

材 料	导热系数 /[W/(cm·℃)]	材 料	导热系数 /[W/(cm·℃)]
钻 石	5.9	硅	0.80
银	4.3	铂	0.73
铜	4.0	锡	0.66
金	3.2	96% 氧化铝	0.35
铍氧化物	2.5	芯片黏合树脂	0.05
铝	2.4	密封树脂	0.006
钨	1.8	复合基材	0.002
$W_{85}Cu_{15}$	1.7	氢	0.002
导线架	1.6	空 气	0.0003
硅碳化物	0.90	蒸 气	0.0002
铁	0.84		

13.4 PBGA 封装的电气性能

以电路板为载板的 PBGA 封装，可根据客户需求强化封装的电气性能，在封装设计中集成电源、接地总线。较简单的标准 PBGA 载板是两层结构，通常通过芯片贴合焊盘延伸接地。这些标准设计在电气性能上的表现要比 QFP 好得多，且满足大多数应用需求。

在芯片下方直接布置接地总线，缩短芯片至总线的键合长度，可以让 PBGA 封装的接地总线至外部接地结构的路径保持最短，以降低接地电感。封装下方接地总线至母板接地层的接点是低电感锡球，通常达 20 个或更多。这种结构可减少电流堵塞，进而降低 ΔI 噪声。

13.5 PBGA 封装的可靠性

封装可靠性永远是优先考虑的问题。有许多系统测试被用来验证新封装的特性与可靠性，主要测试项目包括湿气、应力等。要保持塑料封装的可靠性，湿气含量最小化是必要条件。湿气是封装的劲敌，当湿气穿透密封复合材料后，主要的可靠性考虑是湿气穿透其他界面的问题。

PBGA 的几个可能的湿气穿透路径如下：

◎ 沿玻璃纤维向上穿过载板树脂

◎ 阻焊与载板界面

◎ 密封树脂与电路板界面

◎ 沿着向外延伸至载板边缘的铜导线进入

湿气总量主要受两个因素的影响：穿透路径的长度、接合强度。合理的材料选用、工艺条件、载板设计都可使总吸湿量最小化，从而延长器件寿命。封装裂纹、分层及“爆米花”现象是封装内的湿气变成蒸汽时迅速膨胀所致，分层发生在“爆米花”之前，这也是 PBGA 封装的重要检查项目之一。

PBGA 封装的可能分层模式如下：

◎ 密封树脂与载板或阻焊分离

◎ 密封树脂与芯片表面分离

◎ 阻焊与载板分离

◎ 芯片底面与载板表面分离

PBGA 封装的密封树脂与芯片表面分离的风险，比传统 QFP 的要高。密封树脂从其他界面或芯片下方分层是比较重要的问题。因为分层会沿着密封树脂延伸到载板界面，之后延伸到金线接合区并拉起在载板上的接合点。判定 PBGA 封装的分层抵抗力，可利用 5 次热循环判定：先后以 30%、60% 的相对湿度暴露 168h，接着进行三次回流炉处理，之后对器件进行电气性能测试，并用扫描工具检测功能区的分层状况。

目前典型的 PBGA 器件可靠性测试条件为 –55 ~ 125℃ /1000 次循环，破坏模式有导线断裂、通孔裂痕、线接点分离、阻焊剥离等。PBGA 器件贴装在母板上的典型破坏模式为锡球疲劳，通常发生在芯片边缘正下方的锡球接点处。为了确保质量与可靠性，散热设计、材料选择、载板设计、工艺条件控制都非常重要。

压力锅测试是塑料封装的另一项测试，也适用于 PBGA 封装。PBGA 封装的 120℃、150psi、168 ~ 336h 可靠性测试通过率，虽然比一般塑料 QFP 差一点，但已能满足大部分应用需求。PBGA 封装的可靠性稍低是材料体系复杂导致的，而主要失效原因是过多的水和离子导致接合界面腐蚀，离子可能源自载板清洁不彻底、电镀或化学蚀刻残留、阻焊内杂质等。载板中的玻璃纤维也可能是离子和其他污染的来源。其他测试如 HAST、老化等所受的影响，也与压力锅测试类似。

13.6 TBGA 封装

随着 IC 持续高频化、高功率化，传统封装的大尺寸、长引脚、高电感、高电容、大厚度、大热阻等都构成了挑战。TBGA 可提供高引脚数、更轻薄封装，并具有更佳的电气性能、散热性能，可解决部分传统表面贴装的封装问题。

13.6.1 封装结构

与 BGA 不同，TBGA 以 TAB 接合方式取代 BGA 的标准键合。TAB 以铜箔作为芯片与载板的导通材料，而锡球则采用无铅合金。典型的 TBGA 封装如图 13.5 所示。

图 13.5 典型的 TBGA 封

TBGA 封装是载带结构，两层铜箔间夹着一层 2mil 厚的 Upilex 聚酰亚胺膜。卷带与芯片间通过金凸块或锡凸块连接。散热片可用导热胶贴在芯片和补强板背面。补强板的 CTE 必须和电路板 CTE 匹配，以降低接点所受应力。对于 FR-4 基材，镀锡铜片或 FR-4 光板是较好的补强板类型。

传统 ILB 常以金凸块或载带焊接技术（Solder Attach Tape Technology，SATT）做芯片接合。其中，SATT 的优点是可使用锡球与陶瓷载板接合。芯片、凸块和引脚需用密封树脂保护，密封后必须通过应力测试。TBGA 封装与电路板的组装可采用标准回流焊工艺。

13.6.2 封装可靠性

可能影响 TBGA 可靠性的因素有 ILB、OLB、导热胶、密封位置、锡球与电路板接合处等。

业者做过多项 TBGA 可靠性加速应力试验。根据 IBM 提供的数据，测试项目有 JEDEC 湿气预处理、加速热循环（ATC）、热老化、温湿度 / 偏压、机械振动搭配 ATC 等。其中，JEDEC 湿气预处理是一系列试验前处理，用来模拟表面贴装工艺。经过输送冲击（5 次，-40 ~ 50℃）、烘烤（24h，125℃）、湿气浸透（96h，30℃，60% 相对湿度）、红外线熔焊（3 次）等一系列试验后，若器件仍能正常工作，就被认定为可靠性良好。测试条件应依据可靠性需求而定。

13.6.3 散热性能

电子器件的最大功耗、最高结温、工作发热、散热能力等，都是 IC 设计常遇到的难题。当前 IC 的工作速度多数较高，即便是小而便宜的器件也具有高功耗特性，而高功耗需要更好的散热性能。因此，封装的重要功能之一就是帮助芯片散热。

芯片产生的热会以三种方式传递，即传导、对流、辐射。热能通过固体介质传导，热传导介质有导线架、表面镀层、导通孔、锡凸块、密封材料。在固液体界面的热传递机制为对流，风冷、液冷是热对流的代表性范例。至于辐射，热能以波的形式从表面散逸，黑色表面的辐射率较高。不过在多数封装中，辐射热的占比都较小。芯片上下方是散热的关键区，善用此区是确保散热性能的重点。用散热片取代芯片贴合垫，可改善 MQFP 的散热性能。对于 TBGA 封装，外部散热器可直接贴合在芯片背面，大部分热量都会从这里散逸。

13.7 小 结

目前，全世界已有超过 20 家专业封装载板厂。细线路与小节距制作能力在载板厂的努力下有了长足进步，对高密度接点、细线路结构、多芯片设计都有帮助。专用材料的研究聚焦在低吸湿率、无卤、低热膨胀系数、高洁净度树脂材料的开发。高速载板、高散热性能材料也在 PBGA 封装设计中日渐重要。

多芯片系统设计，以往为两三片的结构，目前已进化到超过两位数芯片的结构，不过主流设计仍然是简单的 3 ~ 5 片的结构。键合无疑是用得最多的芯片接合技术，它的弹性与低成本优势还会持续下去。但是，对于高性能封装，采用倒装芯片接合是大势所趋。随着便携式产品需求的增长，PBGA 封装将朝更薄的方向发展，堆叠数、芯片厚度、接点高度、载板厚度等都必须列入设计考虑。

小电路板面积需求促使封装朝小引脚节距发展，倒装芯片封装随着电气性能、接点密度的提高也成了较高密度封装的主流。面对半导体能量密度的不断提高，电子封装的散热性能也越来越受重视。

多功能、高速、轻薄、低价产品的持续发展，使得 PBGA 封装成为电子产品封装的主要发展方向之一。其简单的锡球接合方式，避开了 QFP 的引脚共面性问题，也方便利用 MCM 结构大幅提升密度。另外，PBGA 封装提供了高集成度，可合并多层电源 / 接地层，从而改善电气性能。随着载板高密度化、散热性能改善和成本的降低，PBGA 市场潜力可期。

第 14 章

晶片级封装

所谓“晶片级封装”（WLP），是指直接利用集成电路工艺，在晶片切割前完成封装步骤。与传统封装不同，晶片级封装并不直接做晶片切割，也没有芯片接合到载板的工序，而是在晶片制造过程中同时完成器件制作与封装。其基本流程是在晶片完成但未测试前加几道工序，完成芯片接合与老化、测试，之后再切割成封装单元。这并不是一项新技术，早期 IBM 制造晶片时，在表面制作凸块，以裸芯片直接封装就是晶片级封装的典型应用。

传统芯片级封装的尺寸不会超过芯片尺寸的 120%，会在芯片级完成单芯片封装后，以表面贴装技术组装。而倒装芯片封装则是在晶片级完成焊点制作，过去并不做老化试验。晶片级封装则是在晶片级先完成电路连接，之后切割成芯片，以类似于倒装芯片的形式组装。

14.1 晶片级封装的优点和缺点

晶片级封装的优点有很多，其主要优点如下：

◎ 提供接近芯片大小的最小外形尺寸

◎ 使用薄膜工艺，精度高、工艺能力强

◎ 所有电路连接皆在晶片级完成，封装成本低

◎ 所有芯片测试都在晶片级完成，老化试验成本低

◎ 导线缩短，有利于电气性能提升

传统 BGA 封装、CSP 封装无法满足某些便携式产品的微小化需求，而更小的晶片级封装的尺寸优势明显。晶片级封装的电路板面积需求最小，这是别的封装所不能及的。晶片级封装的芯片尺寸通常很小，多在 $10mm^2$ 以下；引脚数也不多，多为 100 个左右。多数晶片级封装器件与电路板间使用面阵列接合，可提供良好的电气性能与极短的信号路径，因此噪声也较低。小封装面积意味着电路板面积需求小，有利于降低成本。

晶片级封装也有一些缺点，如高引脚数器件的锡球直径及节距极小。若封装使用 30μm 直径的锡球，则电路板接点节距需缩小到 100μm 左右，这与电路板组装技术并不兼容。就算可以克服组装问题，电路板也必须高密度化，这会造成不必要的封装浪费，影响良率。

要想让载板不超过芯片本身大小，封装必须采用面阵列结构，利用锡球与电路板焊盘接合。面阵列倒装芯片技术已经成为高密度接合的必要工艺。缩小芯片尺寸，可使单片晶片的可生产芯片数增加。

14.2 晶片级封装技术

晶片制造与芯片封装技术的进步促使芯片产量大幅增加，也让成本得以快速降低。20 世纪 70 年代的 DIP、80 年代的 QFP、90 年代的 BGA 与 CSP，都是随着不同年代的

技术需求而发展起来的。虽然芯片成本逐年降低，但其封装成本受限于结构与技术特性而降幅有限。晶片厂总认为封装技术的发展追不上晶片制造技术的发展，晶片级封装技术或许能在一定程度上扭转这种局势。

晶片级封装器件的简单流程如图 14.1 所示，先在裸片上完成 IC 制作，接着做晶片级封装，完成封装后进行老化、测试，并将晶片切割成分立器件，用于系统组装。

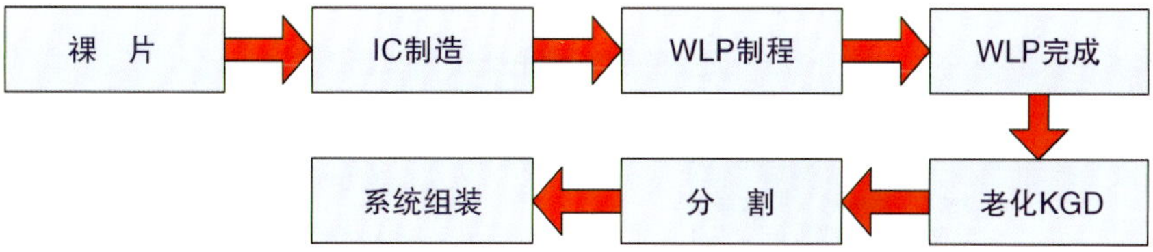

图 14.1 简单的晶片级封装器件的制造流程

老化与测试在晶片级完成，这有利于在晶片切割前筛选出已知良好（KGD）IC 与已知良好封装。

目前已有的晶片级封装大致可分为以下三种类型：

◎ 重新布线型封装

◎ 涂封保护型封装

◎ 挠曲 / 载带型封装

14.2.1 重新布线型封装

到目前为止，晶片级封装实际应用的工艺主要是重新布线，所用技术与倒装芯片类似。典型的面阵列重新布线型晶片级封装如图 14.2 所示。

图 14.2 面阵列重新布线型晶片级封装

重新布线型晶片级封装需要涂覆高分子薄膜，之后在表面构建金属层，将传统芯片周边焊盘重新配置成面阵列。主要使用的介质层材料是苯并环丁烯（BCB）、聚酰亚胺（PI），金属层材料是铝、铜。图 14.3 所示为典型的面阵列重新布线工艺流程。

以铜线路将晶片周边焊盘重新配置成面阵列，先沉积凸块下金属层（UBM），之后通过锡膏印刷、回流焊制作凸块。凸块下金属层的主要功能是减少金属化反应，提高可靠性。图 14.4 所示为晶片级封装芯片，表面有电路连接、重新布线与锡球。

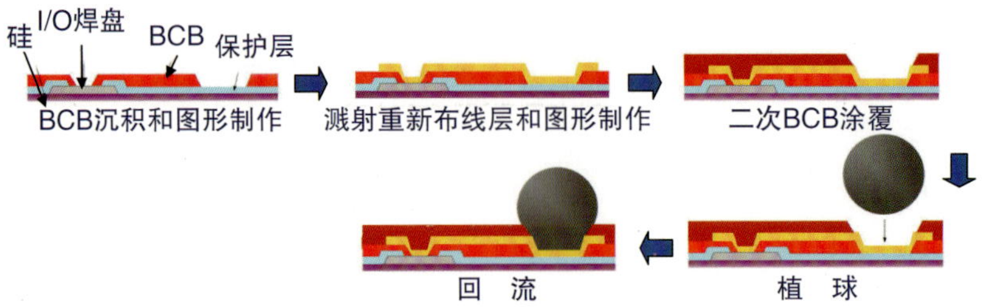

图 14.3 典型的面阵列重新布线工艺流程

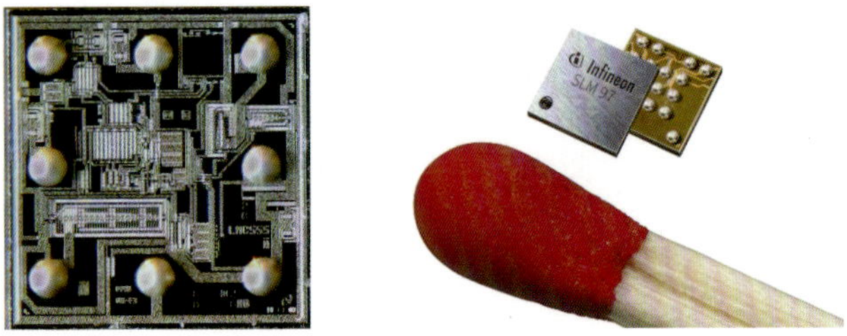

图 14.4 典型的晶片级封装芯片

目前的倒装芯片封装、晶片级封装、BGA 封装等，虽然封装尺寸不同，但都采用锡球（凸块）作为接点。传统倒装芯片技术的凸块是通过蒸镀或电镀制作的，而晶片级封装则类似于 BGA，通常采用丝网印刷或植球工艺，差异在于锡球的大小。晶片级封装技术使用 0.2 ~ 0.5mm 直径的锡球，而倒装芯片技术的锡球大小只有其一半或更小。重新布线技术通过在芯片上涂覆高分子介质层，构建整体环境与应力保护，再将倒装芯片或裸芯片直接接合到电路板上。

14.2.2 涂封保护型封装

将芯片密封在玻璃片之间，先用重新布线技术将晶片周边焊盘延伸到切割线内，接着将芯片正面贴到玻璃片上并抛光背面，将芯片厚度减小到约 100μm，最终封装总厚度为 0.3 ~ 0.5mm。接下来，以玻璃片密封芯片背面并做切割，将先前延伸的焊盘暴露出来并进行金属化，再利用图形转移定义出面阵列的导线，制作凸块下金属层、线路、锡球凸块等，最后进行晶片测试与切割。图 14.5 所示为涂封保护型晶片级封装的断面图。

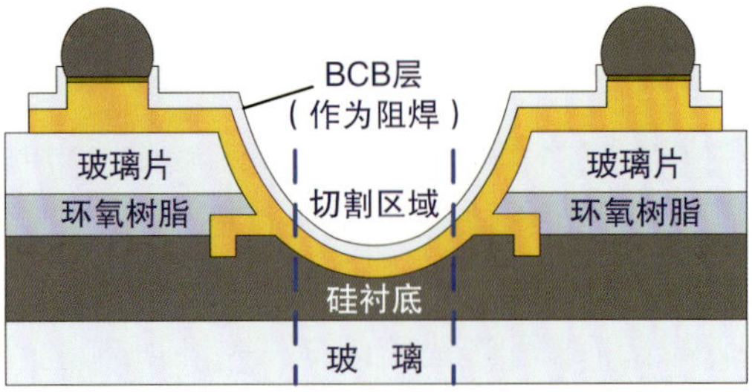

图 14.5 涂封保护型晶片级封装断面图

14.2.3 载带型封装

载带型晶片级封装如图 14.6 所示，使用传统挠性载带进行键合接合。

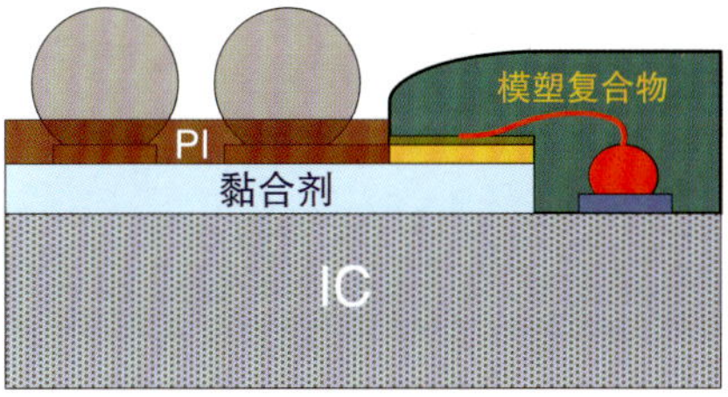

图 14.6 载带型晶片级封装

先在铜 - 聚酰亚胺载带上重新布线，然后将载带以黏合剂贴合在晶片上，再以键合将芯片焊盘接合到金属薄膜。另外，要用液态密封树脂将键合线与焊盘保护起来。焊盘上的锡球节距为 0.5 ~ 0.8mm。

14.3 晶片级封装的可靠性

晶片级封装的可靠性可通过几种可靠性模型进行预测和验证，要注意的是接点热疲劳寿命。经验认定的接点破坏平均时间，与芯片及封装载板间连接的高度、挠性有关，四种提高可靠连接的方法如下。

（1）提供挠性连接。原因很简单，如同 DIP、PGA 封装与电路板间的连接，高可靠性已有长期使用经验支持。键合接合的可靠性高也是出于类似原因，挠性导线可以吸收应力。

（2）利用堆叠锡球增加弹性，增加连接高度可延长接点寿命。

（3）加大锡球尺寸，效果同上，也是通过增加锡球高度来提高可靠性。

（4）匹配芯片与载板间的热膨胀系数，只要彼此间的连接焊盘错位不严重，就不容易产生接点断裂。不过这一点有争议，因为在芯片端固然可做调整，但电路板组装仍可能有问题，需要缓冲设计。

14.4 底部填充

通常晶片级封装不使用底部填充胶仍有良好的可靠性，因为封装尺寸到目前为止都还小（2 ~ 5mm^2）。对于较大尺寸晶片，如不使用底部填充胶，胀缩差异较大时仍有问题。用环氧树脂将芯片与电路板的接合空隙完全填满，能分散应力，减轻应力对锡球的损伤而延长封装寿命。图 14.7 所示是自动填充设备的工作状况。

持续观察发现，使用双球结构可将封装寿命延长两倍以上。双球结构晶片级封装流程如图 14.8 所示。

图 14.7　自动填充设备的工作状况

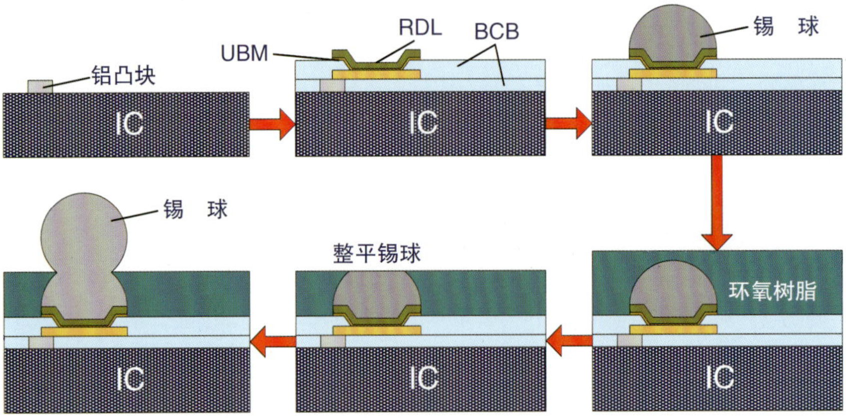

图 14.8　双球结构晶片级封装流程

这种结构可提供较大的锡球高度，并可通过底部填充胶来分散应力。虽然晶片级封装器件的组装不使用底部填充胶，但大部分手持产品内部仍使用底部填充胶以提升耐冲击性。许多加速破坏测试研究显示，不使用底部填充胶未必会造成太大问题，但多数组装仍会使用底部填充胶做额外保护。晶片级封装的老化与测试有助于降低封装成本，是必要步骤之一。目前已有多种非破坏性检验技术可用于晶片级封装测试。

14.5 小　结

晶片级封装的优势包括低成本、小尺寸、优异电气性能与可靠性等，预期会成为便携式电子产品的重要封装类型之一，已被广泛用于低接点数芯片。需要持续努力的是提升接点数。当此技术成熟度更高且与多数产品兼容时，产量增加与成本降低的机会就会来临。

第 15 章

微机电系统

微机电系统也被称为“MEMS”（Micro Electro Mechanical Systems）、“MST”（Microsystems Technology）。它是微型器件封装，集成了电气、机械、流体、光学等多种功能的部件，代表性应用为各类微型传感器、致动器等，这些器件都可植入产品或扩展到周边环境。微机电器件的特性是轻便、小型、快速，且通常比普通器件更精密。其发展趋势为外形尺寸微小、尺寸控制精准高、设计弹性好等，控制需求是可重复性高、可靠性高、良率高，制造成本还要低。

传感器常用于工艺控制、测量设备等。通常，传感器产生的信号微弱，必须进行信号放大处理，输出人类可感知的信号类型或执行某些动作。致动器常用来转换信号输出的小功率，以执行特定动作。不过，微致动器需要非常精准的控制，必须产生机械输出，如操控光束、移动微镜片扫描、切换光纤、驱动切割工具、处理微小钳子、驱动微泵等，甚至在手术中作为刺激神经组织的微电击器件。

目前，多数微机电系统虽然表现为器件或子系统，但强调的是系统级功能，代表性器件有加速度计、压力传感器、化学流量传感器、微镜头、陀螺仪、液体泵、喷墨打印头等。例如，加速度计广泛用于汽车的导航、安全气囊系统，还在电子系统中结合微机电传感器做自我诊断、数字输出。

电子、光学用途的微机电器件有射频微控开关、光学网络系统、热传感器，微泵、微阀门、气体传感器等都是代表性应用。后续可能出现的应用还有高清显示器、高密度存储器、化学微量分析器件、医疗诊断与药物输送装置等。微机电系统除轻量化需求外，若能提供新功能并降低成本，则会更受欢迎。

15.1 基本特性

IC 制造的主要材料硅以晶态、多晶态及非晶态存在。多晶、非晶硅常沉积为薄膜，厚度小于 5μm。单晶硅为四面体结构，非晶硅则为无规律排列结构，呈亚稳态且没有明显的 X 射线反射作用。IC 产业所用的高纯度硅晶片，常用于微机电系统，利用不同晶面的蚀刻速率差异，可在硅晶片中形成空穴。硅晶片是硬而脆的材料，在屈服强度以下的形变属于弹性变形，而超过屈服强度的形变会导致硅晶片破裂，其剥离强度、杨氏模量分别为 7GPa（$7\times10^7\text{N/m}^2$）及 160GPa。

材料的物理性能受电流、机械应力、磁场的影响，是业者关心的内容。机械应力导致电阻的变化称为压阻效应，这个特性被广泛应用于应力传感器。微细加工可进行精准的微细制造，并形成微机电结构，如压力传感器隔膜及空穴、加速度计悬臂等。微机电器件的制造材料有硅、玻璃、陶瓷、聚合物、贵金属、钻石、碳化硅等，其中，硅是主要材料。微细加工可通过减成法移除某区材料，也可在基材上构建薄膜图形以制作所需结构。

15.2 典型工艺：薄膜沉积与蚀刻

在硅晶片上，可利用不同技术沉积不同厚度的薄膜，之后以微蚀刻技术构建微细加工图形。常见薄膜材料包括二氧化硅（氧化物）、氮化硅（氮化物）、多晶硅（多晶）、铝等。湿式蚀刻法是将晶片浸入蚀刻液，以移除不需要的部分。湿式蚀刻液可分成各向同性、各向异性两类。各向同性蚀刻液在材料各方向的蚀刻速率相同，适用于氧化物、氮化物、铝、多晶硅等材料的蚀刻，但有底部侧蚀现象。各向异性蚀刻液可以在硅晶片上以不同速率蚀刻不同晶面，得到控制所需的形状。氢氧化钾（KOH）是典型的各向异性蚀刻液，可对（1，0，0）硅晶面进行选择性蚀刻，而不会攻击（1，1，1）平面。

微细加工常见的干式蚀刻法是指反应离子蚀刻（RIE）或深度反应离子蚀刻（DRIE），它利用电场加速离子朝被蚀刻物质行进，从而增强离子行进方向的各向异性蚀刻反应。在硅、氧化物、氮化物等材料上，可用干式蚀刻法制作几十微米深的垂直凹槽。

利用掺杂技术，可以让硅在氢氧化钾溶液中的蚀刻速率降低很多。在硼扩散进入硅晶片前，先在硅晶片表面形成较厚的二氧化硅阻挡层，在阻挡层上制作图形后放入炉管中做扩散。当硼扩散完成后除去阻挡层，再沉积第二层阻挡图形并浸入氢氧化钾蚀刻液中，对无阻挡层保护区掺杂硼的硅周围进行蚀刻，就可以制作出选择性残留立体结构。微机电结构还可利用沉积、减成法，结合电镀、电铸、蒸镀、图形转移、激光加工等技术制作。

15.3 封装技术

和电子封装相比，微机电封装面临着更多样化的参数。微机电封装发展缓慢，其多数研究都沿用IC封装的既有成熟技术与资源，很多因素都与IC封装类同。硅晶片厚度依直径不同而有不同标准，微机电封装的硅、玻璃堆叠厚度远比普通IC晶片厚，这是封装的重大挑战。可同时在一片晶片上制造上百个相同的微机电结构，但在晶片切割前后完成封装则各有优劣，规划时要考虑清楚。与其他封装相似，微机电封装必须对器件提供保护，以免器件可靠性受到不利影响。对于长期暴露于恶劣环境的器件，保护材料的选择与加工需要更加小心。微机电器件的接合与IC类似，可利用键合完成电气连接。

倒装芯片接合也可以用于微机电封装，之所以受到关注是因为其可将多种芯片，如加速度计、ASIC、倾斜传感器等集成到多层板上。

封装是集成一个或多个器件、电路，具有保护结构的完整微系统，有多种类型。封装设计的一般目的是减少内外电磁干扰、提升散热性能、降低热膨胀系数（CTE）差异，既要减小负载施加到器件的应力，也要足够坚硬，能承受外部冲击。封装连接还必须具备电源和信号分配功能，有效减小信号干扰。微机电封装的常见封装类型有陶瓷封装、塑料封装、金属封装，均有优缺点。

陶瓷载板坚硬、易碎且具有高弹性系数，常利用黏合剂或焊料固定芯片，利用键合、倒装芯片接合实现电气连接，之后密封上盖。具体外形须依据最终用途而定。塑料封装并非气密封装，有前密封与后密封之分。后密封是指在芯片黏合到导线架后进行密封，可为芯片、金属线提供环境保护。前密封是指黏着在预先封胶的导线架上。金属封装较坚硬且容易组装，但它已逐渐被塑料、陶瓷封装所取代。金属封装可满足多数微机电器件的低引脚数需求，而且可以在短时间内实现小量生产，具有良好的密封性。

15.4 典型的微机电器件

根据能量转换原理，利用体型微细加工制造的压力传感器，常用于差动量及绝对压力的测量。

根据不同的设计，可利用体型微细加工或面型微细加工制造加速度计。假如加速度计为弹簧悬吊结构，则利用体型微细加工制造；假如加速度计为指叉式悬臂结构，则生长薄膜层后进行图形转移及蚀刻等面型微细加工制造。

15.4.1 体型微细加工压力传感器

在过去的20年，微型压力传感器主导了微机电系统的主要市场。随着IC技术的进步，在过去 10 年里，其他微机电制造技术也在不断进步，并且有更多的微传感器及微致动器被商业化，预计将来会出现更多的应用。

微传感器含有一个随着外压而产生形变的挠性隔膜，隔膜变形量被转换成相应的电信号，并出现在传感器的输出端。图 15.1 所示为一个发动机歧管绝对压力（MAP）传感器。它被用于检测汽车进气歧管中空气的绝对压力，以计算发动机每个汽缸所需的燃油量。该传感器结合先进微细加工技术、薄膜金属化及双极半导体工艺，可提供与外压成正比的高精度模拟信号输出。

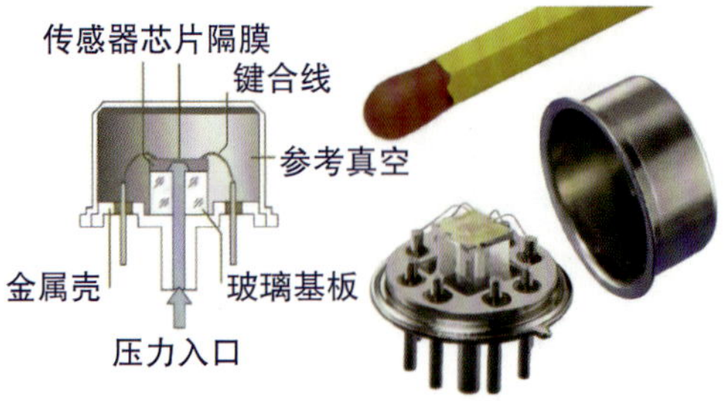

图 15.1 MAP 传感器（来源：www.semiconwest.org）

传感器芯片是利用体型微细加工制造的。在微细加工前，先利用标准 IC 工艺在隔膜区边缘形成压阻应变片。将应变片贴合在玻璃载板上，以蚀刻形成芯片隔膜下方密封的真空穴。然后，利用标准的 IC 封装工艺，如小外形引脚封装（SO），以不锈钢盖密封隔膜顶端并注入凝胶密封。凝胶将压阻应变片与环境隔离，但不影响压力信号传送至硅隔膜。外加压力迫使隔膜产生形变，改变压阻应变片的阻值。芯片中的电子电路测量阻值变化，且在传感器输出端输出对应的电压信号。

15.4.2 面型微细加工加速度计及类似器件

除了安全气囊及主动悬挂系统中需要加速度计，制动防抱死系统也需要加速度计，目前产量最大的应用是安全气囊碰撞传感器。过去的汽车控制系统利用机电及压电传感器产生安全气囊启动信号，当轻型卡车也被要求加装安全气囊时，就需要快速响应的碰撞传感器。除了系统性能需求，可靠性高、成本低的半导体加速度计是提供快速启动、自我测试（诊断）功能所不可或缺的，因此，系统需要减少传感器并提高集成度。

面型微细加工加速度计是根据电容变化制造的，先在硅晶片上沉积牺牲层及结构层，再以选择性化学蚀刻隔开导体层的牺牲层，进而产生空气介质电容器。芯片表面垂直方向的加速度会造成电容极板移动，输出电容正比于加速度的频率信号。

图 15.2 所示为利用面型微细加工制造的加速度计的内部结构。它利用很多梳状交叉图形形成梳状电容器，通过电子电路将加速度变化导致的电容变化转换成电压，电压与加速度成正比。

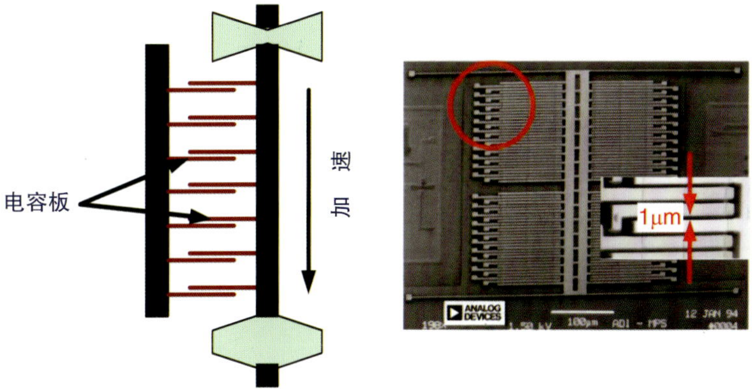

图 15.2 加速度计的内部结构（来源：oz.nthu.edu.tw）

加速度计采用传统低引脚数封装，如晶体管外形（TO）封装、双列直插封装（DIP）、引脚陶瓷封装、引脚塑料封装等。

15.4.3 致动器

谐振器

谐振器可利用高能光源及电镀技术制造，利用 X 射线同步加速器产生的高能光源，以较厚聚甲基丙烯酸甲酯（PMMA 或 Plexiglas）成型，然后进行电镀。谐振器中的中间质量块、弹簧及静电指叉状等部分并没有固定，其他部分则固定在载板上。对中间及某一边的固定结构施加电压，交叉梳状结构便会产生较大吸引力。这种结构可用作开关、精准位置测量仪或谐振传感器的一部分。

压电效应

某些晶体受到外力作用时，会产生电场。而且，受到外部电压时，这些晶体会膨胀或收缩。这类压电晶体常用作计算机中的晶体振荡器及移动电话里的振铃振荡器。在微机电系统中，压电晶体可同时用作传感器及致动器，用途很广。

热致动器

热致动器对温度变化非常敏感，因此要注意热管理。常见的热致动器类型有双金属型、液体或气体膨胀型。

梳状驱动器

在面型微细加工器件中，梳状驱动器很常见。梳状驱动器由很多交叉梳状图形构成，被施加电压时，梳状图形会互相吸引。由于电容值正比于梳状图形的齿数，因此若要产生较大的吸引力，就需要梳齿较多的梳状图形。

磁致动器

磁致动器通常利用电镀镍制造，与 LIGA 的工艺有共通之处。镍是一种弱铁磁性材料，可应用于磁致动器。

15.5 失效模式

IC 器件的组装失效一般与焊接有关，而微机电器件的失效模式更复杂。IC 系统中的焊点失效模式以热循环疲劳为主，但热循环疲劳在微机电系统中不太重要。黏着、磨损是微机电系统的主要失效模式，可能发生在微细接合界面处。

微机电封装的常见失效原因有热循环、振动、冲击、吸湿、辐射效应等。由于包含可移动元件，微机电封装比 IC 封装更容易遭受环境损坏。

对于梳状、薄膜状等容易受交替负载影响的元件，需要特别重视周期性机械疲劳。就算负载影响不明显，应力也可能导致材料退化。对于工作在共振频率的微机电器件，机械减弱可能原因有很多种，如封装中残存气体。某些微机电封装的密封性要求较高，密封性不良可能是材料中的气体成分外泄所致，选择适当的封装材料与前处理可以解决这些问题。

15.6 小 结

微机电系统常见于汽车、医疗、消费、工业、航天等领域。全世界都在积极发展微机电技术，材料、制造工艺、封装及可靠性检验等一直在进步。微机电器件的制造及微细加工等，大量利用硅半导体既有技术，但其封装必须提供外部接口，接口腐蚀会导致器件性能下降。IC 封装主要失效模式为接点热循环疲劳，而微机电封装的主要失效模式为运动机械疲劳、密封气泡、黏着、磨损。

第 16 章

立体封装

当电子产品可用空间缩小而所需功能性却持续提升时，几个设计特征随即出现：功能集成度提高、芯片与封装都变薄变小、互连密度大幅提高。目前的电子产品中，对这类特征需求最迫切的当属手持式产品，其中的代表当属智能手机。图 16.1 所示为 iPhone X 的拆解状态。

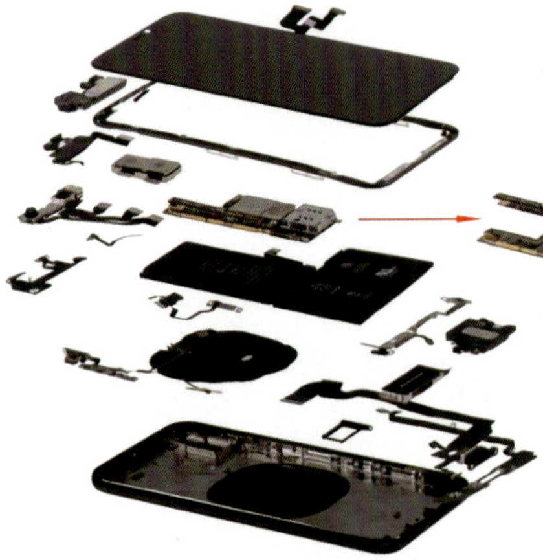

图 16.1 iPhone X 的拆解状态（来源：www.businessinsider.com）

系统级封装（SiP）与系统级芯片（SoC），是经常被业者比较的两种封装类型，它们的特性比较见表 16.1。将所有功能集成到封装结构内的是 SiP，发挥到极致的则是立体封装，这已经超越了摩尔定律的范畴。

表 16.1 SiP 与 SoC 的比较

比较项目	SiP	SoC
优 势	可做不同结构器件的集成 弹性、调整性高 可以快速进入市场	CMOS 器件集成 系统性能优化 制造规划单一 可以依据摩尔定律逐步降低成本
研发成本	比较低	比较高
研发时间	6 ~ 12 个月	12 ~ 18 个月

目前，许多便携式产品通过系统集成来减少功能芯片，新芯片集成的功能越来越多，提高“硅含量”是必然的趋势。从电子封装的角度看，典型的应对方法有堆叠、埋入元件、提高连接密度等。立体封装就是利用这些方法，集成 SiP、PoP、PiP 等的优势，进而实现效能、成本、制造弹性、研发速度的提升。

典型的立体封装类型有堆叠式内存封装、通信模块封装、埋入式无源元件等。系统模块（SoM）、堆叠封装（PoP）、系统级封装（SiP）、封装内封装（PiP）……不论如何称呼这种半导体封装，它都超出了传统多芯片模块（MCM）的范畴，不再单指多芯片载板封装，而是更弹性地利用立体空间构建功能性器件或产品。这也使得电子封装、器件组装、产品的界限变得模糊，而多数业者关于这类议题的讨论还是集中在电子器件制作与设计。

16.1 提高封装密度的典型策略

16.1.1 多芯片化

传统的提高封装密度的方法是，将单芯片封装转化为多芯片封装。典型的结构变化如图 16.2 所示，业者称其为边缘连接。

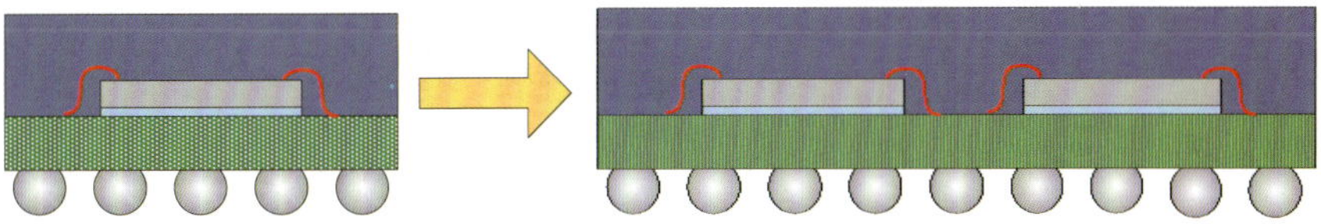

图 16.2 单芯片封装转化为多芯片封装的结构变化

这种方法虽然能提高器件与系统集成度，但对缩小半导体封装面积和提高密度的贡献有限。这种策略当前面临的挑战相对小，目前被广泛使用。

16.1.2 向上堆叠

为了提升单位体积内的功能与接点密度，各种向上堆叠的方法应运而生，典型方法有芯片堆叠、封装堆叠或两者的组合应用等。对于同一个封装内的堆叠，业者称其为 SiP。而封装的再堆叠，业者称其为 PoP 或 PiP。图 16.3 所示为两种 SiP 的堆叠结构。

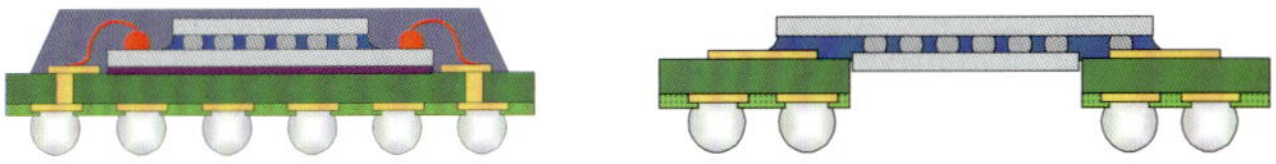

(a) 基板上键合　　(b) 基板上倒装芯片

图 16.3 两种 SiP 的堆叠结构

16.1.3 采用埋入式设计

当传统连接空间已经不敷使用时，最简单的应对方式就是谋求新空间或者新互连结构，采用埋入式设计。原始想法是将元件埋入载板，让出封装内或载板表面的繁忙空间。图 16.4 所示为典型的埋入式无源元件。

图 16.4 典型的埋入式元件

受限于设计能力、生产良率等因素，埋入式元件技术虽已经发展多年，但应用范围仍然有限。较成熟的应用以无源元件埋入为主，不过也有许多有源元件的埋入案例。图 16.5 所示为典型的埋入式元件封装。

(a) 埋入式无源元件　　(b) 埋入式有源元件

图 16.5 典型的埋入式元件封装

典型的埋入式元件互连有两种，盲孔导通和导电材料连接。有源元件埋入有面向下型与面向上型两种工艺，在电气性能与可制造性方面各有优劣，要视实际技术能力而定。而实际结构会影响电气性能，电气路径越短，电气性能越好。两种典型工艺的具体情况见表 16.2 所示。

表 16.2 典型的元件埋入工艺

	面向下	面向上	劣　势
载　板			开短路测试
芯片固定			精　度
	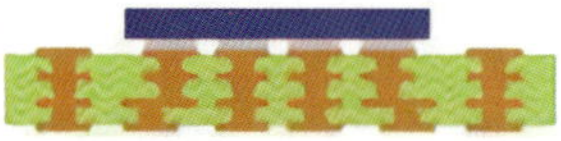		导通测试
埋　入	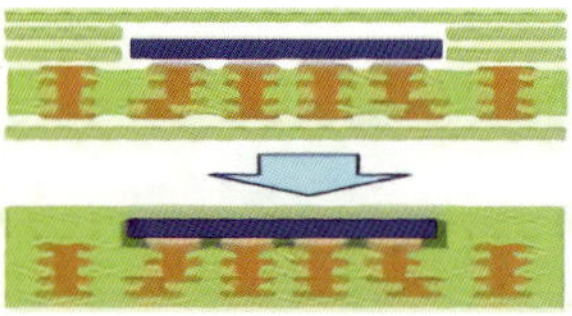	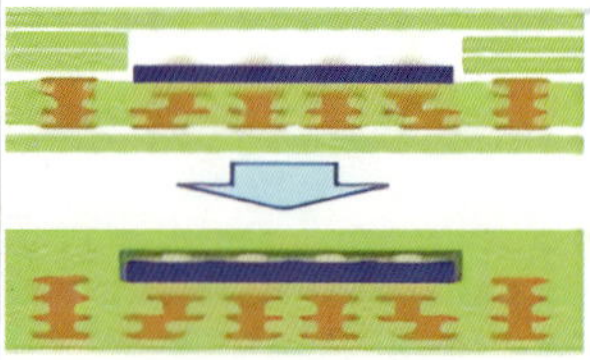	微空洞 厚　度 平整度
导通孔制作			孔位精度 元件位置精度
导通孔连接			铜　厚 导电膏填充 导通孔中的微空洞
图形制作	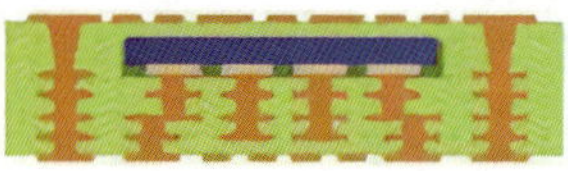		开短路测试
阻焊制作	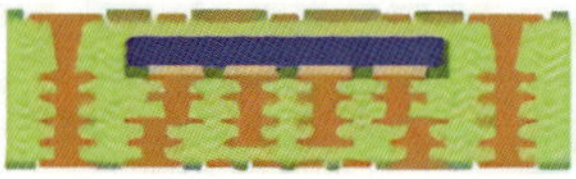		检　验

16.1.4 PoP 结构

随着电子产品的体积、功能、外观等需求的融合，以往的许多电子封装规则都变得模糊。最常见的变化是，封装不再严格遵循传统的芯片到封装、封装到电路板这种循序渐进的流程，必要时会在封装期间接合器件或系统。图 16.6 所示为典型的 PoP 结构。

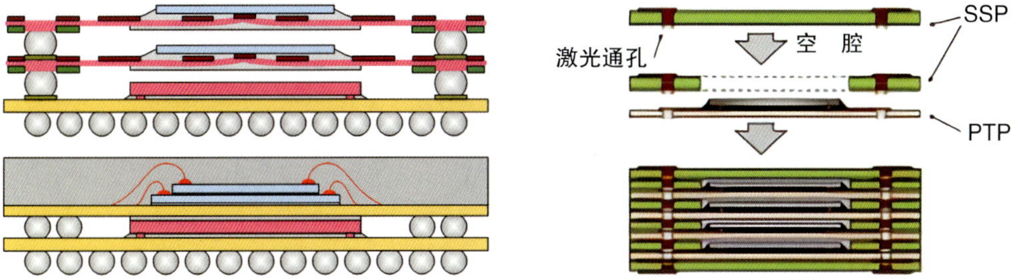

图 16.6 典型的 POP 结构（来源：http://www.akita-elec.co.jp/）

由于元件构建不再受限于平面连接，故这种封装结构被称为立体封装。这种结构正在由单一走向多元。

16.2 立体封装的优势

立体封装可以跨越传统平面封装的限制，其优势如下：

◎ 提高封装内的连接密度，可以缩短信号路径（mm → μm）、降低内存通信功耗、降低下一级封装的成本

◎ 利用芯片直接连接可将接点密度从约 10^3 点每平方英寸提高到 10^6 ~ 10^8 点每平方英寸

◎ 传输功耗低，芯片间的传输功耗多数可保持在 1mW/（Gb·s）以下，芯片到封装载板、接口间的传输功耗可达（3 ~ 6）mW/（Gb·s）

◎ 可集成不同材料的芯片

◎ 可以构建新的电源分配结构，针对特定层级做电压校准、电容去耦等

◎ 工作频率倍增，信号传输速率得以提高，有利于平行信号传输

◎ 可得到更高功能密度，在单位体积内集成更多功能器件，封装外形得以缩小

16.3 立体封装结构

目前较常见的立体封装，一类是 SiP、PiP 或 SoP，典型结构有封装间堆叠与芯片间堆叠；另一类是芯片直接堆叠，典型结构有晶片堆叠、芯片与晶片堆叠、立体器件等。先进的芯片封装希望从平面结构转化成立体结构，如图 16.7 所示。这种结构有利于异型器件、不同材料、不同应用、不同技术的整合，让传统 SoC 封装焕发新的活力。

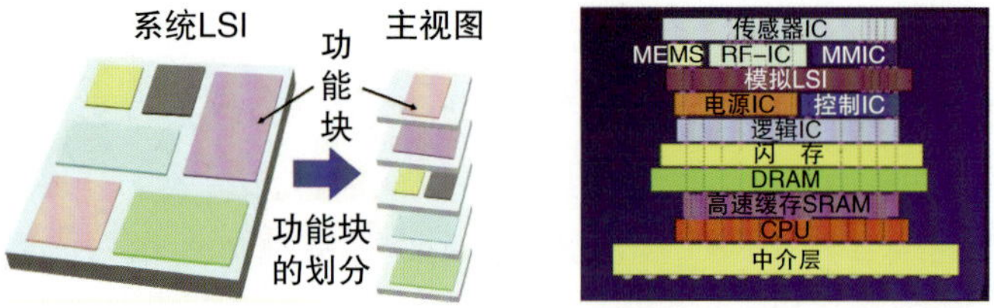

图 16.7 封装从平面结构转化成立体封装（来源：中国台湾工业研究院 2008 年 3D IC 研讨会）

16.3.1 常见的 3D 键合 SiP 封装

到目前为止，键合仍然是构建器件接点连接的有效方法。封装业者会通过芯片堆叠后键合做多芯片堆叠封装，以提高封装密度。图 16.8 所示为大内存及小系统集成的 3D 键合 SiP 封装。

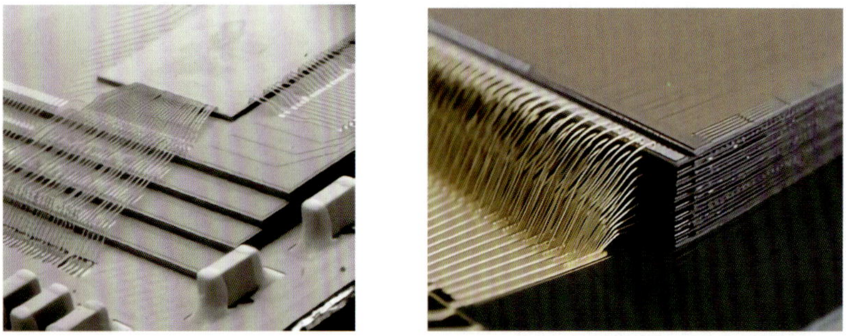

图 16.8 3D 键合 SiP 封装（来源：iNEMI，http://ewh.ieee.org，Elpida）

16.3.2 典型的封装堆叠（PoP）

直接以一级封装响应需求变化，是封装厂常用的策略。图 16.9 所示为常见的几种小型芯片立体封装。这些封装也可结合多芯片、无源元件、多封装、倒装芯片、光电器件、微机电器件等做功能集成。其中，图 16.9（a）和（b）所示的封装都属于 SiP。当部分器件来自不同厂商时，图 16.9（c）所示的 PoP 是更好的选择。目前，业者习惯完成主体器件封装后，委托下游厂商依据需要集成其他有源元件或扩展内存容量。

(a) 双芯片引线键合堆叠　(b) 单引线键合芯片面对面堆叠倒装芯片　(c) 双引线键合芯片堆叠封装

图 16.9 常见的小型芯片立体封装

16.3.3 封装间堆叠技术（Neo-Stack）

为了提升内存的容量与速度，低功耗、低引脚数芯片是最早采用堆叠结构的器件。图 16.10 所示为利用 Neo-Stack 技术制作的高密度闪存堆叠结构。因为引脚数低、功耗也低，使用周边引脚连接就足以克服技术问题。

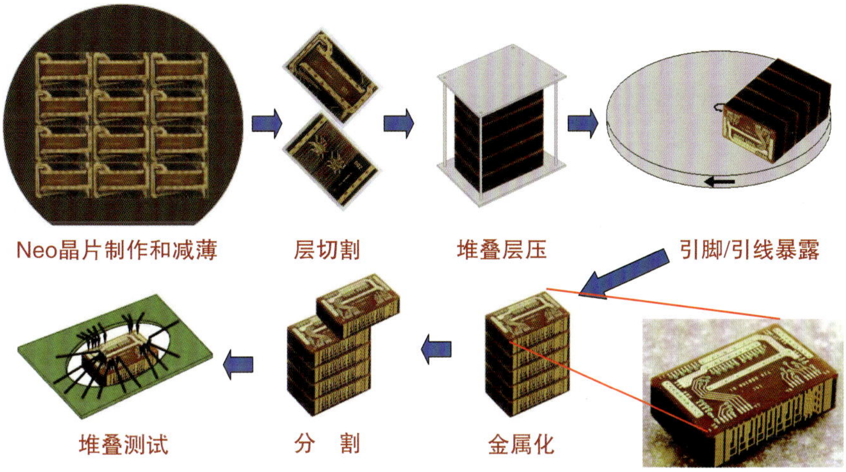

图 16.10 利用 Neo-Stack 技术制作的闪存（来源：HDI Magazine，1999，12）

16.3.4 折叠型立体封装

挠性板轻薄、可弯曲、散热好，不但让 TAB 封装一度成为高引脚数封装的主流，提高了 CSP 的地位，而且让折叠型封装成为立体封装的一条技术路线。图 16.11 所示为 Tessera 提出的折叠型立体封装范例。

图 16.11 Tessera 提出的折叠型立体封装（来源：Tessera）

16.3.5 铜凸块载板封装

随着封装立体化及高密度化，Tessera 提出了另一种立体封装技术路线。这种封装技术仍是在载板上做改变，利用薄载板做不同器件间的互连，且强调可靠性与设计弹性。图 16.12 所示为该公司提出的两种铜凸块载板封装。接点密度提高后，接点高度就会降低，这种特性在利用凸块、球接点制作的封装上表现得特别明显。降低接点高度后，连接金属的耐热疲劳能力就会下降，这也是 Tessera 提出这种技术路线的原因。

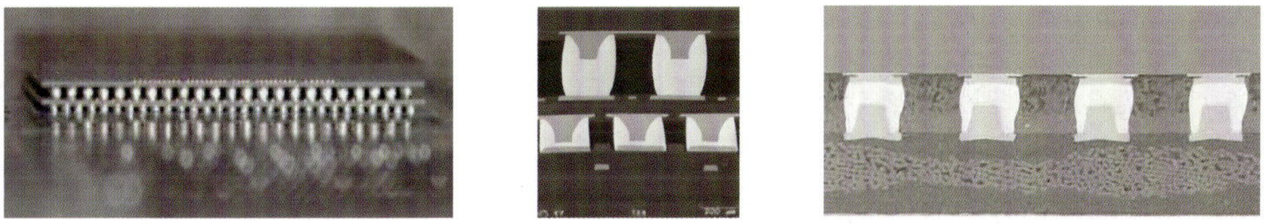

(a) 封装间　　(b) 芯片到基板

图 16.12 Tessera 提出的两种铜凸块载板封装

16.4 立体封装技术

传统周边引脚封装已经提高了接点密度，但与阵列引脚封装相比，密度仍然偏低。图 16.13 所示为 SiP 键合堆叠结构，不论是先封装再堆叠，还是先堆叠再键合，都会面临引脚密度捉襟见肘的状况。只有周边连接时，封装载板决定了整体布线能力有限，比较长引线的键合又容易产生高电感、串扰噪声、传输延迟等问题。

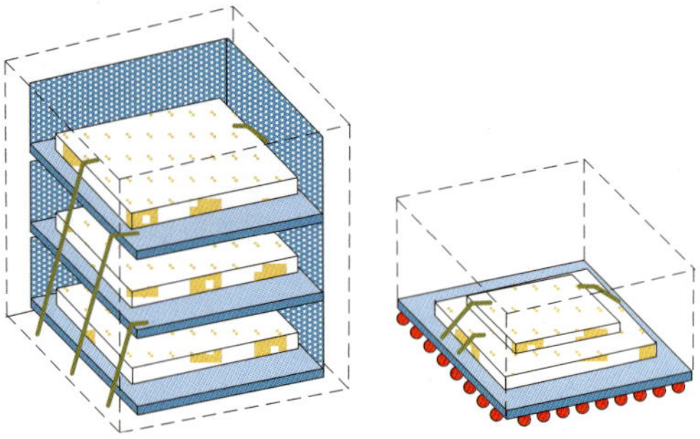

图 16.13 SiP 键合堆叠结构

从电子系统的长远发展看，高性能全方位立体封装必须跳出以往简单封装串联的思维，朝着更高密度与集成度的封装发展。图 16.14 所示为 2007 年 ITRI 发布的电子封装技术路线图。可以看到，业者不但期待更具弹性的立体封装技术，还期待异质封装与材料的导入，光电与微机电的集成是下一个技术发展方向。

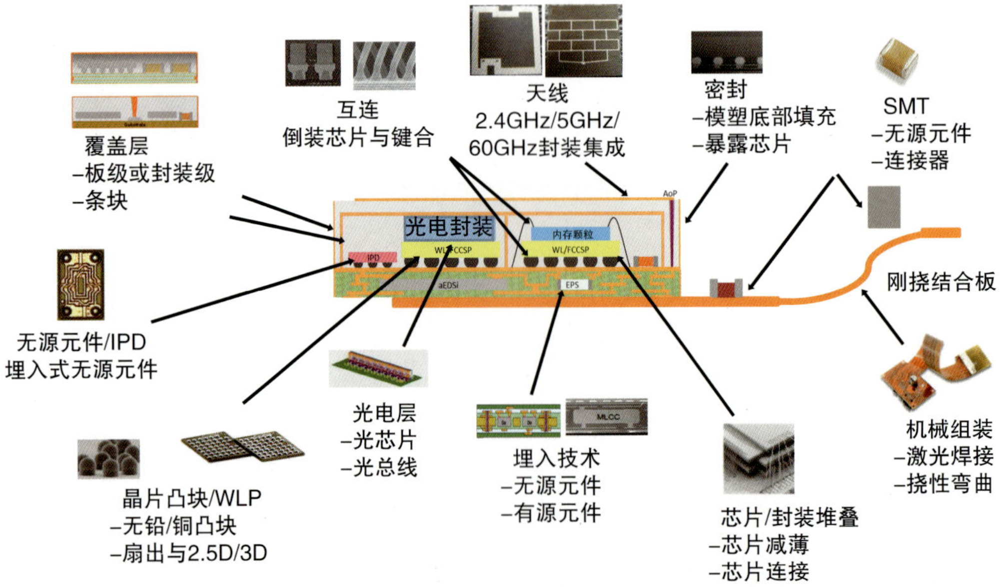

图 16.14 2007 年 ITRI 发布的电子封装技术路线图

16.4.1 球形半导体封装

多年来，半导体器件制造基本上以平面为基础，之后做各种功能与接点的集成。不过，也有业者尝试以真正的立体结构制作半导体器件，如球形半导体器件。图 16.15 所示为球形半导体封装，这种封装能更充分地利用立体空间。不过受限于工艺能力，球形半导体器件密度无法达到一般平面半导体器件的水平，到目前为止仍停留在少数应用中。

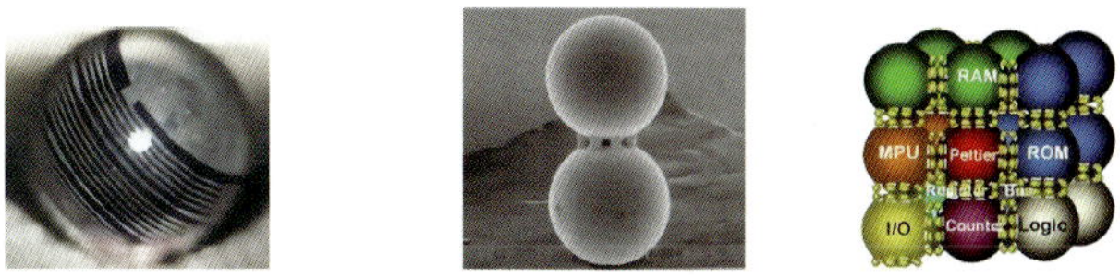

图 16.15　球形半导体封装（来源：http://www.ballsemi.com）

16.4.2　平面半导体封装

至于平面半导体器件，当然只能在平面上构建互连，除了用传统键合、TAB、倒装芯片技术做封装，还可以利用进一步发展的硅通孔（TSV）技术。平面半导体器件都是单面增层，与其他器件的堆叠接合方式有背对背、面对背、面对面。无论采用何种接合模式，关键工艺都是 TSV、晶片减薄、微凸块制作、芯片或晶片对位、芯片贴合等，如图 16.16 所示。

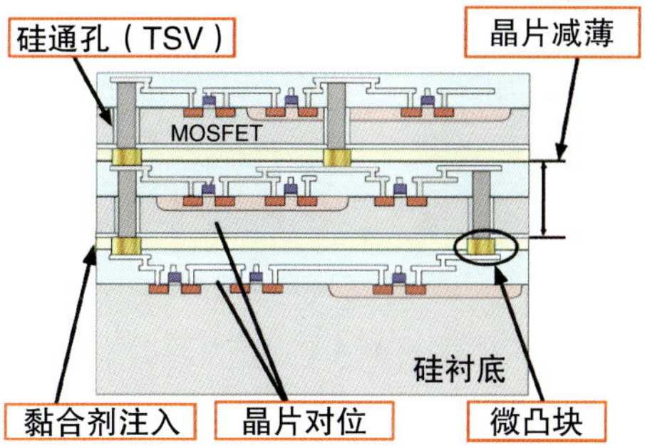

图 16.16　平面半导体堆叠立体封装的关键工艺
（来源：中国台湾工业研究院，3D IC 研讨会，2008）

16.4.3　典型的 TSV 堆叠工艺

在 IBM 发布铜芯片技术的同时，也有多家公司在发展类似技术。其中，封装高密度化的重要方向之一，就是芯片直接连接。图 16.17 所示为 IBM 发布的硅通孔（TSV）芯片及封装。

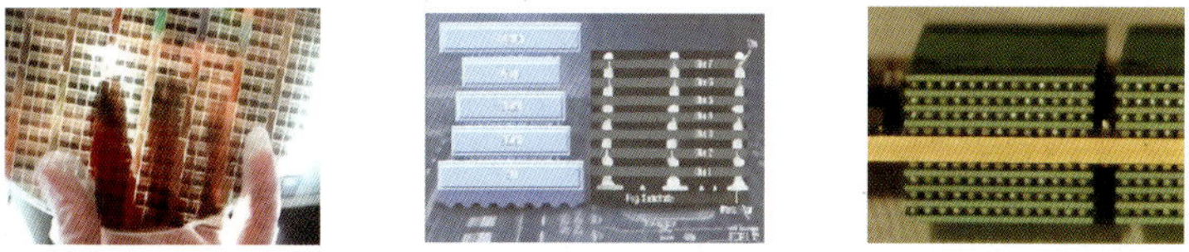

(a) TSV芯片　(b) 芯片堆叠　(c) 3D倒装芯片堆叠

图 16.17　IBM 发布的硅通孔（TSV）芯片及封装
（来源：中国台湾工业研究院，3D IC 封装讲座，2008）

TSV

TSV 是利用激光在芯片上制作盲孔，之后利用电镀将盲孔填满，再通过芯片减薄等工艺产生通孔结构。图 16.18 所示为典型的 TSV 加工状态。

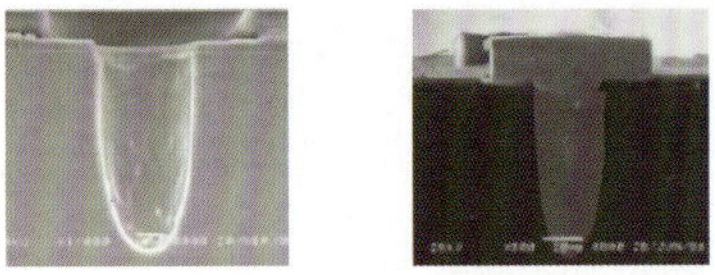

(a) 三星的TSV钻孔及电镀

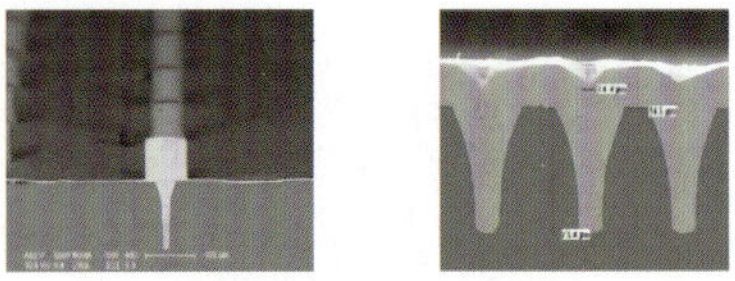

(b) 英特尔的TSV电镀

图 16.18 典型的 TSV 加工状态

晶片减薄

业者为提升器件功能性、减小封装成品厚度，会做 TSV 与芯片减薄。图 16.19 所示为晶片减薄及自动化作业辅助系统。

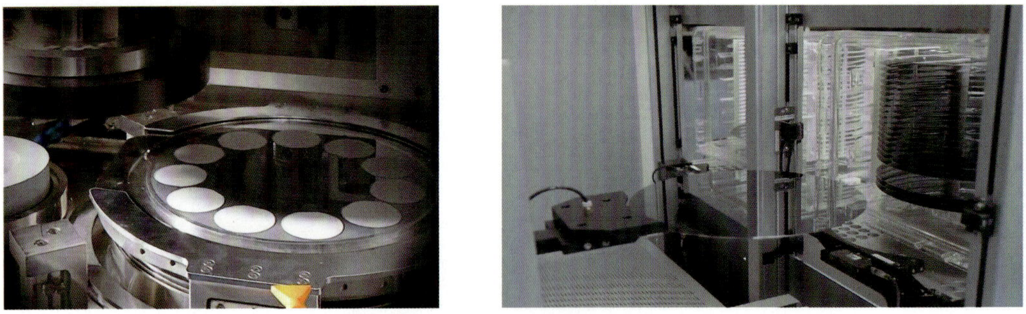

图 16.19 晶片减薄及自动化作业辅助系统（来源：Disco，3M）

晶片减薄是立体封装中非常困难的部分，因为晶片减薄到一定厚度后会发生挠曲。这时，如何从研磨载体上无损伤脱除晶片，且保持晶片平整，就成了重大考验。图 16.20 所示为晶片减薄后残留应力与表面处理不当导致的挠曲现象。

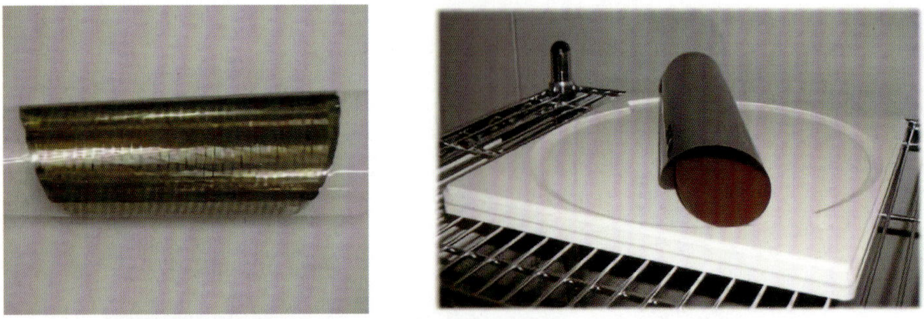

图 16.20 晶片减薄后残留应力与表面处理不当导致的挠曲现象
（来源：中国台湾工业研究院，3D IC 研讨会，2009）

完成 TSV 电镀后，在晶片减薄的同时将 TSV 的另一面暴露出来，以方便做后续的接点表面处理与接合操作。图 16.21 所示为铜面抛除、晶片减薄后的 TSV 断面。减薄后的 TSV 表面会再做接点表面处理，以满足后续的接合需求。

图 16.21 铜面抛除、晶片减薄后的 TSV 断面

芯片或晶片的贴合与对位

芯片的对位与接合，有芯片对芯片、芯片对晶片、晶片对晶片三种模式。其中，芯片对芯片的效率最低，芯片对晶片比较容易作业，晶片对晶片较有效率但难度较高。目前已有精度达到 ±1μm 的芯片对位设备，其对位靶标有多种制作方法。图 16.22 所示为典型的芯片对位机与靶标。

(a) 芯片对晶片

(b) 晶片对晶片

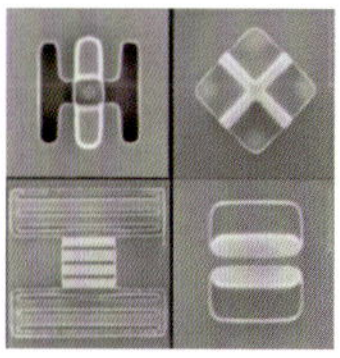

(c) 靶　标

图 16.22 典型的芯片对位机与靶标

芯片对位前可用不同的黏合技术来固定芯片，完成后 TSV 间会产生导通。图 16.23 所示为固定后的晶片与芯片。

图 16.23 固定后的晶片与芯片（来源：中国台湾工业研究院，3D IC 研讨会，2009）

16.4.4 立体封装面临的挑战

虽然理论上立体封装有许多好处，但和其他技术一样，立体封装发展初期面临着许多问题，主要挑战如下：

◎ 立体封装技术仍不成熟

◎ 没有明确的规则或路径可以确保效益最大化

◎ 各种设计的各阶段采用何种技术缺乏经验

◎ 难以确定哪一种立体封装技术经济有效

◎ 有效且可靠地做芯片堆叠、埋入、集成的经验不足

◎ 做出良好可靠性的立体封装仍有赖于经验累积

◎ 最终与中间检验仍需积累经验与寻找工具

◎ 如何做系统分割最有利，没有固定规则

◎ 系统改变时，芯片互连可能也需要改变

◎ 到目前为止，量化经验仍然非常有限

◎ 整个产业链仍有待发展

16.4.5 2D/3D 混合封装

随着电子产品的微型化，增加了以往没有的功能，有不少产品选择将微机电器件与半导体芯片集成为一体，形成 2D/3D 混合封装，如图 16.24 所示。

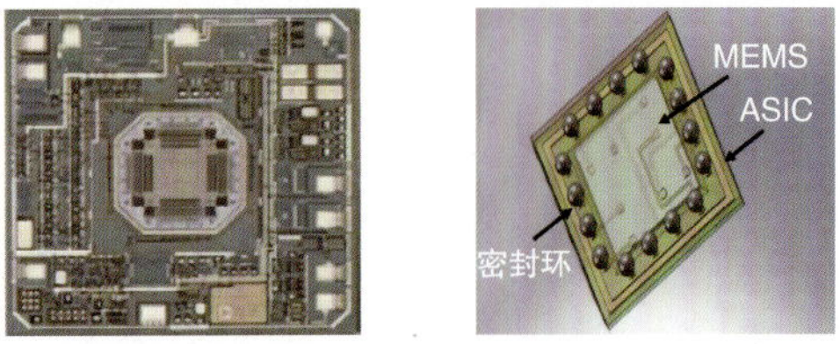

(a) MEMS模拟加速计与ASIC（2D）集成　　(b) MEMS芯片与ASIC集成（3D SIP）

图 16.24 2D/3D 混合封装（来源：中国台湾工业研究院，3D IC 封装讲座，2009）

不论是先封装再接合，还是倒装芯片接合，在中间构建简单凸块或接点是最简单的做法。连接完成后为了维持可靠性，要做封边或底部填充。对于高密度连接，TSV 是可能的选择，不过芯片经过通孔加工后仍需做接合处理。其接合结构与倒装芯片类似，不同之处在于芯片不一定要倒装。特定 3D 芯片的 TSV 连接断面如图 16.25 所示。

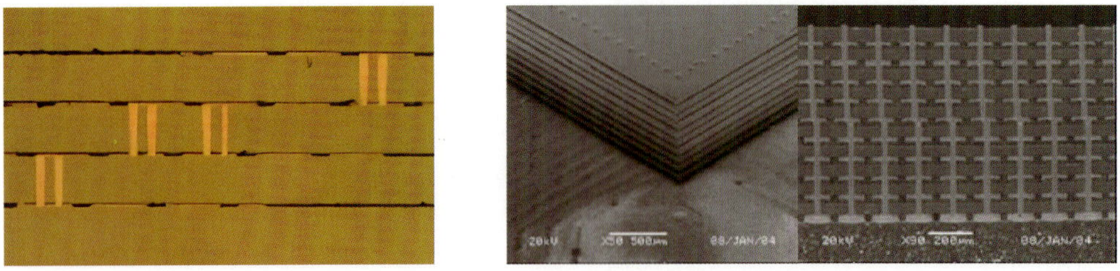

图 16.25 特定 3D 芯片的 TSV 连接断面（来源：中国台湾工业研究院，3D IC 研讨会，2009）

要想实现高密度连接，接点结构是关键。日立和瑞萨共同开发的填隙（caulking）金凸块结构如图 16.26 所示。

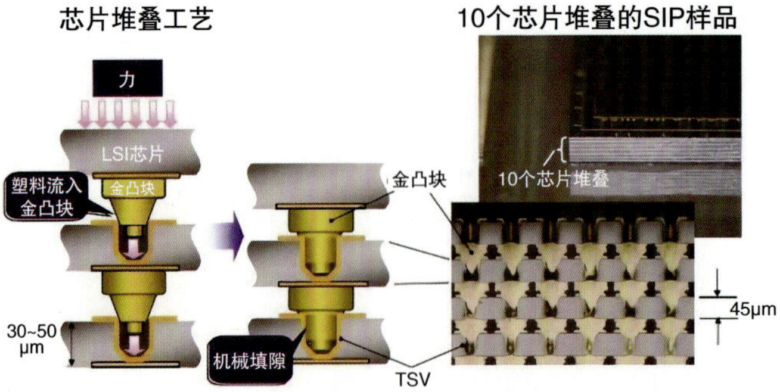

图 16.26 日立和瑞萨共同开发的填隙金凸块结构

采用该结构可实现低温接合，避免电子器件经历热循环而胀缩变异，而且芯片经过TSV处理后形成的凹洞结构，具有自对准能力，如图16.27所示。

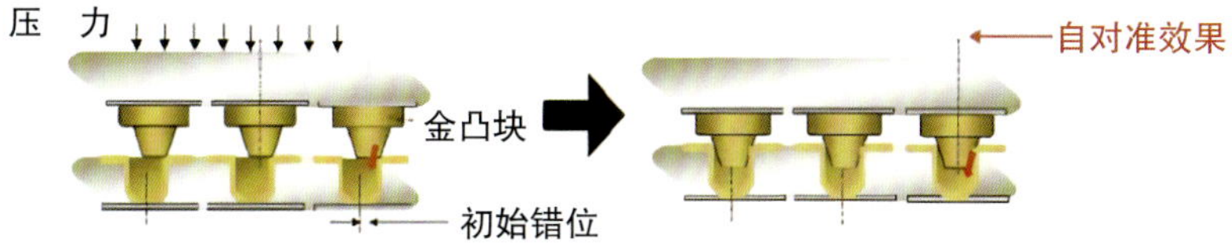

图16.27 填隙金凸块连接的自对准（来源：瑞萨2008年技术报告）

也有封装厂提出低轮廓立体连接结构，如图16.28所示的贯孔键合。

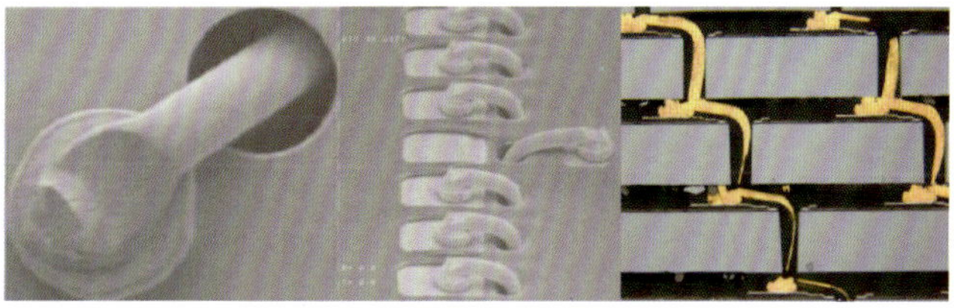

图16.28 贯孔键合（来源：中国台湾工业研究院，3D IC发布会，2009）

高密度连接的较大问题是组装自对准能力及疲劳强度问题。为了同时维持两方面的优势，也有厂商尝试以金属核心球或有机核心球制作接点。不但可以维持必要的接点高度，还可以提高填胶能力与疲劳强度。图16.29所示为金属核心球接点断面图。

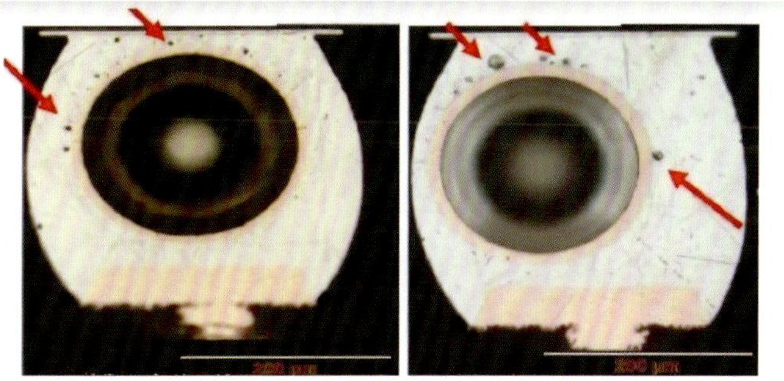

图16.29 金属核心球接点（来源：中国台湾工业研究院，3D IC发布会，2009）

16.4.6 集成扇出型封装

为了进一步提高处理器的效能，业者提出直接在半导体上进行重新布线，并进行芯片周边垫高处理，以便内存能够直接安装在正上方。这种设计必须搭配有源元件的埋入，同时搭配铜柱制作技术。由于芯片埋入面临着挑战，一般厂商很难承担这样的工作，因此都是由专业晶片代工厂承揽相关业务。图16.30所示为知名的集成扇出型封装。

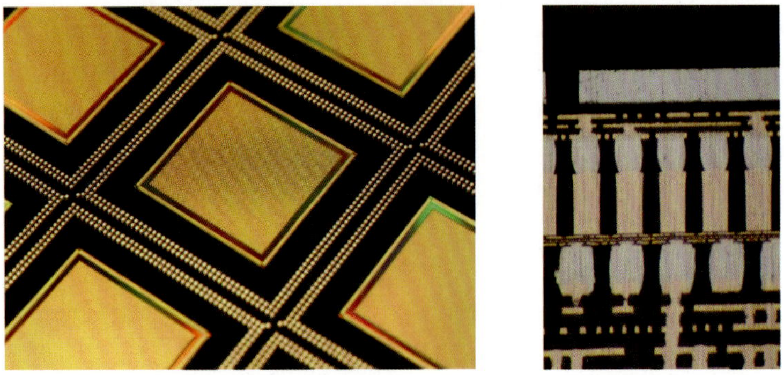

图 16.30 知名的集成扇出型封装（手机处理器），以铜柱垫高进行内存衔接（来源：Prismark）

16.5 小 结

立体封装厂商的理念不同，选择的技术路线也不同，可用接合方式有 TSV 互连、倒装芯片接合、芯片堆叠键合等。各种技术的融合，促进了立体封装的发展。这类封装的基本功能已经不局限于电源分配、信号传输、散热、保护，也超越了以往芯片、模块、载板、系统板的层级关系。虽然传统电子封装技术依然可持续发展，但立体封装让 SoC 焕发了新的活力。多年前就出现了 TSV 的雏形，富士通于 1984 年提出了相关的芯片堆叠结构专利，但当时的实际应用需求不足。随着 TSV 技术逐渐成熟，生化电子、光电系统、数字系统、微机电系统等方面的跨界应用也越来越多。

利用既有封装结构，在产品组装前再做一次堆叠（PoP 或 PiP）也是一种立体封装方法。除了向上堆叠，同时也可以埋入元件，这些都是立体封装的思路。大量技术数据表明，较知名的系统厂商几乎都进行了相关技术开发。技术发展与产业分工有着密切关系，器件设计公司各有所长，如何统一接口标准仍需要努力，并非所有系统都可顺利采用立体封装。

立体封装的发展不是靠一两张技术路线图可以说清楚的，它需要大量的技术、人力、材料、资源投入。既有的技术、产品、市场可持续存在很久，技术发展也会带来惊喜与冲击，未来值得期待。

第 17 章

封装的电气性能

从晶片制作到系统完成，涉及许多器件的制造与组装，很难保证 100% 良率。就算器件初步测试正常，也有可能再度意外受损。因此，有必要在各个制造及组装阶段测试晶片、IC 封装、电路板。典型系统是由逻辑电路构成的，因此，要针对逻辑电路 IC 进行功能测试、接线测试等。

电气性能测试要从设计阶段就开始考虑，也就是进行可测试性设计（design for test，DFT），设计内容包括 IC、封装、电路板、系统等。产品导入前先做设计仿真，接着做可测试性设计并加入内建自我测试电路，这些都很重要。

元件测试是另一个重要部分，不论是有源元件，还是无源元件，都要通过测试，确保功能正常。某些元件在组装前还必须进行老化试验，以避免不良。系统级电路板组装前，要先确认功能是否正常，可通过互连测试进行确认。组装完成的电路板需做功能测试，由于已经包含电源、散热结构、连接器等，故可以进行系统级测试。随着电子产品结构的细密化，开发与量产的测试成本正逐年提高。

17.1 电气性能测试的执行

测试环境包括待测系统与其他单元间的连接及相互影响，电子系统的环境温度、供电电压及噪声等。相互影响源自待测系统及周边系统间的逻辑或接口信号，可通过测试仪器产生一串连续电信号或启动简单测试指令。响应表现为一个或多个电子信号的输出，或者“通过”“故障”等指示。若响应与预期相符，就算电路通过测试。常见的电路故障有短 / 断路故障、CMOS 晶体管导通故障等。故障一般可分为永久性故障、临时性故障或间歇性故障。其中，短 / 断路故障属于永久性故障；临时性故障只发生在某些时段，如辐射肇因的故障，多与环境因素有关。

故障覆盖率定义为在可能发生的故障总数中，经由电气性能测试可检测出的故障数量比。漏测率则是指通过测试的器件仍然存在故障的比例。现今电子系统极为复杂，且故障覆盖率必须考虑所有的可能故障。大多数状况下，追求零缺陷并不经济，可接受的漏测率常以每百万单位的缺陷数（Defective Parts Per Million，DPPM）计算。不过，汽车产业的要求是零缺陷。

17.1.1 可测试性

一个容易测试的系统，应该容易控制且容易观察响应。测试启动信号是外部提供的，要注意避免其直接影响待测系统，相应的控制能力被称为可控制性。要测试特定故障，就要向电路输入启动信号以激发故障，故障在测试中准确响应的能力被称为可观察性。可控制性与可观察性是评价系统测试难度的基础。

最简单的电气性能测试规划是，让电路在各种可能的环境下执行所有可能的功能。若整体输入 / 输出响应都正常，就视为零故障，这种做法被称为功能性测试。电气性能测试也可从电路结构入手，检验电路结构是否符合最初设计要求，直接证实电路的正确性。

这种做法被称为结构性测试，其比功能性测试更有效率，因为可以将复杂电路分割成简单模块做独立测试。但是，结构性测试无法直接反应电路功能性，如噪声导致的信号错误、接口不兼容的问题就可能观察不出来，必须搭配其他功能性测试。

17.1.2 静态电流测试

静态电流测试可检测出功能性测试不易检测出的故障，通过设定电流，检测器件电流是否过大，以判定其是否存在缺陷。静态电流测试不需要做数据传输，可以减轻高故障率产品的测试难度，同时可减小可靠性测试及老化测试的抽样数。在实际工作频率下做测试，可检测出时域故障。某些电路在较低频率下工作正常，但是在实际工作频率下却发生故障，可能是工艺公差导致的。

电气性能测试通常可以分为直流测试与交流测试。进行直流测试时，先向系统输入一组启动信号，在固定状态下检查测试点的静态工作电压或电流等参数。进行交流测试时，系统处于动态，一般测量与时间相关的参数，如设定时间、维持时间、传输延迟等。直流测试较容易且可提供电路整体信息，交流测试需要较复杂的启动与响应信号。初步测试多数采用直流测试以快速筛选，之后再做复杂的交流测试。

17.1.3 故障判定

多数产品经过测试后会被分为良品与不良品，不良品一般会被返工、修补或报废。进行大量产品测试时，故障细节通常不是重点，重点是要快速做出“通过”或“故障”的判定。通过故障检测可得知器件的损坏程度，通过比较测量值可以得知器件是否合乎规格，不过记录相关信息会比故障判定耗费更多的时间。虽然如此，仍然有必要详细记录测试结果，这些数据对工艺良率改善很有帮助。

17.2 电气性能测试规划

电气性能测试是将器件连接到模拟环境，外加启动信号获得响应的过程。其中，不使用或暂不使用电路功能的测试模式，被称为脱机测试；需要让电路执行设定功能，加入特定功能的测试模式，被称为在线测试，典型范例如奇偶校验。多数产品的电路都非常复杂，设计时会加入可测试性设计，因此，电气性能测试规划已成为设计的一部分。这种做法可以改善电路的可控制性及可观察性。先期加入可测试设计，可以让电路测试更为容易，可降低测试成本。常见的可测试性设计有扫描设计、内建自我测试等。

17.2.1 晶片测试与老化

经过电气性能测试，可筛选出已知良好芯片，典型测试包含一系列步骤且从晶片开始。晶片需利用晶片探针做电气性能和功能测试，探针在每个晶粒连接上自动收发信号，测试每个晶粒并显示故障。这种测试方法通常只能检测器件的基本功能，不适用于性能测试。已知良好芯片需执行的测试之一是老化，将待测电路加热到较高温度并持续施加电压一段时间，让潜伏缺陷及早出现，提前发现早期故障。

器件通常要进行封装后，才能放入标准插座做电气性能测试。对于多芯片封装，则要另外设计临时承载器（连接器）。若有必要，也可以对晶片上的所有晶粒通电，将整批晶片放置到老化烤箱内做老化测试。芯片测试由芯片供应商负责。晶片测试可简单分为结构性测试、低速功能性测试等。晶片测试完成后，晶粒被区分为良品与不良品，良品进行封装后再做封装测试。

17.2.2 载板、模块、系统测试

封装载板必须做完整的短 / 断路测试，业者的期待是已知良好晶粒组装前载板本身零故障。模块测试是载板、IC 封装后的测试，须依据设计数据找出导通网络，采用短 / 断路检查机检查载板线路导通性。对于封装载板这种精密产品，厂商都会规定短 / 断路测试标准。传统电气测试以接触式为主，多采用探针夹具测试。随着接点密度不断提高，测试方法逐渐多元化，导电胶测试、导电布测试、飞针测试、电弧测试等陆续推出。传统的周边接点测试方法，已无法满足现今的高密度测试需求，原因如图 17.1 所示。

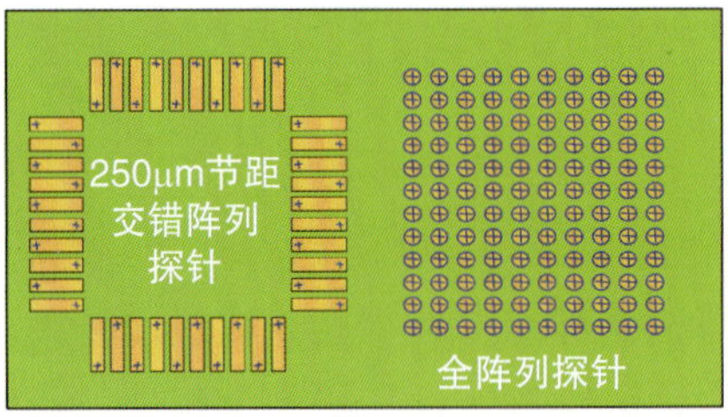

图 17.1　交错阵列探针与全阵列探针的比较

非接触测试更理想，但到目前为止还没有成熟技术可用于大量生产，小量样板多采用飞针测试。出于成本与速度的考虑，目前的电气性能测试仍以接触式夹具测试为主。对阵列式结构而言，测试密度是电气性能测试的一大挑战。传统测试夹具可利用交叉补偿法克服测试密度问题，但阵列式接点没有任何方向或空间可闪躲，只能想办法提高夹具密度，以满足封装载板测试的需要。目前已有专业夹具商针对高密度封装载板供应专用夹具。图 17.2 所示为专用高密度测试夹具。

图 17.2　专用倒装芯片载板测试夹具

夹具系统测试的目的是验证封装后芯片与模块在电路板上组装的正确性、功能性，以验证电气性能是否符合设计规格。图 17.3 所示为典型的电路板级测试机。

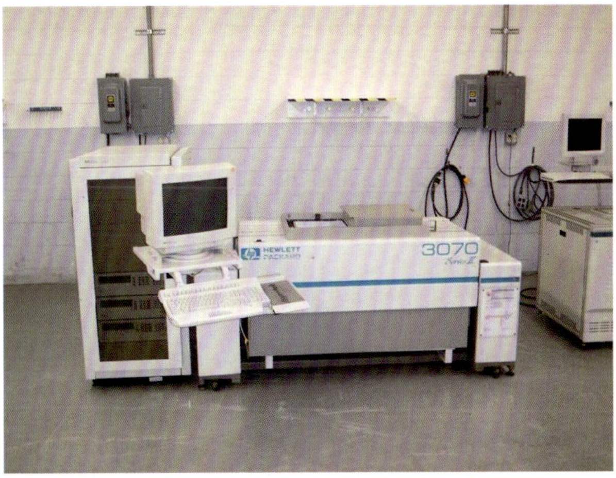

图 17.3 HP3070 电路板级测试机（来源：http://www.jmcserv.com）

17.3 导通性测试

电子封装提供芯片连接功能，而半导体芯片相对昂贵，因此，有必要在有源/无源元件组装前进行完整性测试，以确保未组装元件、载板所有连接线路完整性良好。测试基准取决于设计参数，如元件和连接线路的绝缘电阻、导体电阻、导通性、电容等特性。维持载板连接线路的匹配性，可减小昂贵晶粒搭配到缺陷载板所造成的成本损失。

封装连接由单层或多层金属构成，制程中的功能电路可利用自动光学检测（AOI）设备检查并做修补。不过经过检测的金属层受制程温度和压力等的影响，仍然有机会出现导通性缺陷，因此，在芯片贴合前需做检测。当所有金属层制作完成后，需要做载板的导通性测试。这种芯片组装前的导通性测试被称为载板测试。

短/断路缺陷都需要通过载板测试进行检测。某些案例需要以高分辨率测试法检查潜在、相邻缺陷，这些缺陷未必会直接产生即刻的短/断路，但会因为使用过程中环境的变化而导致可靠性故障。塑料载板持续高密度发展会加大热、机械、偏压等应力下的可靠性故障风险，离子或外来金属残留会导致漏电、短路等问题，这类测试的挑战越来越大。图 17.4 所示为典型的潜在缺陷分类。

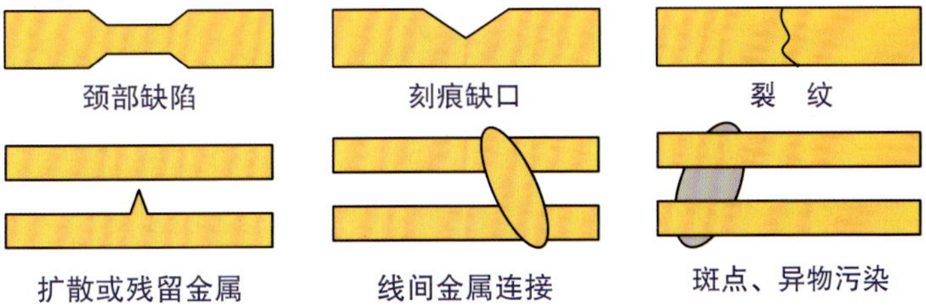

图 17.4 典型的潜在缺陷分类

17.4 电容与电阻测试

平行板的电容可利用下式计算：

$$C_i=kA_i$$

式中，A_i 为平行板的面积；k 为比例常数，取决于平行板的间距及介电常数。对于不同长度与宽度的线路，可通过测量并比较电容值来判断短 / 断路。测得的单一回路净电容值大于或小于零故障回路的电容值，则代表这个回路有异常，但这种方法无法辨识小电容值差异。

电阻测试的依据是欧姆定律。电路中 A、B 两点间的电流（I_{AB}）和电压（V_{AB}）的关系可以用 $R_{AB}=V_{AB}/I_{AB}$ 表达。由此，在待测点间施加电压（V_{AB}），测得在线电流（I_{AB}），便可计算出电阻。比较测量值与预期电阻值，就可得知电路的导通性。电阻测试一般安排在电容测试之后，以确定故障点的位置。电阻测试的优点是可直接判断短 / 断路，不过大量的接点与夹具制作都使得测试成本增加、测试难度提高。

当布线密度提升、线宽 / 线距缩小时，潜在短 / 断路风险就会大幅增加，而且故障发生时间可能是在产品使用一段时间后。裂纹、刻痕、孔铜偏薄等潜在断路缺陷，可利用光学检测或应力测试判定。不过，光学检测有其瓶颈，应力测试又费时，如何选择合适的测试方法，必须依据产品的特性需求而定。制造缺陷是发生在制程中的问题，会导致器件功能不全。内建自我测试的目的是，构建一组尽可能体现工艺缺陷的测试线路。可能发生在电路中的实体缺陷有很多，因此，要构建故障模型来简化。

17.5 可测试性设计

随着集成电路中晶体管数量增加，其功能性测试的难度也随之提高，使得测试线路、故障模拟、测试设备等成本也随之增加。降低测试成本的方法之一是导入可测试性设计（DFT），以增强电路的可测试性。这种方法可明显降低测试成本，且具有较高的故障覆盖率。不过，该设计增加了输入 / 输出引脚数与芯片面积。两种最常见的可测试性设计模式为扫描设计与内建自我测试（BIST）。扫描设计可大幅提高可测试性，有测试快速、测试规划时间短、外部测试设备需求少等优点，主要有内部扫描及边界扫描两种形式。内建自我测试是结构性 DFT 技术，测试功能配置在系统内部，可测试不同形式的电路，还可比较电路的输出响应。它可以利用整体设计、设计方块、内含设计方块结构，根据不同算法生成线路，每种线路都可针对特定电路进行测试。

17.6 小　结

目前的无线和光学应用电路中，模拟电路和混合信号电路占了相当大的比例，相应的测试技术正处于发展阶段，而设计人员也了解这些电路的测试极其复杂。某些通信、无线设计将整个系统集成在单一芯片上，核心处理器、内存、输入 / 输出接口等都通过系统芯片技术设计在一个单元上，这种技术方兴未艾。目前，随着应用单芯片混合（数字、嵌入式 DRAM、模拟电路）技术的复杂芯片逐渐普及，测试复杂度大幅提升。不同设计的缺陷表现不同，需要不同的测试方法，需要采用不同测试源及响应分析器，以产生必要的测试数据及响应来做比较。某些混合电路为了进行完整测试，可能要对单一芯片采用三种外部测试仪器。某些测试仪器厂商在一套测试系统中集成了这些功能，不过这种形式的测试系统非常昂贵。

芯片测试要验证模拟与数字电路功能，各类辅助自动产生测试线路（ATPG）及 DFT 线路的技术都有厂商开发。不过，混合信号由于模拟输出特性的缘故比较难测试，除了测试逻辑电平，还要测试电压、电流、频率等特性。因此，模拟电路的单一故障效应，可能会在电路中传导，并导致输出电压和电流不正常。电子产品更新速度快，利用系统单芯片技术可缩短上市时间，节省芯片成本。系统单芯片技术将复杂功能方块或 IP（Intellectual Property，知识产权）核直接嵌入，虽然某些 IP 核可能由不同供货商设计且必须付出费用，但是有快速进入市场的优势。这些嵌入模块都必须利用指定的测试方法进行验证，因此，整体测试难度更大也更复杂。若能让这些核心设计更兼容，则系统单芯片的测试工作会变得更简单。

第 18 章

封装可靠性

质量与可靠性对产品的意义非常不同，质量是经济效益、安全性、可靠性、稳定性、操作性、性能、可维护性等的综合指标，而可靠性只是某段时间内产品的故障率，因此，可以说可靠性是评估产品在生命周期内的功能稳定性的指标。通常，关于可靠性的主要议题有故障率、可靠性测试等，本章将针对这些议题进行讨论。

产品顺利发挥设计功能被视为可靠性良好，偶尔出现工作不顺就被视为可靠性欠佳，完全无法执行应有功能则被视为“故障”“失效”。汽车能顺利点火、启动、运转、行驶，可认定其可靠性良好；若能多年维持应有水平，则认定其长期可靠性良好。各类工业品虽有规格差异，但基本概念类似。个人计算机期待能持续使用 5 ~ 7 年，汽车电子系统则期待能持续使用 10 ~ 15 年，部分通信、军用电子组件则要求持续使用超过 30 年。

在产品出货前进行长时间的可靠性测试并不切实际，为了确保系统封装的长期可靠性，有两种方法可循：对系统封装做可靠性设计；设计、制造、组装后执行加速试验。前者针对产品失效的可能机理，对材料、结构、工艺等进行相关设计，让失效风险最小化。后者是在系统构建后，采用热循环、温湿度循环、高速功率循环、高温高湿测试、高压测试、耐冲击测试等多种加速失效试验，也就是所谓的“加速可靠性试验”。

电子器件在没有完成封装前，无法执行其原始设计功能，而业者共用的保护方法就是封装。目前的普遍做法是用低温高分子材料构建封装，以隔离主动元件，避免环境污染；同时，对器件连接结构提供机械保护。图 18.1 所示为 PQFP 与气密 DIP，通过塑料射出与气密外壳将芯片保护于封装内部。

(a) PQFP　　(b) 气密DIP

图 18.1　PQFP 与气密 DIP

有机材料填充是较廉价的保护方式，但它们的寿命较短，且受到高分子树脂特性的影响。使用无机材料的气密封装寿命较长，但工艺成本比较高。封装性能取决于尺寸稳定性、耐热冲击能力，它提供隔离污染、散热等功能。过去几十年间，随着封装技术的发展，塑料封装已用于多数应用，太空、医疗等电子系统都可应用塑料封装来提升成本效益。

18.1　可靠性的描述

简单的描述可靠性的方程如下：

$$R(t)=1-F(t)$$

式中，$R(t)$ 为可靠性函数；$F(t)$ 为故障率函数。

故障率函数包括四个主要变量，分别是瞬间故障率（IFR）、平均故障率（AFR）、平均故障发生时间（MTTF）、平均故障间隔时间（MTBF）。一般产品生命周期内的可靠性呈“浴缸”曲线，如图 18.2 所示。

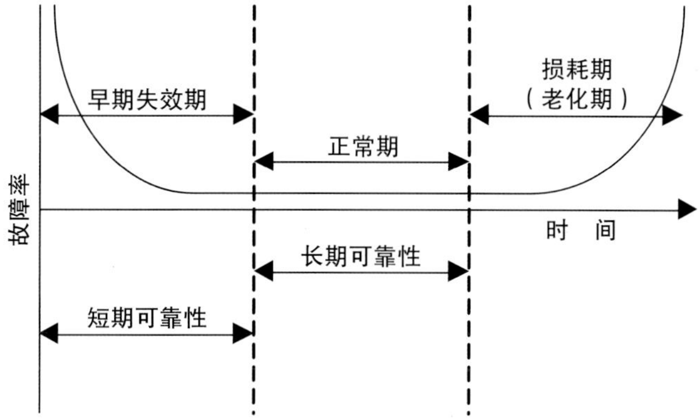

图 18.2 可靠性“浴缸”曲线

利用老化试验可以剔除早期失效产品。至于老化测试条件，如何设定早期失效期与正常期的界限，事前须审慎评估。近年来，电子产品生命周期及更换率发生了明显变化，而许多测试标准是参照早期美国军用标准或通信系统产品标准制定的，是否适用值得商榷。

18.2 封装的必要性

封装给 IC 提供化学及机械性保护，以免电子器件受污染、湿气影响，进而影响电子产品寿命。腐蚀性成分如盐类、生物分泌物等，都是对器件有害的。钠离子在偏压下可能会快速扩散到器件接合处而损伤器件，氯离子在偏压下也会加速铝金属的化学腐蚀，这些都应该避免。湿气是封装失效的重要贡献者，会加速封装性能、可靠性劣化。电路板组装时可能会因为内部水分快速膨胀而出现材料分层，封装内产生的蒸气压也可能导致塑料龟裂，封装分层、龟裂可能严重损害系统板组装元件的可靠性。

鉴于此，供应的 IC 应采用干燥包装，且组装前应进行烘烤。未经烘烤完全聚合的树脂材料，在室温下无法保护元件；完全聚合的材料具有足够的 T_g 及剥离强度，才能为元件提供足够的保护。吸湿导致密封材料膨胀并产生内部压力，是内部连接失效的主要原因。当元件通过回流焊工艺时，吸收的湿气会瞬间蒸发而产生巨大压力，造成龟裂——这在塑料表面贴装中被称为“爆米花效应”。

离子（如钠、钾、氯）污染会影响封装的可靠性，某些状况下还会影响 IC 封装的电气性能。盐类来源与环境及工艺有关，这些盐类的存在会加速 IC 金属材料的腐蚀。大部分 IC 的线宽为次微米级或更小，小量局部腐蚀均会产生线路缺口，进而改变器件的电气性能，产生噪声、错误信号。大部分腐蚀损害来自次微米级的微小离子，如空气中传播的硫化胺粒子，这些物质在封装异常时可能会引起铜的严重腐蚀。密封材料厚度、器件接触溶液的 pH、器件供电电压，都是腐蚀加速的重要因子。

生物分泌物、大气中的气体也都可能有腐蚀性，其中，氮氧化合物（NO_2）、硫氧化合物（SO_2）对电子器件的伤害都非常大。空气中也可能存在石化燃料的副产品，这些气体与水反应会形成腐蚀性酸，进而损伤器件。键合、倒装芯片接合、凸块连接都是非常细微的接点，线径可达到 15μm，凸块直径可小到 50μm，这些接点若没有机械保护，必然会受到损伤。常用的机械保护方式如下：

◎ 采用封装，使 IC 免于机械性损害

◎ 在 IC 与封装载板间填胶，减小接点应变

不论是以塑料射出成型，还是以底部填充胶来提供保护，都可使这些微细结构更加牢固。

18.3 封装的密封性

特定电子产品可能有多种用途，相应的使用寿命也会明显不同，如移动电话在不同环境下会有不同寿命。产品设计除了考虑器件，还要考虑制造成本、生产量。产品预期的使用环境、细分市场、生产量都会对封装选择产生影响，因此，封装的选择会变得非常复杂。封装工程师做出决定前，如何在可接受的可靠性下，选用更具成本效益的封装器件非常关键。密封性或非密封性封装的选择，要权衡封装成本、性能、可靠性，设计者进行功能规划与产品制作时要考虑清楚。

密封性封装的定义是，氦气泄漏率低于 $10^{-8}cm^3/s$ 的封装。不同固体、液体、气体的原子结构与特性有差异，图 18.3 所示为典型物质的水渗透率，右下方的物质较具密封性，左边的物质的密封性就较差，无机材料的密封性较好。

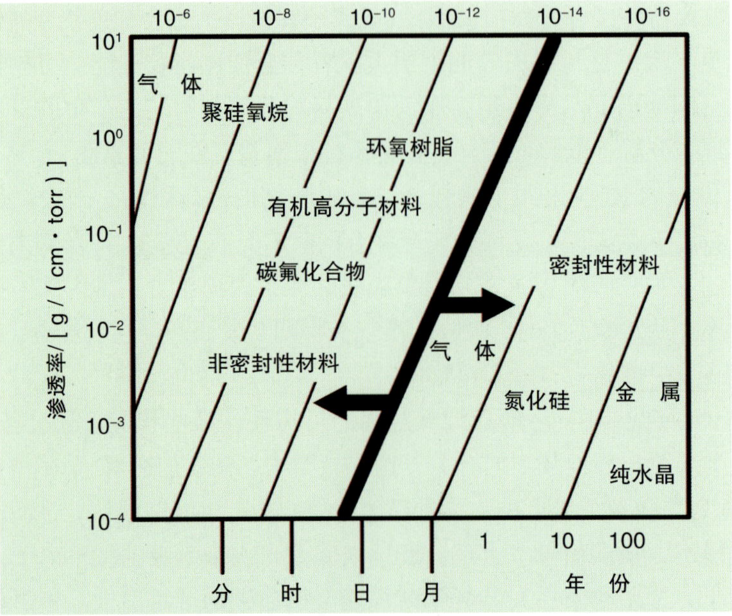

图 18.3 典型物质的水渗透率

早期的分立晶体管就采用密封性金属覆盖物来保护敏感性芯片免受环境应力、湿气问题的影响，促使军事、太空应用提高了密封性封装的要求。密封性封装常采取玻璃或金属封盖进行密封，提供了一个气体、水分均不能渗透的环境。封装内每单位体积的水分含量应限制在 5000×10^{-6} 以下，对水分十分敏感的器件的水分含量限制更低，相应的封装时间及成本都会增加。

这些年来，密封性封装技术并没有太大改变。但后来发展的产品为了制作方便、降低成本、应对不同市场等因素，开始发展非密封性塑料封装，特别是一般商业及工业用途的电子产品。塑料封装虽然是非密封性的，但是在可靠性可接受的前提下，目前市场上有 90% ~ 95% 的电子产品采用这种非密封性封装。

水分会降低有机材料与载板间的密着性，不同的有机材料有着不同的水渗透率及吸收率。塑料封装发展初期，不理想的密着性及材料内高浓度离子污染，使得腐蚀成为最主要的失效原因。此时，高分子材料还存在热膨胀系数不匹配等问题，导致塑料封装的可靠性无法接近密封性封装，因而不被接受。后来，随着材料、工艺改良，塑料封装的可靠性逐渐接近密封性封装的水平。

以往多数高性能 MCM 采用密封性封装，而最近低成本 MCM-L 也逐渐转向塑料封装。高分子材料封装需要良好的界面密着性，若高分子材料与载板的密着性不足以抗拒水分，就有可能发生腐蚀。不同材料有着不同的防腐蚀法，使用硅氧化合物偶联剂，已经能大幅改善高分子密着性，但较大应力也可能导致界面损伤。

18.4 封装材料的加速测试

故障、失效一般都发生在硬件的最低层级，但它的影响会反映在系统层级。例如，计算机开机后不启动、电视开机后无画面这些系统表现，可能是芯片受热应力而断裂、接点腐蚀导致的短 / 断路问题。不论故障模式为何，结果都是系统不可靠或无法工作。进行可靠性设计的目的是在封装未完成前，对故障、失效模式有所了解并进行预防。电子产品的故障现象都源自电气性能失效，但失效原因可能来自环境、机械、电、化学、接合性等。通常，系统故障模式可分为应力过度、磨损两种。

可通过加速测试法界定材料是否适用于非密封性封装，常采用热循环测试。热循环不测试封装及高分子材料的耐腐蚀性，而是测试材料的应力承受能力。根据美国军用标准 MIL-STD-883，塑料封装器件的测试项目如下。

（1）热循环测试：–65 ~ 150℃ /10s，每次停留 5min，循环数不小于 1000。

（2）盐雾测试：24/48/96/240h，0.5% ~ 3% 的 NaCl，pH=6.0 ~ 7.5。

（3）压力锅测试：121℃，100% 相对湿度，2 个大气压，有 / 无偏压。

可靠性测试又分为短期可靠性测试与长期可靠性测试两类。可靠性测试的主要目的是发现潜在的机械性故障，评估故障发生频率，确认故障模式，同时确认故障模式在生命周期中会不会发生等。

可靠性测试模型，有一些重要假设：故障模式不会因为应力改变而改变；应力改变相当于压缩使用寿命，可能是压力、温度、湿度变化造成的。封装的短期可靠性测试，可遵循JEDEC（IPC）的1 ~ 6级预处理模式，尝试仿真封装在组装过程中的应力累积状况，检测短路、断路、断裂等。而一般故障模式有键合断裂、芯片破裂、载板分离、封装内爆裂等，其中各项或多或少都与封装载板有关。JEDEC（IPC）预处理应力测试流程如图 18.4 所示。

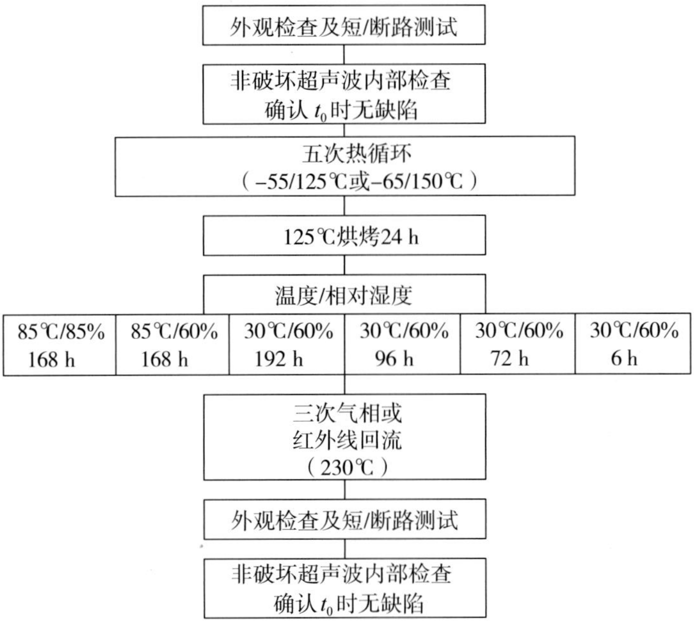

图 18.4　JEDEC（IPC）预处理应力测试流程

三次回流的目的是模拟封装器件经过三次组装工艺。电子封装的长期可靠性测试一般包括以下项目：

◎ 压力锅测试（Pressure Cook Test，PCT）

◎ 热循环测试（Temperature Cycle Test，TCT）

◎ 热冲击测试（Thermo Shock Test，TST）

◎ 温湿度偏移测试（Temperature Humidity Bias Test，THBT）

◎ 高加速应力测试（High Accelerated Stress Test，HAST）

◎ 高温储存寿命测试（High Temperature Storage Life Test，HSLT）

PCT 的条件为 121℃、100% 相对湿度、2 个大气压、不施加电压，目的是评估封装塑料与导线架或封装载板界间的接合力。可能出现短路、断路、断裂等现象，常见故障模式为金属区域受腐蚀、金属枝晶生长导致短路、分层、外部引脚短路等。

TCT 的条件为 -65℃ /150℃、15min、不施加电压，目的是加速封装受热后产生机械性故障，如短路、断路、断裂、功能变异等。常见故障模式为键合断裂、芯片破损、分层、封装破裂、薄膜破裂等。

TST 的条件为 -65℃ /150℃、5min、不施加电压，目的也是加速封装受热后产生机械性故障，如短路、断路、断裂、功能变异等。常见故障模式为键合断裂、芯片破损、分层、封装破裂、薄膜破裂等。

THBT 的条件为 85℃、85% 相对湿度、最大工作电压，目的是加速封装腐蚀及吸湿产生故障，如短路、断路、断裂等。常见故障模为金属焊盘被腐蚀、离子迁移或吸湿造成污染渗漏、分层等。

HAST 的条件为 148℃、90% 相对湿度、44psi、最大工作电压，目的是加速封装腐蚀及吸湿产生故障，如短路、断路、渗漏等。常见故障模式为金属焊盘被腐蚀、离子迁移或吸湿造成污染渗漏、分层等。

HSLT 的条件为 150℃、不施加电压，目的是评估扩散型机械性故障对封装的影响。可能出现短路、断路等故障，常见故障模式为键合浮离与芯片断裂。

18.5 高密度封装载板的可靠性问题

高密度封装载板的故障现象大多与芯片故障有关，除了线路短 / 断路缺陷，常见的是微孔断裂、树脂层损坏等问题。对于微孔断裂，多数缺陷仍以孔底金属界面处问题最多。

短路缺陷主要源自阻值偏移。可靠性测试（如 HAST）会对封装施加加速应力，若微孔接合不良或有界面瑕疵，很容易产生阻值偏移问题。如果确认是载板问题，部分业者会判定为激光加工问题，也有部分业者判定为除胶渣问题，从实际情况来看似乎都不合理。目前多数载板的微孔采用 CO_2 激光加工，第一枪加工就已经把微孔打穿，其后几枪加工修正孔形。据研究，红外线激光加工会在表面留下 1 ~ 3μm 树脂无法清除，但这对除胶渣而言不是重大负荷。因此，除非药液无法进入孔内，否则残留胶渣不应该成为影响界面强度的因素。

另外，从铜界面结构来看，若发现孔底铜面已经凹陷，则代表孔铜电镀过程中底铜已经被腐蚀，界面处理论上不该有残留树脂。总的来说，界面问题仍是以微孔金属化时产生的可能性较大，这也是高密度封装载板应该注意的重要问题。

18.6 可靠性的改善

无论何种故障模式，了解故障原因才能有效改善。不同故障模式会出现在不同应用中，特定设计无法应对所有应用的故障模式，设计者需思考如何实现系统级可靠性。改善可靠性的策略有两种：降低造成故障的应力；增强器件承受应力的能力。这些可通过选择合理材料、增加强度、优化封装结构、导入保护强化设计等方式达成。

18.6.1 密封材料特性需求

密封材料必须具备所需的机械、热、化学特性，以及流动性与密着性两个主要物理特性。在整个可靠性测试温度范围（–65 ~ 150℃）内，材料热膨胀系数（CTE）都应该落在正常范围内。通常期待密封材料有与焊点接近的 CTE，理想的 T_g 有利于可靠性测试时的尺寸稳定性，理想的弹性模量可让封装在热循环时不产生过大应力，同时具有较好的破裂延伸率并具有低吸湿率。实际情况是市场上很难找到理想的单一树脂，而多数材料商通过添加填料或使用混合物来改善性能。

18.6.2 热机械性能与耐热性

所谓热机械疲劳，是系统受环境、内部热源引起的封装应力及变形影响的结果。不同材料间必然存在热膨胀系数差异，进而产生应力、应变，引发“热机械应力失效”。机械性疲劳是电子系统中常见的故障模式，占整体结构性能、电气性能故障模式约 90% 的比例，可能发生在金属、高分子、陶瓷等材料上。例如，以金属薄片做往复弯折测试，初期弯折处会产生塑性变形，经过反复操作后又会产生断裂，这就是机械疲劳现象。

工业上常用的疲劳失效循环测试有两种，其一是“高周疲劳试验”，在材料弹性范围内未超过屈服点的情况下实施的应力反转的验证方式；其二是“低周疲劳试验”，在材料达到塑性或不可逆的状态下才反转的验证方式。两相比较，当然是后者更严格。电子产品疲劳多源自电源开关，许多人的计算机单日开关次数高达 5 次之多，5 年即可达到 9125 次循环。这种循环疲劳属于低周疲劳，热负载出现在内部焊点处，接点随着热负载增大而产生非弹性变形。图 18.5 所示为接点疲劳破裂案例。

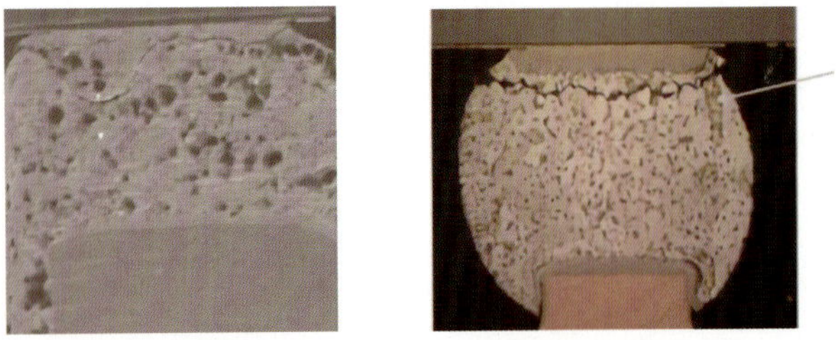

图 18.5 接点疲劳破裂案例（右图来源：摩托罗拉，无铅焊接技术报告）

为了减少接点疲劳问题，可采取以下策略。

（1）应变随芯片、载板的 CTE 差异增大而增大，采用 CTE 相近的材料有利于接点寿命延长。

（2）应变随着焊点远离中心而增大。因此，封装设计应尽量使接点接近中心。设计有困难时，可将重要接点集中在中心，而其他接点向外配置。

（3）应变随着环境温度的升高而增大，封装设计应确保散热良好并减小胀缩影响。

（4）对于倒装芯片封装、球栅阵列封装，可通过底部填充胶来提高接点疲劳寿命。

密封材料应具有良好的应力 - 应变特性，破裂时的延伸率达 1% 以上，拉伸强度达 5 ~ 8GPa，高温下的特性变异极小等。大部分无填料高分子体系的热膨胀系数（CTE）都高出含填料体系数倍。用于封装的填料或密封材料的 CTE 应该尽可能接近硅（2.6×10^{-6}/℃），而底部填充胶的 CTE 应尽可能接近焊料凸块（25×10^{-6}/℃）。

这些特性可确保芯片与底部填充胶间、焊点与底部填充胶间低应力。封装在烘烤后几乎都会有不同程度的残留应力，主要源于树脂收缩、材料 CTE 不匹配、烘烤产生的热机械负载等。高分子材料经烘烤时产生体积收缩乃常态，如环氧树脂经烘烤后体积会收缩3% ~ 6%，线性尺寸变异达1% ~ 2%。大部分树脂体系的CTE为（50 ~ 80）$\times10^{-6}$/℃，因此，需加入无机填料来降低其CTE，且CTE越低越好，但这会影响密封材料的流动性、密着性。密封树脂的CTE为（10 ~ 15）$\times10^{-6}$/℃，底部填充胶的CTE为（20 ~ 35）$\times10^{-6}$/℃，是一般业者可接受的水平。

18.6.3 玻璃化转变温度（T_g）与流动性

温度在T_g以上时，大部分高分子材料的CTE是其常温下的3倍以上。若在倒装芯片组装间隙出现这么大的CTE变化，则可能会引发故障。因此，封装材料的特性测试条件，应该要高于需求水平（125℃或150℃或者更高）。

密封树脂在模具内的流动性与聚合速率都对封装性能有决定性影响。封装所用的黏合剂，如底部填充胶、凹槽充填胶、顶部点胶、整体涂覆黏合剂，必须具有良好的流动性与密着性。这类材料对基材表面应该有良好润湿性，且能在封装时产生无孔填充。至于底部填充胶，其最低黏度、最高表面张力、最小润湿角等都需要注意，根据芯片离板高度、芯片尺寸等来做材料选择。

18.6.4 密封材料的密着性

材料密着性决定了界面间的接合强度。良好的封装接合界面应该具有足够的密着性，以维持机械、热应力下的封装完整性。要提升密封材料的密着性，可在材料内加入密着剂，或利用等离子体清洁粗化接合表面。电子封装的密着性失效过程为启动损伤、微裂形成、裂痕延伸、界面分层，任何分层前的干涉都有可能延迟或消除密着性损伤。添加密着剂可改善界面接合性能，最小化热、机械负载引起的损害。添加强韧剂可限制微裂痕生长。

18.6.5 减少脆裂

器件承受的应力超过其破裂强度时，会快速引起不预警断裂。特别是陶瓷、玻璃、硅等塑性变形承受能力小的脆性材料，表现得尤其明显。材料破裂发生在施力或应力大于原子键结强度时。封装引脚可能会成为脆裂的起点，如图18.6所示。

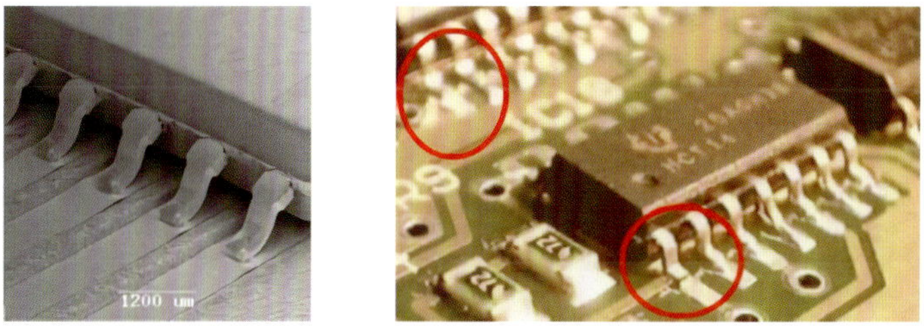

图18.6 导线架引脚的微小脆裂

键结强度是依靠材料原子间的吸引力形成的。原子键结强度决定了让材料破裂所需的最小应力。硅芯片内的破裂失效常发生在刮痕、割痕缺陷处，而刮痕、割痕是在热制程、切割、运送及其他工艺中产生的。为了减少破裂，可采取以下策略：

（1）通过材料与工艺条件设计让脆性材料产生的应力最小化。

（2）在封装使用前将脆性材料研磨平滑，以去除缺陷、提高可靠性。

18.6.6 减少潜变故障

材料变形不只与负载有关，也与负载持续时间及温度有关。负载持续增大，形变也随之增大，终致永久变形，这种逐渐产生的变化就是潜变。潜变可在多种情况下发生，在应力低于或高于屈服强度时都会存在。要减少潜变故障，可采取以下策略。

（1）低熔点材料在室温下也有潜变倾向，因此，对于环境较恶劣的应用，如汽车、军事应用，应使用高熔点不易潜变材料。

（2）潜变与施加应力、操作温度有关，降低机械应力可减少潜变。

（3）器件暴露在高温、高应力下越久，潜变风险越大，因此，对于环境较恶劣的应用，要进行抗潜变设计。

18.6.7 减少分层故障

分层是键结在一起的材料产生邻近材料层间分离的现象，可能在内部或边缘出现。分层会造成封装可靠性问题，介质层、金属层间的分层会导致延伸、龟裂、撕裂孔壁等断路故障。封装内分层可能出自工艺问题，如表面处理不当、清洗污染、烘烤不当、挥发物残留、材料配置不当、表面变异等。分层也可能是高界面应力引发的，虽然没有方法预测其发生，不过界面剥离、开口应力都容易诱发分层。为了降低分层风险，可采取以下策略。

（1）小心管控工艺参数。

（2）提升相邻材料兼容性，强化材料间的键结强度。

（3）改善材料层间的密着性。

（4）封装几何形状尽量采用圆角设计。

18.6.8 降低塑性变形

材料产生塑性变形未必会影响器件的电气性能，但循环负载产生的塑性变形累积，最终将导致器件龟裂。要降低塑性变形风险，应注意以下事项。

（1）对封装内任何点施加压力超过材料屈服强度时，就会发生塑性变形。

（2）器件设计应考虑应力集中、几何不连续等影响，注意不同材料界面存在的应力。

18.7 电气性能故障

所有电子产品的故障，最终都表现为电气性能失效。失效的原因可能是大电流、大电压、静电放电、电子迁移、线路破损等，需要进一步检讨。

静电放电（ESD）源自在不同静电位下的物体相互靠近或直接接触引起的静电荷转移。电荷转移就会形成电流，可能会造成接点或线路损害，从而导致器件失效。典型的失效可分两类：

◎ 器件制造商可轻易发现的立即失效

◎ 器件损坏但仍能通过质量测试，短时间使用后出现故障

减少 ESD 失效的策略如下：

（1）工作站及周边布设导电桌垫、静电毯、接地电位等预防设施。

（2）以静电产生器中和非导电材料的静电。

（3）对测试、焊接设备提供接地电位，并定期检查。

（4）储藏、运输时用防静电包装保护 ESD 敏感器件。

（5）用静电监视系统、静电压表等监控材料的静电荷。

（6）工作人员佩戴防静电手环、穿防静电鞋等。

原子迁移源自金属线路上高电流密度产生的原子通量。焊料的金属原子将芯片连接到封装，而高电流状态下可能发生的原子迁移会导致导体内出现金属空洞，进而导致电阻增大，最终导致电气性能失效。电阻增大可造成信号传输速率衰减，甚至在器件内造成失效，对电子产品寿命及可靠性造成损害。要减少原子迁移，应注意以下事项。

（1）铝、银金属的原子迁移已经受到注意，铜线路较具抵抗性。

（2）短线路可防止原子迁移，不过线路层增加会让产品制造更复杂。

（3）加强电流密度控制可减轻原子迁移效应。

电化学反应导致的材料扩散、枝晶都可能造成孔、线路、接点处龟裂失效。典型的电化学枝晶如图 18.7 所示。

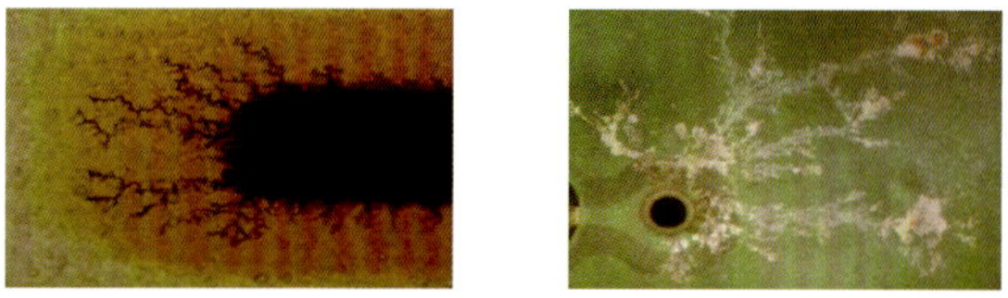

图 18.7 典型的电化学枝晶

化学反应通常会因高温、高电压、高应力等因素影响而加速。因此，化学性失效模式应考虑热、机械、电化学等效应的综合影响。电解质的存在会让电化学反应更容易产生，引起金属溶解腐蚀，是一种氧化还原电池效应。要减少腐蚀效应，应注意以下事项：

（1）具有高氧化电位的金属腐蚀较快，如铝、钛、镍具有高氧化电位，有腐蚀倾向；而贵金属，如金、铂，则比较稳定。

（2）腐蚀的发生离不开水分，采用密封性封装可以预防吸湿。虽然塑料封装不能完全防湿，但能防止污物到达器件。

（3）确保封装工艺无湿污物，在无尘室内操作，处理前可用去离子水清洗、干燥。

金属间化合物（IMC）扩散是接点失效的主要模式。回流焊会在焊点处形成 IMC 层，而过厚的 IMC 层会导致局部脆化、机械强度降低。图 18.8 所示为焊点的横截面。

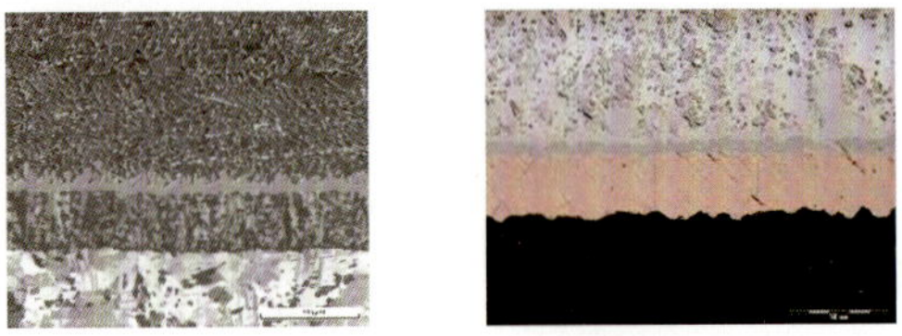

图 18.8 焊点的横截面

回流焊时，铜焊盘与焊料间会发生液态 IMC 扩散。进行热循环测试时，固态 IMC 会持续生长，导致局部脆化，同时导致 IMC 区出现过量微结构粗化。要减少 IMC 扩散引起的失效，应注意以下事项。

（1）IMC 的形成可以通过限制工艺温度、高温暴露时间来控制。

（2）IMC 的生长速率可通过控制温度范围、暴露循环、高温停留时间等来降低。

（3）在裸铜焊盘上制作镍 / 金阻挡层可抑制 IMC 生长。

18.8 小 结

早期大量使用密封性封装，非密封性封装经过多年发展才被接受，主要原因是早期密封高分子材料的杂质含量过高，无法隔绝湿气。而湿气到达线路、内接点、基板表面时，会导致电气性能失效。密着性不良、原材料污染、热膨胀系统不匹配等，使得非密封性塑料封装的发展延迟。随着树脂、填料配方的改良，高分子材料封装技术在 20 世纪 80 年代逐渐成熟。结合先进技术，高分子材料封装可提供必要的可靠性，目前已被广泛采用。

随着消费者需求的增长，多数便携式产品集成了模拟、数字、RF/ 无线等功能，必须采用复杂的 IC 封装技术。若没有可靠性规划，产品很容易出现电气性能失效。电气性能失效多由热、机械、电化学等因素引发，这些因素可能会单独或同时出现。可靠的系统封装，应确保产品可以持续工作，达到预期使用寿命而不发生故障。不同系统可能有不同的失效模式，相同的系统也可能因使用环境差异而有不同的失效模式。系统在潮湿环境下使用，没有适当的密封，很容易出现腐蚀。可应对所有失效模式的封装非常昂贵，进行产品设计时应该针对应用重点做规划。

第 19 章

电路板组装

电路板组装是基于电子元件构建具有一定功能的电子系统的工艺，主要工作是将元件安装到电路板上并焊接等，最终产品可能是大型计算机，也可能是简单的发声贺卡。半导体发展至今，电路板承担着元件连接、机械支撑、信号传输、热传递等功能。电路板组装历史上最大的变化，当属通孔元件插装转换为表面贴装。虽然这两种方法都还在大量使用，不过表面贴装技术（SMT）已是主流，电子产品体积缩小是大势所趋。

20 世纪 80 年代中期，摩托罗拉开始在便携式产品上广泛使用阵列封装技术，以提高封装密度。BGA 和 PBGA 的应用优势是制造环境与工艺的兼容性高，摩托罗拉于 20 世纪 90 年代末期开始大量使用阵列封装技术。使用这种封装可以提高对便携式产品的封装效率，成本则要视具体应用而定。

传统引脚封装随着引脚数增加、连接密度提高，组装良率、质量都会有所降低，高端设备成本会增加。但是 BGA 封装没有这种问题，这是业界进行技术转换的原因。各种塑料封装都会面对"爆米花"现象，这种分层是封装中的湿气在焊接时产生蒸气压所致，对不同塑料封装的冲击也不同。对于 PBGA 封装，组装时应重点考虑以下事项：

◎ 元件放置、焊盘设计，如放置精度、自对准等

◎ 组装方法与良率

◎ 故障分析与技术限制

◎ 修补返工

19.1 元件放置规划

阵列封装焊盘都分布在器件下方，导线穿越阵列前必须绕过球接点。相比于传统标准板的布线，高密度电路板的结构提供了更多的布线可能性。传统通孔垂直连接模式可利用盲埋孔提升引脚密度，还可缩短电源层、接地层、信号层路径，用更多方法引出导线。

阵列封装常采用圆形焊盘设计，以阻焊分隔焊盘与线路。电路板制造需要一定的容许公差，因此在设计焊盘时必须考虑工程能力与实际规格需求，避免成品可靠性不达标。用阻焊限定球接点，对一般电路板业者而言是一个挑战，因为传统阻焊允许公差大，且不需要在焊盘上覆盖阻焊，因此制作较容易。

进行焊盘设计时，要考虑贴片工艺，其视觉识别符号最好以阻焊限定，以提高位置一致性。设计电路板与载板时，必须考虑放置元件后要如何检查。周边引脚封装可用视觉系统检查引脚与焊盘的相对关系，但面阵列封装焊点均被遮住，无法进行视觉检查。因此，组装对位机制要预先规划。PBGA 封装器件有质量小、热膨胀系数匹配、工艺稳定和允许公差大的特性，给了电路板设计者较大的布线弹性。

利用焊料球的表面张力，可控制器件塌陷程度。焊料熔融后会向外流动，直到布满整个焊盘。当焊料呈液态时，器件会浮在上面，受表面张力牵引而自对准。PBGA 封装相对于 QFP 有较大的节距与较高的自对准能力。典型 PBGA 器件自动放置设备有多种，可放置盘式、卷带、管式包装器件。

19.2 表面贴装技术

目前常用的表面贴装工艺是，印刷锡膏后放置元件，然后进行熔焊组装。其他工艺较少用，如电路板上先沉锡，再进入组装线涂覆助焊剂、放置元件、熔焊；放置、熔焊元件之前，先涂覆焊料和助焊剂。

以常用的表面贴装工艺为例，先用钢网将锡膏转印到电路板上，之后抓取元件并放置，然后将整个组件加热到焊料熔点以上。锡膏中的助焊剂有助于顺利清除金属氧化物，提供形成焊点所需的润湿功能。部分引脚较粗的元件，有的厂家会用黏合剂将其粘贴到电路板上，再用波峰焊焊接。不过，这种方式一般只适用于表面贴装、通孔元件共存的产品。

表面贴装的主要流程为锡膏印刷、元件放置、回流焊。元件放置分为小无源元件放置与高精度大型元件放置两类，所用的贴件设备不同。目前，多数阵列封装贴装厂都已将自动光学检查设备列入工艺标准设备中。

19.2.1 锡膏印刷

丝网印刷是常用的锡膏移转技术，作业中锡膏受到刮刀挤压，从钢网开口流出，转印到需求位置。印刷锡膏时会对电路板进行真空吸附、机械定位，之后与钢网密合并进行印刷。若采用自动化设备，则以电路板参考基准点进行钢网对位后再开始印刷。印刷锡膏后的钢网表面应该完全干净。印刷后，电路板下沉并脱离钢网，锡膏留在电路板表面。

刮刀压力是重要的工艺参数，压力设定得太高，刮刀会快速磨损，开口处锡膏也会被挖出；压力设定得过低，锡膏不会移动，钢网开口也得不到正确填充，刮过的钢网也不干净。行进速度也必须恰当，以得到良好效果。电路板的支撑也很重要，尤其是一面已经有元件时，更要小心用治具辅助支撑。钢网印刷通常有接触与离网两种方法，如图 19.1 所示。接触印刷的对位精度较高，但锡膏脱离的通透性较不理想。离网印刷法有较好的锡膏脱离效果，但对位精度较差。有些印刷机配有自动检测设备，可检查印刷质量并收集数据，以辅助改进印刷性能。

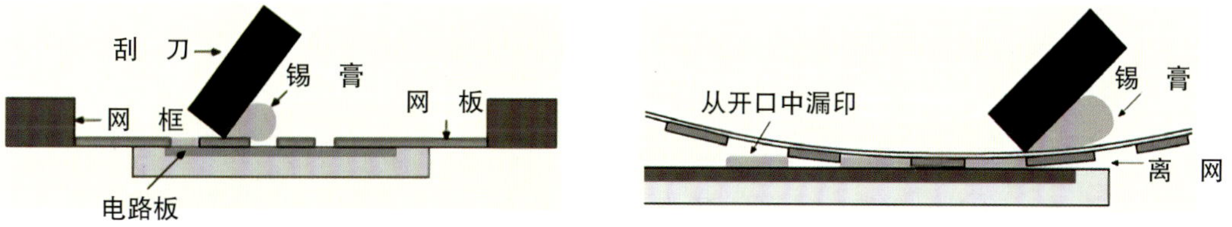

图 19.1 接触与离网印刷的比较（来源：http://www.ami.ac.uk）

19.2.2 钢网的制作

钢网常以镍、镀镍黄铜、不锈钢、塑料膜等制作，常见厚度为 0.1 ~ 0.2mm。有时会将钢网不同区域刻意做成不同厚度，以方便调整下锡量，这被称为台阶钢网技术。过去常用化学蚀刻法制作钢网，近年来出于精度、锡膏通透性、耐磨性等考虑，激光加工、电铸等技术也逐渐普及。以电铸技术制作的钢网的开口边缘平滑，对锡膏通过较有利，但因为造价较高而被用于高精度应用。以化学蚀刻法制作的钢网的开口形状类似“沙漏”，会妨碍锡膏释出，降低转移效率，不利于体积控制。以激光加工法制作的钢网质量介于前两者之间，不过制作快速、尺寸稳定，其开口边缘的微粗糙可用电解抛光改善。图 19.2 所示为不同方法制备的钢网的开口形状。

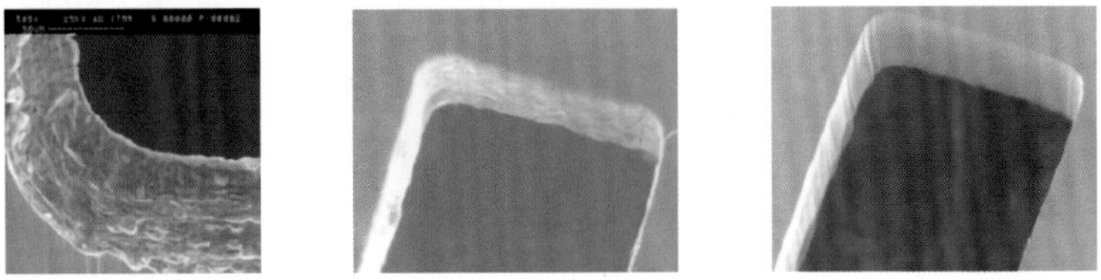

(a) 化学蚀刻　(b) 激光加工　(c) 电　铸

图 19.2　不同方法制备的钢网的开口形状

印刷机的刮刀有开放式与封闭式之分，开放式刮刀又有金属型、橡胶型、混合型三类。橡胶刮刀有多种形状、硬度，优点是容易将表面刮干净，缺点是磨损快、容易将锡膏挖出。金属刮刀容易磨损钢网，某些刮刀为了改善特性也会做表面涂覆处理。为了调和两者的优势，也有部分刮刀局部采用橡胶，但刮刀头采用金属片涂覆陶瓷结构，既有橡胶刮刀的弹性，又有金属刮刀的硬度与耐磨性，被称为复合式刮刀。不论材质如何，刮刀宽度都是依据电路板印刷宽度调整。传统开放式刮刀的最大缺点是锡膏容易氧化干涸，因此较新的刮刀采用封闭式设计。这种设计将锡膏封闭在固定加压腔内，刮印过程中同时对锡膏施加静压，可以为开口稳定供应锡膏，并让锡膏通过开口贴近电路板面，实现稳定供应体积的目的。

19.2.3 锡　膏

锡膏是包含大量小球状金属合金焊料、助焊剂、稀释剂的膏状材料，多数呈深灰色高黏度状态，金属含量可依据实际需要调整。锡膏颗粒越细，越适合小间距印刷，金属的质量分数为 85% ~ 90%，但由于助焊剂密度低，实际体积分数大约为 50%。电路板的表面处理方法，包括裸铜有机可焊性保护、热风整平、镀金、镀锡等。因 BGA 封装本身提供了接合所需焊料，其所需焊料量不像周边引脚器件那么重要。使用锡膏的顾虑有锡珠、短路、破坏外围元件功能、锡球内空泡等。

钢网上的锡膏应保持一定量，以确保供应体积的稳定性。锡膏用掉后，开放式设备依赖人工补充，封闭型设备依赖自动填充。锡膏停留太久，其黏度会因溶剂挥发改变。过黏的锡膏可能是混入过多氧化物所致，必须废弃。锡膏黏度与助焊剂、稀释剂、氧化物、温度、印刷速度、使用时间等因素都有关。锡膏印刷后静置过久，元件可能会因为锡膏干涸而在回流焊前脱落。废弃锡膏要注意回收，印刷及回流焊环境也要注意通风。

19.2.4 元件取放设备

当前的元件组装使用取放设备（贴片机），几乎都是自动化的。组装时，先将电路板架到输送带上固定，接着做图像辨识与定位。取放设备根据预先输入的程序，扫描PCB上的基准点，定义 X、Y 坐标与角度（θ）偏差，完成对位后用真空吸嘴做元件的移转和放置。传统设备也有针对大量无源元件的炮塔连续取放设计，不过因为元件越来越小，该设计因解决不了快速运动产生的抛件问题而被废弃。

元件抓取所需的精度比组装所需的精度低，因此抓取后需进行图像识别，之后在吸嘴摆放元件时做位置补偿。许多设备会利用这类信息进行自学习，并准确抓取元件。某些元件没有平坦面，需要设备用机械式抓取头取代惯用的真空吸嘴。图 19.3 所示为 SMT 元件共面性示意图。某些元件的引脚弯曲过大，无法焊接到电路板上。待焊引脚的共面性差异必须小于锡膏高度才能顺利组装。多数细引脚组装设备具有共面性测量功能，可在放置前筛除共面性差的元件。

图 19.3 SMT 元件共面性示意图（来源：http://workmanship.nasa.gov）

19.2.5 进料器

卷带式进料器如图 19.4 所示，是目前常用的 SMT 元件供料装置。利用纸卷带、塑料卷带传送元件时，元件用胶膜覆盖在卷带的凹槽内。元件取放前胶膜会自动脱除。卷带宽度一般为 8 ~ 56 mm，有时会更宽。卷带式进料器可通过电力、气压、机械等驱动。

托盘式进料器如图 19.5 所示，其细引脚放置器上通常具有分开装置。托盘式进料器有多个不同的隔板，每个隔板支撑一个或多个装有元件的托盘，一次传送一组元件至取放设备。托盘式进料器常用于特殊形状或细引脚元件的组装，包括 QFP、PLCC 封装、CLCC 封装、TSOP 或奇形怪状的元件。各设备商的供料设计虽有相似处，但对特殊元件处理可能有不同方式。

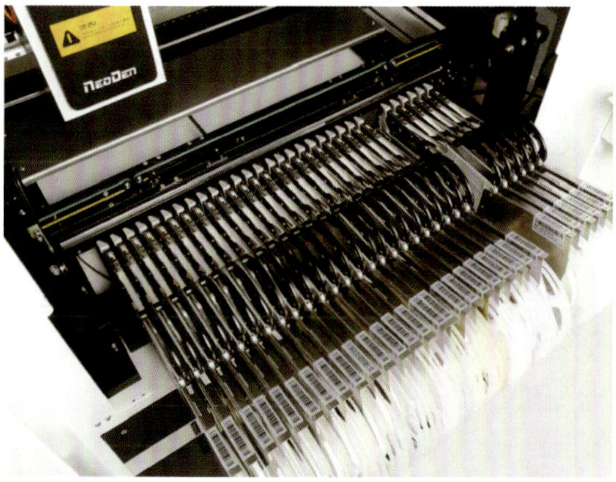

图 19.4 卷带与滚动条进料器

图 19.5 托盘式进料器

19.2.6 元件焊接

焊接是为了实现元件与电路板间的电气、机械连接，基本材料是焊料与助焊剂。电路板上的所有焊盘连接都必须具有良好的润湿性与附着性。焊料量对焊点可靠性具有明显影响，焊点强度在很大程度上取决于内圆角。当然，焊点形状也很重要。图 19.6 所示为获得适当焊点可靠性所需的最小与最大焊料量。

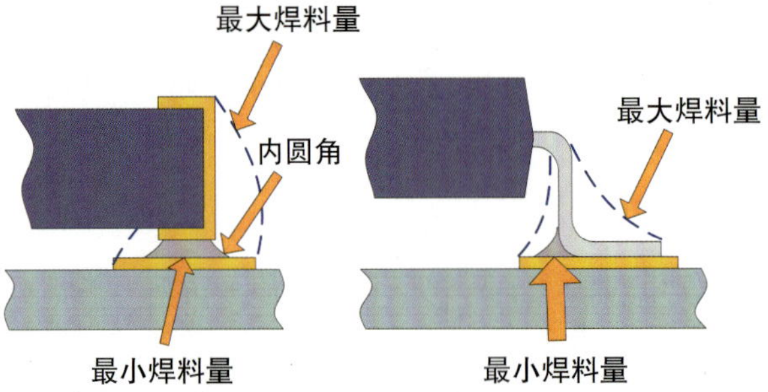

图 19.6 获得适当焊点可靠性所需的最小与最大焊料量

当焊接工艺无法提供足够的热量时，焊点无法产生适当的金属间化合物，会导致接合不良。好的焊点看起来平滑而有光泽，而不良焊点会呈现外观晦暗的颗粒状。助焊剂的功能是减少焊接界面的氧化物，在较高温（150 ~ 160℃）时产生活化反应。选择助焊剂时必须考虑焊料熔点、元件引脚与焊盘的表面处理、助焊剂活性等。

19.2.7 回流焊

回流焊使用的锡膏是均质混合物，主要成分为金属粒子与助焊剂，通常也会含有界面活性剂与特定黏度的溶剂。锡膏利用钢网印刷涂覆，放置元件后可进行回流焊。随着回流焊炉中的温度逐渐升高，助焊剂活化并开始清除焊接界面上的微量氧化物，同时保持焊接表面不被氧化，直至焊料润湿完成。一般 SMT 焊接可利用具有传送机构的炉体（图 19.7）完成，常用的工艺类型有红外线回流焊、强制对流回流焊、气相回流焊三种。

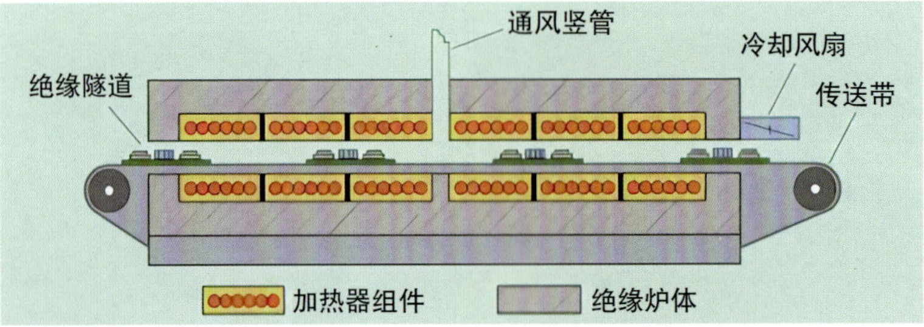

图 19.7 具备 6 个加热区与 1 个冷却区的回流炉

回流焊温度曲线可分为预热、浸润、回流焊、冷却四段，如图 19.8 所示。温度曲线对产量、焊点完整性、组装可靠性有直接影响。典型回流焊炉有 5 ~ 9 个加热区及一两个冷却区，温度较容易调整。预热是为了以固定速率升温，减小元件、电路板的热损伤，一般升温速率为 2.4℃ /s。升温太快会导致锡膏的溶剂迅速挥发、沸腾，导致引脚间形成锡球短路，或在内部产生空泡。

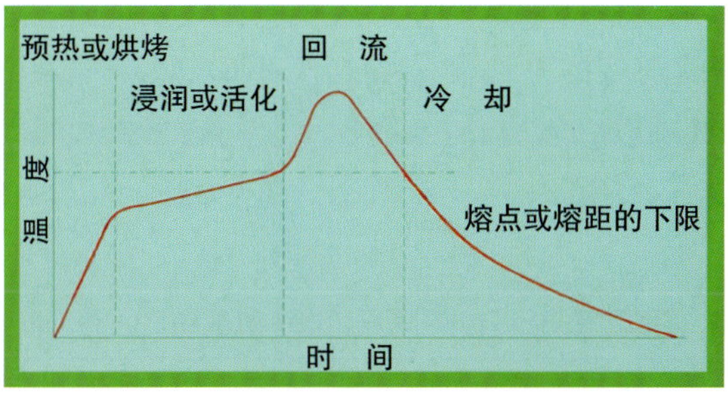

图 19.8 典型的回流焊曲线

浸润是为了使焊接表面等温，助焊剂包覆焊料粉末的表面，并开始润湿元件引脚与电路板焊盘，此时温度为 150 ~ 180℃。助焊剂会去除金属氧化物，暴露干净可焊的金属。当温度达到焊料熔点后，可利用快速加热确保组装温度高于焊料熔点。随着焊料开始润湿焊盘与元件引脚，金属间化合物开始形成。一般建议的反应时间为 30 ~ 90s，以形成良好的电气、机械连接。在高温下反应太久会生成过厚的金属间化合物，导致可靠性下降。冷却是为了让焊料在离开炉体前完成固化，需要严格管控。若冷却太慢，焊料中便会形成较大晶粒，容易形成易脆接点；若冷却太快，则会造成其他问题。

气相回流焊利用特定高沸点液体蒸气加热载有元件的电路板，通过挥发蒸气做回流焊。经过特别配制，可使液体沸点刚好等于回流焊温度。蒸气比空气重，可以通过冷却进行回收。当蒸气热传递至组装产品后，蒸气会转化成液态并掉落到原来的流体槽中。

三种工艺都需要惰性环境，避免氧化发生的同时还能提升润湿力。使用惰性气体可提供较宽大的工艺宽容度，对元件或电路板的焊接可靠性也有帮助。气相回流焊几乎都是在惰性环境中完成的，氮气是常用的惰性气体。

进行二次回流焊时，正面与底面的焊料皆会熔融，底面小元件仅靠熔融焊料的表面张力悬挂着，而较重元件可能会掉落。传送带振动也会导致元件不容易固定在电路板上。这类容易在二次回流焊中掉落的元件，可用黏合剂固定。元件与电路板间的热容量存在差异，在回流焊过程中通常无法避免温度不均。对于这类问题，气相回流焊优于其他两者，而强制对流回流焊又优于红外线回流焊。为了确保所有焊点皆通过适当热处理，测量电路板不同区域的温度是必要工作，温度管控会直接影响制造良率与可靠性。

可以用热电偶检测温度，当电路板被送进隧道后，利用特殊装置收集温度数据。改变炉体温度并反复检测，直至测量温度稳定在特定工艺温度范围内。炉体温度一般都远高于焊接反应温度。在回流焊过程中，常见的缺陷如下：

◎ 引脚共面性问题导致漏焊

◎ 元件间热容量差异、电路板热设计不良导致冷焊

◎ 锡膏溶剂溢散太快或焊盘设计不良导致锡珠产生

◎ 电路板或元件可焊性不佳导致润湿性差

◎ 焊料印刷不佳、锡膏崩陷、溶剂溢散快导致引脚间短路

大部分 IC 封装对湿气都很敏感，吸湿后的元件通过回流焊炉非常容易产生“爆米花”现象，因此对湿气敏感的元件应该密封后再运输。打开包装后，元件组装、回流焊必须在短时间内完成。这个时间被称为暴露时间，IPC/JEDEC J-STD-020A 非密封性元件的暴露时间见表 19.1。若元件包装被打开而未在指定时间内完成组装，回流焊前必须再次烘烤干燥。一般将元件放置在烘箱烘烤一段时间，烘烤温度多由制造商指定，烘烤时间一般为 8 ~ 24h。

表 19.1 IPC/JEDEC J-STD-020A 非密封性元件的暴露时间

等 级	时 间	环 境
1	不限	≤ 30℃，85% 相对湿度
2	1 年	≤ 30℃，60% 相对湿度
3	168h	≤ 30℃，60% 相对湿度
4	72h	≤ 30℃，60% 相对湿度
5	48h	≤ 30℃，60% 相对湿度

除了量产用的焊接工艺，还有一些产能较低的工艺。组装返工常采用热气焊接，利用喷嘴、屏蔽做元件剥离。热棒焊接则使用特殊设计的热棒加热元件引脚，下压加热让引脚与电路板焊盘熔接。激光焊接通过操控光源做点焊。这些工艺虽不如波峰焊、回流焊快速，但可以辅助繁杂、细微的组装作业。

19.3 表面贴装元件

表面贴装开始发展时，其引脚节距已小于通孔元件的引脚节距，电路板面积需求大幅缩小，无源元件也从 1206、0805、0603、0402、0201 逐步向下发展至 0805（长 0.08in，宽 0.05in）。IC 封装引脚节距最初为 50mil。小外形集成电路（SOIC）如图 19.9 所示，引脚位于元件两侧。塑料引脚芯片载体（PLCC）封装的引脚位于元件四周，当引脚节距降至 20 ~ 15mil 时就会面临挑战，必须找到更好的替代结构。

(a) SOIC

(b) PLCC

图 19.9 SOIC 与 PLCC 器件

细引脚表面贴装需要克服的困难如下：

◎ 锡膏印刷开口变小，需要更小的锡粉与更薄的钢网

◎ 需要更严格的工艺控制及材料参数

◎ 小元件抓取困难，而对位精度要求较高

阵列封装的出现，依赖电路板技术的进步。20 世纪 90 年代中期，更薄线路增层技术的开发，催生了新的面阵列封装。面阵列封装的引脚密度比传统 QFP 高出许多，但所占面积相同。由于面阵列封装利用全部面积配置引脚，所以节距增大，方便锡膏印刷，引脚短路风险降低。

常见的球栅阵列（BGA）器件如图 19.10 所示，其利用小颗粒锡球与电路板连接。与标准 SMT 引脚相比，锡球可提供较短的信号传输路径、减小电感，同时可减轻信号衰减、改善线路性能。

图 19.10 BGA 器件（来源：Shinko）

BGA 器件组装完成后要利用 X 射线检测设备检查。X 射线检测设备主要用于脱机检查及工艺装配、工艺控制、缺陷分析等。芯片级封装（CSP）的最终封装面积不超过芯片面积的 1.2 倍或 1.5 倍，可成功制成 BGA 或其他极小封装形式。虽然 CSP 封装形式多样化，但基本连接仍是阵列结构。图 19.11 所示为典型的 CSP 封装，载板是常用的刚性板或挠性板。

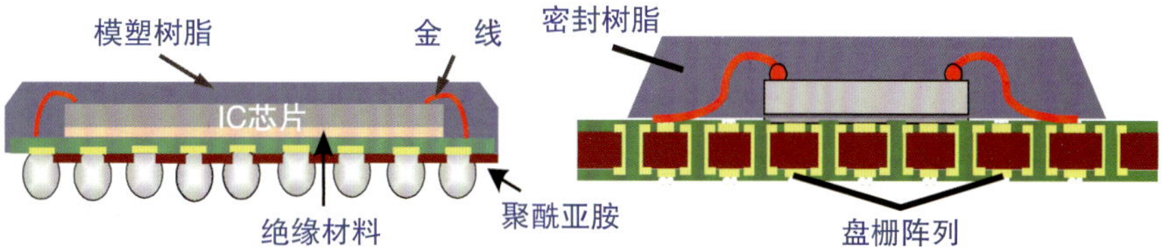

图 19.11 典型的 CSP 封装

与芯片直接安装相比，CSP 器件可克服芯片、电路板间的热膨胀系数（CTE）差异，并可在电路板组装前进行老化试验。CSP 器件不需要在电路板焊接后做底部填充，也可弹性调整组装结构。随着便携式产品日渐风行，CSP 自然成为主流封装。为了进一步精简封装流程，也有业者直接在晶片上做封装结构处理（晶片级封装），不过应用限制仍较多。

19.4 通孔组装

通孔元件的组装数量比例持续下滑，原因是通孔组装的电路板面积需求较大。虽然通孔组装有缺点，但是它能提供较大的机械强度，适用于大而重的元件和需要承受较大外力的元件。通孔组装非常适用于大电流元件，如电源变换器、线圈、大连接器。通孔元件有轴向、径向、双列直插封装（DIP）等类型，如图 19.12 所示。

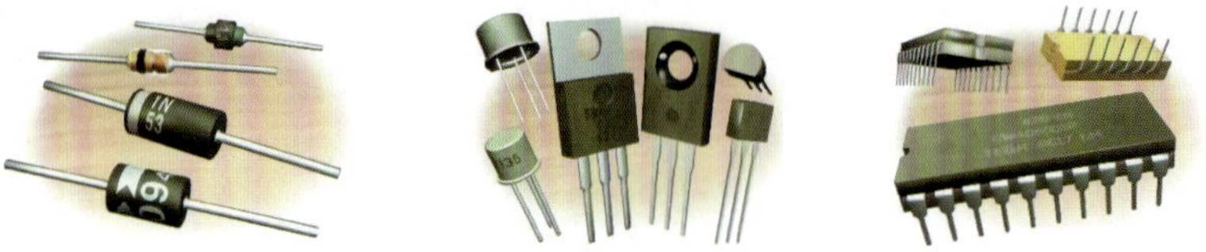

图 19.12 不同通孔元件类型（来源：IPC）

通孔组装是将元件引脚插入电路板孔，利用波峰焊、选择性焊接系统、烙铁等焊接设备或工具进行焊接。焊接前可利用元件引脚钩住电路板进行固定，以免元件在波峰焊设备中输送时发生晃动。波峰焊是通孔元件组装常用的焊接方法，可同时提供焊料及接点形成所需的热量。组装电路板通常被放置在输送带上，送入波峰焊设备。随后依次经过助焊剂涂覆区、预热区、焊料波区，之后视助焊剂种类决定是否清洗。经过焊料波区时，电路板底部接触焊料，所有元件引脚同时完成焊接。有时候为了提升润湿性，也会使用氮气提供惰性反应环境。典型的波峰焊设备如图 19.13 所示。

图 19.13 典型的波峰焊设备

除了表面贴装、通孔组装，还有所谓的压接组装法。这种组装法多用于连接器与电路板的组装，通过挤压将连接器引脚插入电路板通孔。引脚直径需略大于通孔直径，以利引脚与通孔间紧密接合。压接时引脚、通孔都会变形，可采用弹性引脚设计来降低通孔破坏程度。

同片电路板同时存在 SMT 元件、通孔元件混合组装的情况，在电子产品中也非常普通。在便携式产品中，SMT 元件的使用比例非常高。特定产品为了实现高密度与多功能，会完全采用 SMT 元件。典型的混合组装如图 19.14 所示。

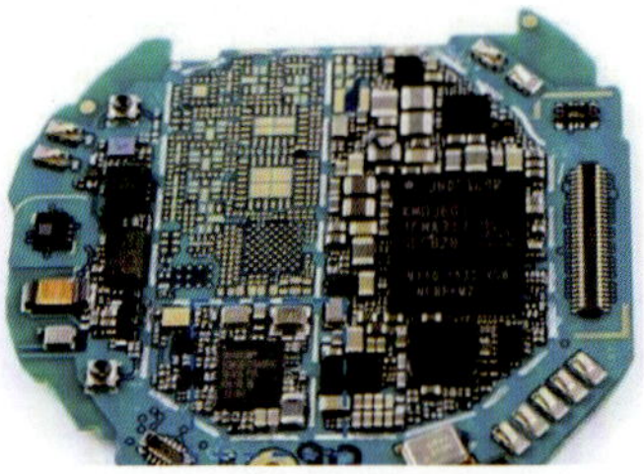

图 19.14 典型的混合组装

19.5　组装的相关议题

除了焊料，组装需要的物料还可能包括助焊剂、导电胶、非导电胶、导热胶、导电膜、卷带等。焊料有多种形式，可以是锡膏、熔融焊料、焊棒、预制片等。导电胶是内含导电粒子的可聚合高分子材料，特殊应用可能会以导电胶代替焊料，其优点是可以在低温下操作，缺点是没有自对准能力，且热、机械、电气性能不如焊料。

清洗的目的是去除可能对组装造成腐蚀、阻碍工艺的污染，提升组装良率。对于高性能应用，如军事、医疗、航天设备，清洗可提高可靠性、延长寿命。而消费性产品为了降低成本，多使用免清洗工艺。水溶性助焊剂留下的残余物，焊接后必须即刻做清洗，以免腐蚀焊点。可在清洗水中添加皂化剂，在化学反应后将助焊剂残余物转化为“皂”并去除。超声波可使污染物变得松散，可用来改善清洗效果，但有时超声波会对高性能元件的可靠性产生负面影响。

锡珠问题，可以从选用锡膏、改善清洗着手解决。从可靠性的角度看，锡球内空泡是隐患，气泡会移动到焊接界面，而使其应力承受能力下降。虽然已知小量空洞不会造成可靠性问题，但依据某些厂商的经验，空洞大到锡球的 50% 会造成早期疲劳故障，导致弯曲应力承受能力下降。面对新封装，许多文献讨论相关的工艺良率，都是从缺陷类型着手，研究多集中在如何减少缺陷。典型的缺陷可分为焊点短 / 断路、元件方向错误、漏置部件、错置部件、焊锡不足和残留等，与工艺相关的缺陷有短 / 断路、焊锡不足等。

组装过程中的锡膏印刷，容易发生短路现象，根本原因是元件放置位置偏离超过节距的一半，导致球间出现桥连、元件移动。PBGA 器件的组装良率损失主要源自电路板焊盘可焊性差、无助焊剂或元件方向错误等。

19.5.1　返工与修补

电路板自动化组装的目标是良率达到 100%，但作业中难免有失误，特别是在线速提高、元件缩小、结构复杂的情况下，难免返工与修补。返工工具的选择需视元件类型而定，从小型片状电阻到较大封装器件，多数元件可利用标准烙铁等工具返工。工具选择必须谨慎，以免造成线路、焊盘、元件损伤。

为了得到可靠的焊点，放置新元件前应先移去焊料，以降低桥连短路的风险。放置新元件前，应使用酒精或其他清洁剂移除焊盘表面的残余物。

较先进的 SMT 元件，包括 BGA 器件、倒装芯片器件等的移除，需要使用热空气、红外线返工设备。大部分半自动返工设备都含有预热器、背面加热器等，背面加热器可防止复杂电路板翘曲。高级返工系统含有光学视觉系统，可看到器件底部的图像。

19.5.2　静电放电

静电放电未必会伤及人体，但容易对电子元件或组件造成破坏。元件可能会在一次放电中仅受到部分伤害，但数次放电可能会导致失效。静电放电的影响不容易证实，最坏情况下，破坏无法在生产过程中检测出来，但产品在使用一段时间后便会出问题。

19.6 设计与工艺控制

量产电子产品时，组装良率非常重要，多数状况下设定成功的目标是 99%。假设一片电路板有 300 个元件，平均每个元件有 5 个引脚，那么该电路板就有将近 1500 个焊点。99% 的焊点良率意味着平均每片电路板可有 15 个缺陷，但组装良率为 0。相反，若组装良率为 99%，就表示 100 片电路板组件或 150000 个焊点中只有 1 个缺陷，这样焊点良率就必须达到 99.999%。因此，业内常以百万分数（10^{-6}）衡量良率。

在产品设计之初所做的任何决定，都会对组装结果产生实质影响。封装类型、引脚节距、焊接表面处理的选择都相当重要。选择元件时需考虑的不只有功能，还有可生产性。预先考虑新产品的生产能力对降低制造成本、改善良率有极大影响。设计应充分听取具有生产经验的工程师的意见，以确保制造、研发间的顺利沟通，实现可制造性设计（DFM）目标。

19.7 组装注意事项

PBGA 封装的形式多样，算是比较新的塑料封装，容易吸湿而破裂。半导体器件持续轻薄短小化，塑料封装材料的吸湿本质就成了大问题。封装小型化，但半导体器件越来越大，接合界面越来越脆弱。这种问题受材料热膨胀系数差异的影响而不可忽视，尤其最终产品需要经过多次热循环的考验，容易出现“爆米花”现象。熔焊时封装体暴露在高温下，容易引发应力而导致爆裂。内外部裂痕都会从封装表面延伸到芯片，使污染物沿着该路径达到芯片界面，导致键合位置被腐蚀、元件长期可靠性受损。

1985 年 Fukuzawa 等首先披露，有引脚 SMT 塑料封装会产生“爆米花”现象。不论是暴露在气相回流焊温度下，还是暴露在红外线（IR）回流焊温度下，胶体与导线架背面都会分离，且使芯片焊盘边缘产生裂痕。PBGA 封装的失效机制是裂痕或分层发生于芯片贴合处，芯片与黏合剂的附着力、芯片焊盘与载板的附着力、芯片焊盘与芯片的附着力均会引发典型的“爆米花”现象，裂痕会沿着芯片贴合处进入树脂保护层和载板玻璃布中。

若黏合剂与载板表面附着良好，裂痕就会延伸进载板结构内，进一步延伸至载板与阻焊界面。若黏合剂与阻焊附着良好，裂痕就会沿着最脆弱界面延伸到湿气逸出封装体。塑料封装器件在组装前应保持干燥，用干燥袋包装是常用方法。

干燥袋内含有干燥剂及湿度指示卡，至少能提供 6 个月的保护期。干燥袋最后需要封袋标示，警示器件对湿度敏感并标明密封日期，以便使用者依据暴露环境确定使用期限。

第 20 章

组装后的检验

早期电子元件的体积大，依赖金属引脚与焊料进行互连，很容易进行外观目视检验。表面贴装元件出现后，电路板组装迈入更大规模量产，接点密度也大幅提高。目视检验既辛苦又容易出错。1988 年 AT&T（美国电话电报公司）贝尔实验室提出以波峰焊提高产能，但目视检验质量时好时坏。若无法正确掌握缺陷状况，产品质量必然无法提升。

AT&T 曾做过实验，由指定检验人员重复检验电路板成品两次，检验员并不知道是否重复检验了同一片电路板。板面平均有 4000 个接点，最佳的三位检验员平均认定的重复率只有 44%，四位检验员中任两位的认定一致性只有 27.8%，四位认定一致性只有 5.6%。由此推论，任一检验员最少会发现 17 个缺陷，最多会发现 302 个缺陷。这种结果显示，检验工具与人员本身都是非常大的变数，所以工艺不良率为 0.1% 的检验可靠性其实非常低。要想有效提升质量，首先要改善检验可靠性。

近三十年以来，表面贴装技术应用广泛，某些公司使用 IBM 发展出来的小节距焊料凸块阵列技术，每平方英寸的接点数可达 200000。随着接点数的增加，制造商发现通过改进工艺来提高良率十分困难。当电路板向更多接点发展时，面临的工艺问题更多。每一片新设计的电路板，起初良率多半会低于前一版本的电路板，这也使得工艺上分辨良好接点越来越重要。

以人眼目视检验焊点的方式正在快速消失，除了接点密度不断提高，新封装接点不再容易观察也是重点，如 J 形引脚封装、阵列引脚封装、连接器等。还有 TAB 器件等微细节距器件，焊点被自己的引脚根部覆盖，只能采用全自动 X 射线检测设备检验。

20.1 普通阵列封装的检验方法

焊点质量检验设备大致可分为两类：一是表面光学检验设备，二是穿透射线检验设备。根据数据采集方式，检验设备又有一维（1D）系统、二维（2D）系统、三维（3D）系统之分。其中，2D 系统可采集 X 轴、Y 轴数据，而 3D 系统可采集 X 轴、Y 轴和 Z 轴数据。

组装后，可采用目视、自动光学检查（AOI）检验外露引脚的接点质量，利用立体图像工具可观察到部分接点缺陷，但面阵列封装器件必须使用穿透射线检验。利用 X 射线可观察 BGA 器件底部隐藏的接点桥连、断路、焊料不足、焊料过量、掉球、偏移、“爆米花”、空洞等缺陷。表 20.1 给出了各种检验方法的优缺点或功能。

表 20.1 各种检验方法的优缺点或功能

检验方法	工艺应用	生产线用	失效分析	工艺监控	小量生产
目视（光学）	优	好	优	好	好
手动 X 射线	优	好	优	好	优
自动穿透 X 射线	优	优	好	好	好
自动断面 X 射线	优	优	优	好	好
超声波扫描	优	不 佳	好	好	不 佳
间距测量	优	好	优	好	好

续表 20.1

检验方法	工艺应用	生产线用	失效分析	工艺监控	小量生产
自动光学检查（AOI）	锡膏体积	锡膏体积	不适用	状况确认	
破坏性分析	好	差	优	不 佳	不 佳

20.1.1 X 射线检测

X 射线检测常用于锡膏、元件放置、熔焊后焊料的检测。有隐藏引脚的器件如 J 形引脚器件、微细节距 TAB 器件、C4 工艺器件，面阵列器件如锡柱连接（SCC）器件等，可使用 X 射线及断面 X 射线检验。有越来越多的供应商提供全自动检测设备，但考虑到 BGA 器件接点的隐藏性，业内焦点在 X 射线及断面 X 射线检测上。有业者报告提到，BGA 器件接点缺陷率非常低，不过新产品在开发初期仍然会通过 X 射线检测来维持高质量。许多公司认为 BGA 封装接点不需要百分之百检验，但仍有公司以 X 射线进行百分之百检验。

建立新工艺时，用 X 射线检测可立即得到工艺信息反馈。当工艺稳定后，有必要以抽样检验确定良率。生产高质量或复杂的电路板组件时，相当低的缺陷率都可能无法接受。业者可能会进行 100% 的 X 射线检测，以确定 BGA 器件没有任何短路、漏焊及虚焊现象，将潜在风险降到最低。

电路板组装所用的自动化检测设备大同小异，都是采集信号及噪声输出，利用计算机分析采集到的信号、过滤噪声、找出有用信息，再判断接点是否有缺陷，最后显示结果。X 射线能穿透整个接点，得到接点密度数据。使用断面 X 射线检测技术，可以检验特定层的接点，以区分到底是电路板上的哪个接点出了问题。图 20.1 所示为典型的阵列器件接点。转换到无铅工艺后，必须重新积累接点数据。

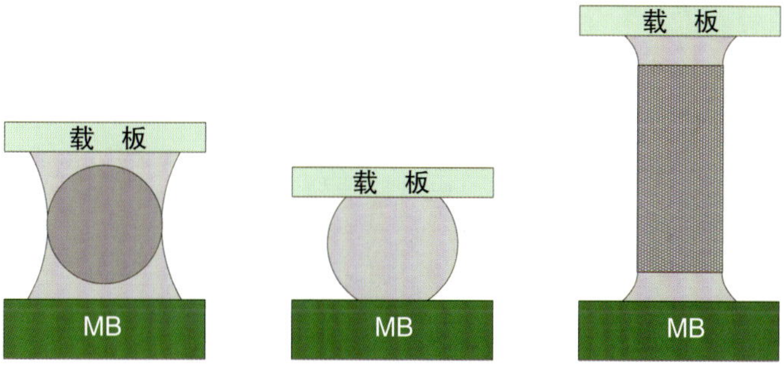

图 20.1 典型的阵列器件接点

X 射线检测得到的典型图像如图 20.2 所示，可以是平面的或立体的，不过设备成本与数据输出时间的差异很大。

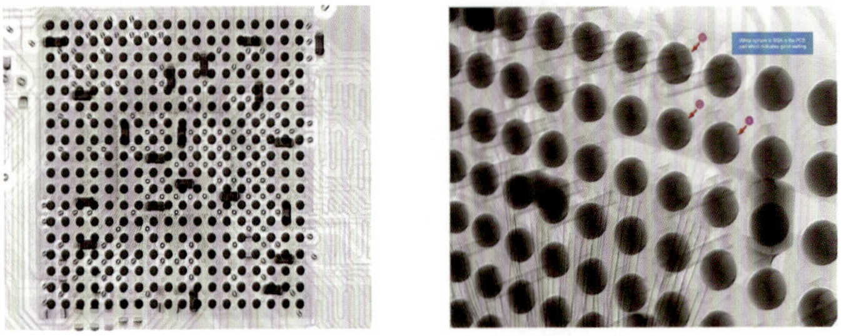

图 20.2 典型的 X 射线图像

20.1.2 超声波扫描显微镜检测

组装后的器件，可用超声波扫描显微镜（SAM）检查内部情况，封装业常用 SAM 检测各种内藏空洞与分层。SAM 有点状、线状、面状三种扫描成像方式，面状扫描较常用。图 20.3 所示为其应用案例。

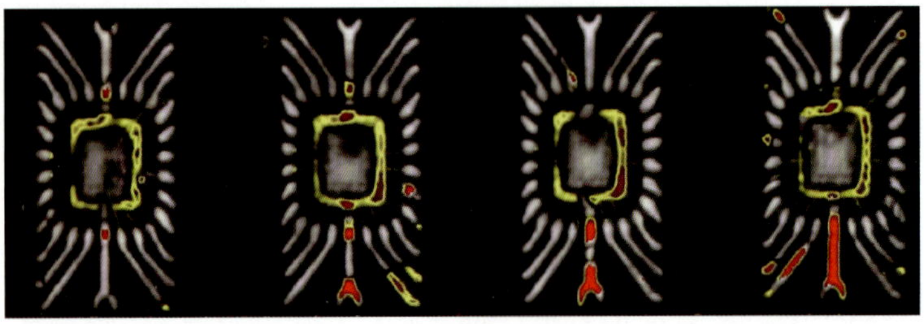

图 20.3 SAM 应用案例（来源：IPC-7095A，www.actel.com）

20.1.3 内窥镜检验

该方法可对死角的微小缺陷进行光学放大，BGA 封装的外球接点可用这种方法检查。利用 90° 旋转式棱镜聚焦，再以高分辨率 CCD 传送图像（倍率为 50 ~ 200），还可观察焊点外观、吃锡状况、残渣等。可惜的是，这种方法难以观察内球接点。图 20.4 所示为 BGA 器件的 3D 检验案例。

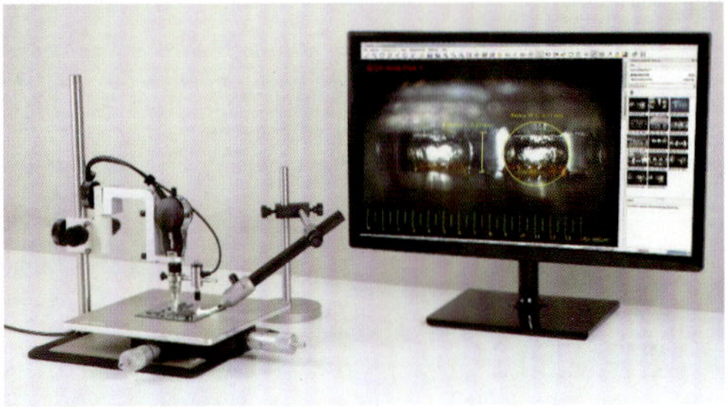

图 20.4 BGA 器件的 3D 检验案例（来源：http://www.caltexsci.com）

20.1.4 染料渗透检验

将试样浸入染料溶液中，各焊点的裂缝、小洞中会渗入染料。之后，烤干试样并拉开球接点，根据红斑判定焊点完整性。此法也被用来检查密封完整性。图 20.5 所示为染料渗透检验案例。

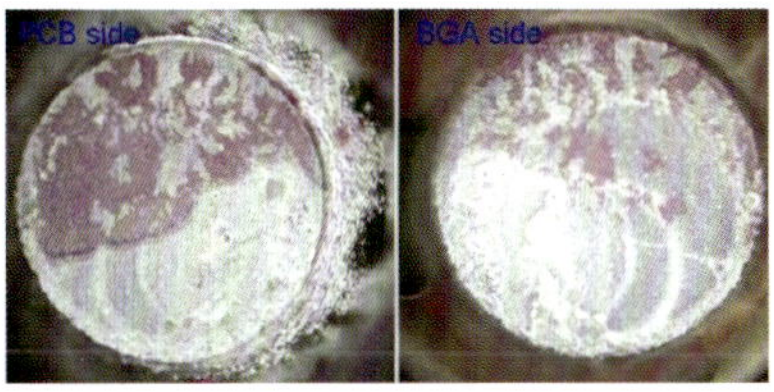

图 20.5 染料渗透检验案例

20.1.5 微切片

微切片是普遍应用的简单检验法，但样品可能只有一个，破坏后就没有转圜余地，因此技巧与经验相当重要。这种方法的缺陷检测能力很高，晶相检验效果特别好，是追踪问题的传统做法。图 20.6 所示为典型的球接点切片断面。

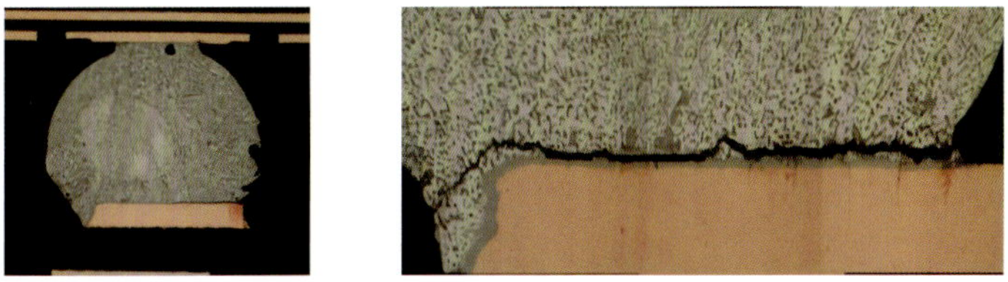

图 20.6 典型的球接点切片断面

20.2 阵列封装的常见组装缺陷

20.2.1 空 洞

电路板组装后，PBGA 器件的锡球焊点中常会出现空洞，主要成因如下：

◎ 焊点固化前锡膏夹杂的有机分解物气体未逸出

◎ 电路板表面处理层内有机物或表面不洁导致高温分解空洞（图 20.7）

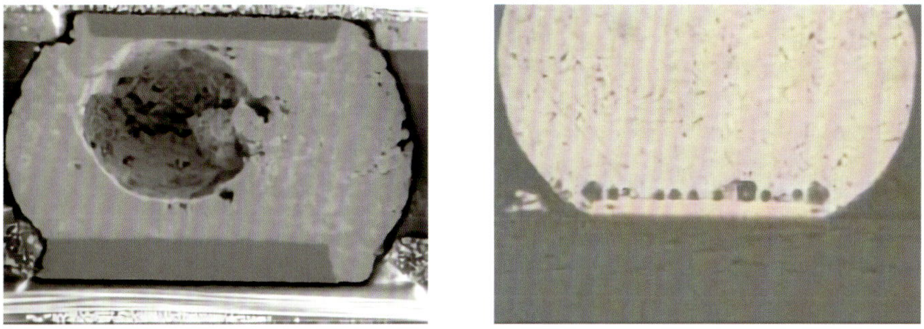

图 20.7 锡球空洞

锡球空洞太多会影响导电性、散热性能、可靠性。一般接收标准为，上视图横截面空洞直径占球体直径上限的 25%，大小空洞须合并计算。锡球上下与载板及电路板接触区出现界面空洞，是组装开裂的主因。

20.2.2 桥连与断路

锡球间桥连短路的原因有锡膏印刷不良、元件放置不当、元件放置后再受外力影响而偏移、熔焊溅锡等。太多焊锡可能会造成桥连，导致相邻锡球短路，如图 20.8 所示。

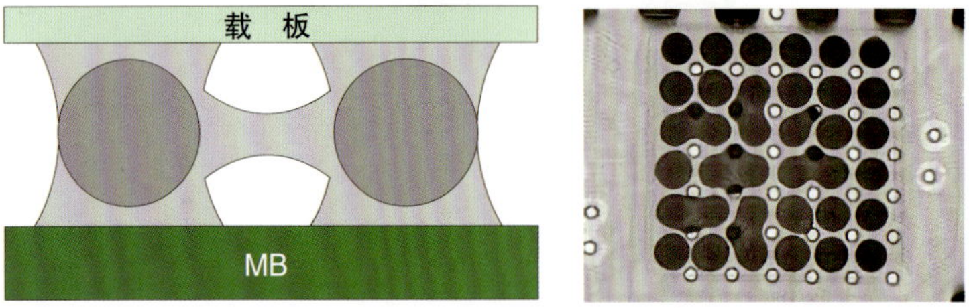

图 20.8 桥 连

断路原因有锡膏印刷不良、元件放置后又移动、元件共面性不良、可焊性不良等，杂质或锡膏问题产生的焊料空洞也可能导致断路。电路板翘曲过大时，接合界面间会因为没有足够焊锡衔接而形成空焊断路。BGA 器件的容许中心边缘高度差约为 5mil，空焊缺陷如 20.9 所示。冷焊的主要原因是回流焊热量不足，只能用光学显微镜与微切片检验。

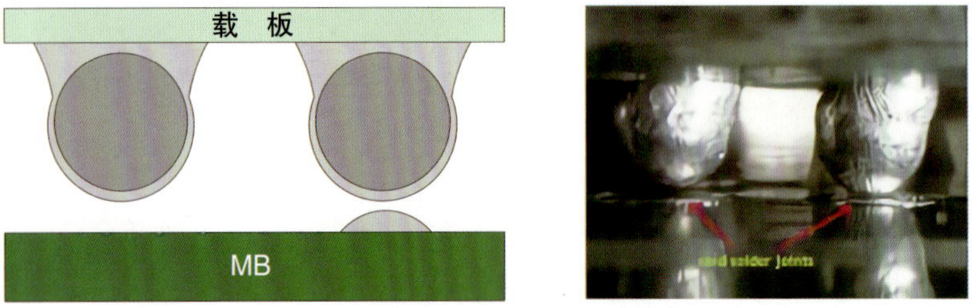

图 20.9 空 焊（来源：http://www.caltexsci.com）

尽管 BGA 封装具有自对准能力，但仍有可能发生对位不准。图 20.10 所示为对位不准导致的锡球扭曲现象。

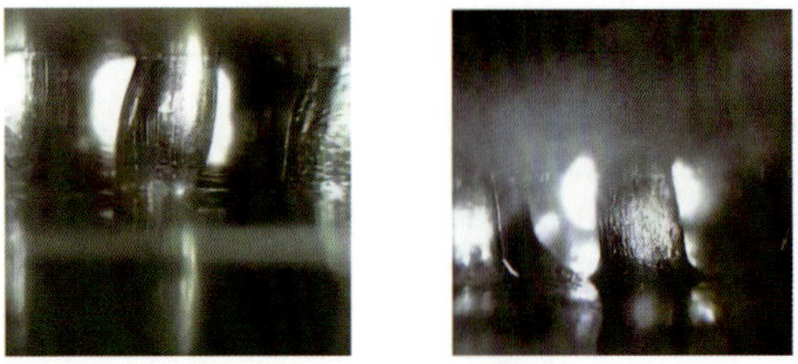

图 20.10 对位不准导致的锡球扭曲现象（来源：http://www.caltexsci.com）

20.3 阵列封装的组装可靠性

完成焊接的焊点合金的结晶并不稳定，晶粒会随时间逐渐变大，导致边界减少而应力减小。即使是室温，也已超过了普通共熔合金（$Sn_{63}Pb_{37}$）与多数焊料的再结晶温度。晶粒变大，边界变少，边界区域杂质的浓度会相对升高，导致晶粒交界区产生微空洞。若继续下去，便会产生老化疲劳，会进一步劣化而产生微裂纹。这种接点劣化问题会严重损伤器件可靠性。

阵列式封装引脚多数弹性低、长度短，因此，对封装材料与电路板的 CTE 差异敏感。例如，陶瓷 BGA 封装的 CTE 约为 4×10^{-6}/℃，但 FR-4 电路板的 CTE 为（14 ~ 16）$\times10^{-6}$/℃，两者间的 CTE 差异会加速接点劣化。图 20.11 所示为典型的阵列封装接点断裂案例。

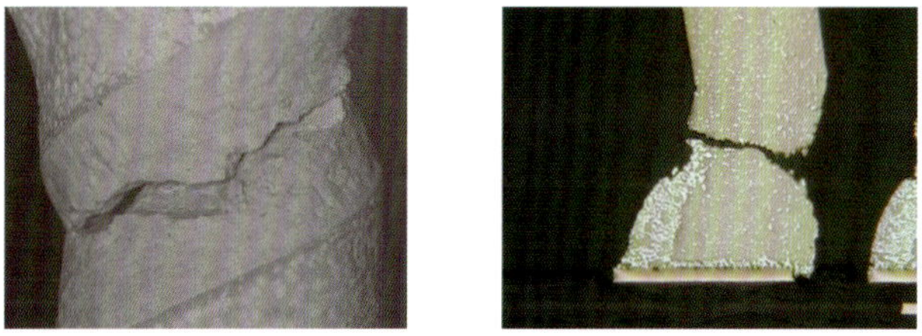

图 20.11 典型的阵列封装接点断裂案例

20.3.1 典型故障模式

IPC-7095A 提供了一些典型故障模式，现简单说明如下。

冷 焊

在回流焊过程中，锡球或电路板上的锡膏由于热量不足未完全与锡球熔合时，球面会呈现粗糙颗粒状外表，并出现缩颈现象。典型的冷焊如图 20.12 所示，比较容易发生在内球上。

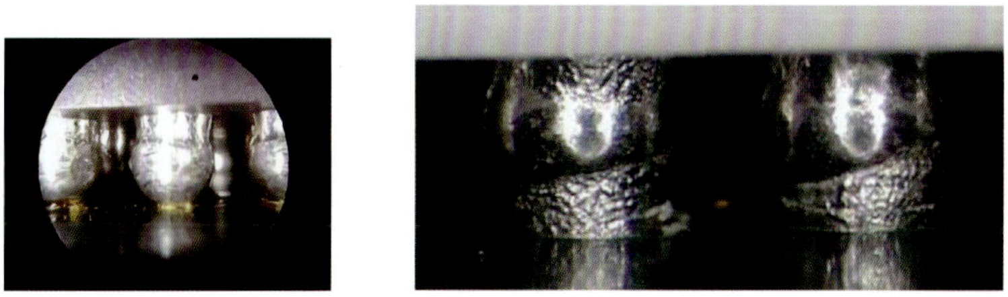

图 20.12 典型的冷焊（来源：www.caltexsci.com，www.ersa.com）

焊盘不沾锡

电路板 BGA 器件区焊盘表面遭到异物污染，锡膏无法润湿焊盘，锡膏被锡球熔融吸走而呈现开路，这种现象可能是载板翘曲导致的。电路板焊盘采取 ENIG 处理时，化学镍层可能会出现黑盘问题，也会出现类似问题。图 20.13 所示为典型的焊盘不沾锡。

图 20.13 典型的焊盘不沾锡

落 球

落球是指 BGA 器件植球不牢，在下游组装焊接中被再次加热，以及受到外力拉扯而自颈部分离，但足部焊盘面焊得很好。落球多是热机械应力造成的。典型的落球如图 20.14 所示。

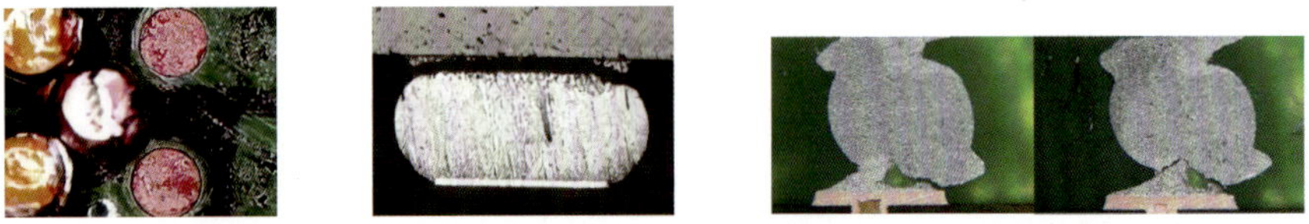

图 20.14 典型的落球

失 球

失球是指载板植球不牢，或因受到外力撞击而失球。这种缺陷很容易在 X 射线检测、线路测试（ICT）中发现。图 20.15 所示为失球的 X 射线检测结果。

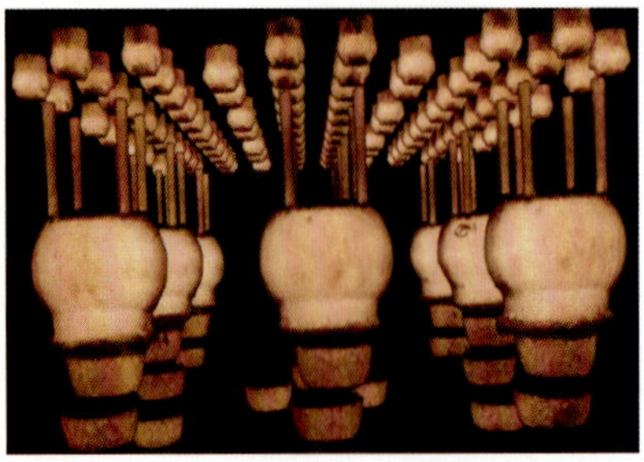

图 20.15 失球的 X 射线检测结果

载板翘曲

载板 BT 材料的 CTE（约 15×10^{-6}/℃）与封装芯片的 CTE［（3 ~ 4）$\times10^{-6}$/℃］有很大差异，因而受热后焊料凝固时载板会出现翘曲，导致四角锡球出现拉长或吊脚现象。这会造成焊点面积变小、强度不足，大型 BGA 封装最容易发生这种异常现象。图 20.16 所示为 CTE 不匹配导致的基材裂痕与球体拉长现象。

机械外力损伤

电路板组装时经常会发生意外损伤。当 BGA 器件尺寸比较大的时候，连测试都会造成锡球损伤，进而影响焊点强度。即使完成组装后，仍然会有外力冲击电路板，有时连电路板铜焊盘也会被拉起。为了避免损伤，可以采用四角点胶加固的方式来做封装补强。

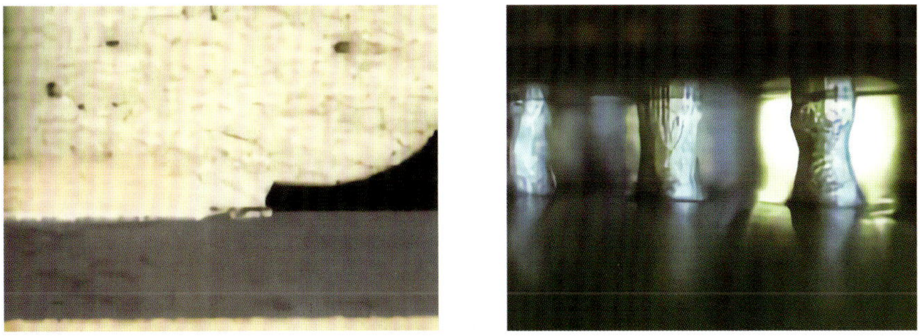

图 20.16 CTE 不匹配导致的基材裂痕与球体拉长现象

热量不足

回流焊时，封装底部热量不足，锡球无法熔融而导致锡膏无法完全结合，接点外形将难以呈现正常的扁矮状。图 20.17 所示为典型的回流焊热量不足缺陷。

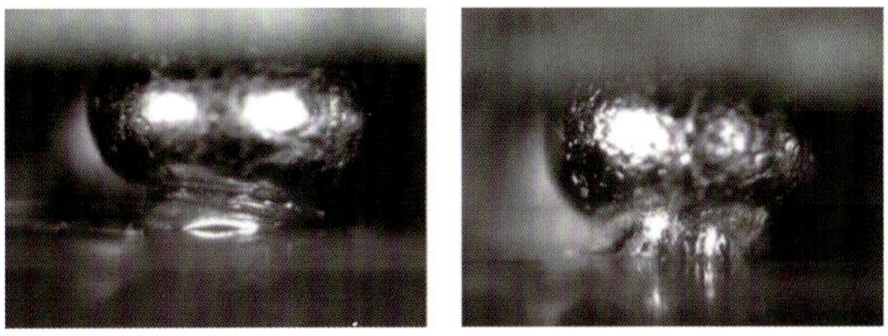

图 20.17 回流焊热量不足缺陷（来源：www.caltexsci.com）

20.3.2 接点可靠性

芯片的 CTE 只有约 4×10^{-6}/℃，而塑料载板的 CTE 接近 16×10^{-6}/℃。最新低胀缩材料的 CTE 约为 2×10^{-6}/℃，但价格昂贵。组装焊料凝固后，材料的强大收缩差异会造成热机械应力与累积应变，产生颈部断裂问题。可采用银胶固定芯片，加厚银胶可减轻部分 CTE 差异问题。封装底部中央不易获得足够的熔焊热量，设计者可将重要信号引脚尽量配置在外围，内部只配置接地、散热引脚。

焊接后的接点越高，承受应变的能力越强。不过，各种高温负载会让锡球变扁，锡球越来越小，节距越来越小，芯片功率越来越高，可靠性问题越来越严峻。BGA 顶部载板植球处，为防止焊盘多次受热而开裂，多数载板与电路板焊盘设计都采用阻焊限定模式。这种设计可增加接点高度，避免剪力直接伤害基材，可提升接点可靠性。

在电路板面 BGA 焊盘附近，最好不要设置通孔，以防锡膏熔焊过程中产生吞锡现象。至于焊盘与盲孔混合设计，要留意通孔或盲孔的填孔质量，过深的凹陷容易产生焊点空洞。